植物生命活动规律及其机理研究
ZHIWU SHENGMING HUODONG GUILÜ JIQI JILI YANJIU

王小敏　著

电子科技大学出版社
University of Electronic Science and Technology of China Press
·成都·

图书在版编目(CIP)数据

植物生命活动规律及其机理研究 / 王小敏著. --成都:电子科技大学出版社,2018.7
ISBN 978-7-5647-6626-9

Ⅰ.①植… Ⅱ.①王… Ⅲ.①植物生理学－研究 Ⅳ.①Q945

中国版本图书馆 CIP 数据核字(2018)第 181061 号

内容简介

植物生理学是研究植物生命活动规律,揭示植物生命现象本质的科学。本书从植物生命活动的基本单位——细胞的生理活动开始,再以代谢生理为基础,全面论述植物生长、发育、运动、开花、结实直至衰老的生长发育过程,最后探讨了植物的抗性机理。本书结构合理,条理清晰,内容丰富新颖,是一本值得学习研究的著作,可供植物学科各领域的研究人员和科技工作者参考使用。

植物生命活动规律及其机理研究
王小敏　著

| 策划编辑 | 杜　倩　刘　愚 |
| 责任编辑 | 卢　莉 |

出版发行　电子科技大学出版社
　　　　　成都市一环路东一段 159 号电子信息产业大厦九楼　邮编　610051
主　　页　www.uestcp.com.cn
服务电话　028－83203399
邮购电话　028－83201495
印　　刷　三河市铭浩彩色印装有限公司
成品尺寸　170 mm×240 mm
印　　张　17.75
字　　数　230 千字
版　　次　2019 年 3 月第 1 版
印　　次　2024 年 9 月第 2 次印刷
书　　号　ISBN 978-7-5647-6626-9
定　　价　72.00 元

版权所有,侵权必究

前言

植物世界是一个庞大、复杂的世界,占据了生物圈面积的大部分。从一望无际的草原到广阔的江河湖海,从赤日炎炎的沙漠到冰雪覆盖的极地,处处都有植物的踪迹。随着人们生产、生活的巨大变化,研究植物生命活动规律对农林业生产具有重要意义,同时,植物科学的机理研究与各个学科之间、生物科学各个分支学科之间的广泛渗透、相互交叉、相互作用,极大地推动了生物生物科学技术的进步。

植物的生命活动是复杂的,对于植物生长发育的机制以及植物在地球上产生和发展的历史,有很多方面我们还知之甚少,甚至一无所知。因此植物生理的理论需要不断发展和完善。无数植物学者、科学家通过一代代人不懈地探索、大量实验,逐渐揭开了植物新陈代谢的奥秘,使我们可以很快地在生产中加以利用。"知识就是力量""科学就是生产力",无数事实证明了这一真理。

本书在内容的选择上注意满足专业技术人员对植物与植物生理知识和技能的需求,吸纳了一些新知识、新技术,合理安排章节。内容上由浅入深,循序渐进;强调了系统性、科学性及先进性;突出了内容和生产实际的结合,以应用为目的,以必需、够用为度,以讲清概念、强化应用为重点,形成了涵盖专业能力培养所应知应会的知识和技能体系。

全书共分 7 章,第 1 章植物生命活动规律基础,主要介绍植物生理学的相关基础知识;第 2 章植物细胞生理与信号转导,对植物细胞的结构、功能、基因表达及细胞信号传导进行了具体分析;第 3～7 章主要介绍植物生命活动及其机理研究,内容包括植物的代谢机理、植物的生长机理、植物的成花与生殖机理、植物的成熟和衰老机理以及植物的抗性机理。

  本书的撰写凝聚了作者的智慧、经验和心血,在撰写过程中参考并引用了大量的书籍、专著和文献,在此向这些专家、编辑及文献原作者表示衷心的感谢。由于作者水平所限以及时间仓促,书中难免存在一些不足和疏漏之处,敬请广大读者和专家给予批评指正。

作 者

2018 年 3 月

目　录

第 1 章　植物生命活动规律基础 …………………………………… 1

 1.1　植物生理学概述 …………………………………………… 1
 1.2　植物生理学的产生和发展 ………………………………… 6
 1.3　植物生理学面临的机遇和挑战 …………………………… 9
 1.4　植物生理学与农业可持续发展 …………………………… 12

第 2 章　植物细胞生理与信号转导 ………………………………… 15

 2.1　植物细胞概述 ……………………………………………… 15
 2.2　植物细胞的结构与功能 …………………………………… 18
 2.3　植物细胞的基因表达 ……………………………………… 36
 2.4　植物细胞信号转导 ………………………………………… 38

第 3 章　植物的代谢机理 …………………………………………… 49

 3.1　水在植物生命活动中的作用及在植物体内的运输 …… 49
 3.2　植物生命活动必需的矿质元素及其吸收利用 ………… 52
 3.3　植物光合作用的机制 ……………………………………… 62
 3.4　植物的呼吸作用及其在农业生产中的应用 …………… 70
 3.5　植物体内同化物运输与分配及其影响因素 …………… 92

第 4 章　植物的生长机理 …………………………………………… 101

 4.1　种子萌发 …………………………………………………… 101
 4.2　植物生长的细胞学基础 …………………………………… 108

4.3 植物生长与生长分析 …………………………………… 112
4.4 光敏色素与植物的光形态建成 ………………………… 123
4.5 植物的运动 ……………………………………………… 130
4.6 植物生长物质与农林生产 ……………………………… 140

第5章 植物的成花与生殖机理 ……………………………… 154
5.1 幼年期与花熟状态 ……………………………………… 154
5.2 植物春化特性及春化作用机理 ………………………… 155
5.3 光周期及其诱导植物成花的分子调控机理 …………… 161
5.4 花芽分化及性别分化 …………………………………… 169
5.5 授粉和受精生理 ………………………………………… 179

第6章 植物的成熟和衰老机理 ……………………………… 195
6.1 种子与果实成熟时的生理生化变化 …………………… 195
6.2 植物种子及延存器官的休眠 …………………………… 205
6.3 植物衰老的机制及调控研究 …………………………… 213
6.4 植物器官的脱落 ………………………………………… 224

第7章 植物的抗性机理 ……………………………………… 231
7.1 逆境生理概念 …………………………………………… 231
7.2 逆境下植物的形态与生理响应 ………………………… 234
7.3 抗性各论 ………………………………………………… 240
7.4 植物抗性相关基因的研究 ……………………………… 264

参考文献 ……………………………………………………… 269

第1章 植物生命活动规律基础

植物生理包括细胞学、形态学、解剖学、分类学及生理学等方面的内容。通过对一个植物个体的细胞、组织和器官的研究,揭示植物生命活动的结构基础;通过对植物界各类群的研究,揭示植物生命演化的规律;通过对植物各种生命活动的研究,揭示植物个体生长发育的规律。

1.1 植物生理学概述

1.1.1 植物生理学的定义和研究内容

植物生理学(plant physiology)是研究植物生命活动规律的科学。其主要任务是研究和阐明植物体及其组成部分所进行的各种生命活动及其规律以及调节机理,同时研究环境变化对这些生命活动的影响。

植物生理学的研究对象包括从低等到高等的各类植物,但主要是高等绿色植物。植物的生命活动是物质代谢、能量代谢、信息传递和形态建成综合反应的结果,包括从胚胎形成到衰老死亡的整个生长发育过程。对该过程各个阶段内在机制及其与环境相互作用的研究构成了植物生理学研究的基本内容。因此,植物生理学的主要内容有以下4个方面。

1. 代谢

代谢(metabolism)是指维持生物机体生命活动所必需的各种化学过程的总称[①]。其是生命活动的基础,各种代谢活动相互联系又相互制约,构成统一的整体。绿色植物区别于其他生物的最大特点是自养性(autotrophism),即具有光合作用的能力,因此植物的光合作用是植物生理学研究的核心内容之一。对光合作用机理的阐明将使人类能够更有效地促进光合作用,也为利用常规育种技术和基因工程技术提高植物光合作用的效率提供理论依据,同时,还有助于人工模拟光合作用来开发新的能源。植物生理学家在研究代谢过程中所面临的问题是非常复杂的,不仅需要阐明植物各个代谢的过程及其调节规律,而且需要阐明各个代谢活动之间复杂的相互作用及其调节机制。

2. 信息传递和信号转导

植物的代谢和生长发育过程无论在时间还是空间上都是有序进行的。这种有序性不仅受控于遗传信息,还受环境因子的影响,如植物需光种子的萌发、向光性反应、向重力性反应、春化作用、光周期现象、光形态建成等。因此,植物具有"感知"和传递环境信号并影响遗传信息表达的能力。植物内源和外源的物理或化学信息(或信号)通过在植物整体水平和细胞水平上的传递来调节植物的代谢和发育,前者通常称为信息传递,而后者则称为细胞信号转导。植物所具有的信息传递系统不仅使植物体不同部分的代谢和发育相互联系和协调,而且也与环境条件的变化相一致。揭示植物信息传递的机制,探索出调节或改变植物代谢或发育的物理、化学或生物的方法和技术,将会极大地提高植物生产效率,拓展植物的应用领域,造福于人类。

[①] 李合生. 现代植物生理学[M]. 3版. 北京:高等教育出版社,2012.

3. 生长发育和形态建成

植物的生长发育和形态建成是植物生命活动的外在表现。生长（growth）是指细胞数目、体积和重量的不可逆增加；发育（development）是指由于细胞分化导致的形态、结构和功能上的有序变化，即形态建成。形态建成（morphogenesis）指植物在物质代谢和能量代谢的基础上发生的个体大小、形态结构和功能方面的变化。在物质与能量代谢的基础上，植物通过细胞分裂和分化、组织和器官的发生及形成，使植物个体由小变大，从营养生长转向生殖生长，从而完成生活史。在这个领域，植物生理学研究的任务是揭示植物发育的规律及其与代谢和环境因子的关系。

4. 逆境生理

植物生理学还要研究在寒冷、干旱、水涝、盐碱、污染、病虫害等不利环境条件下植物的生命活动规律及调控机理，即逆境生理。[①] 在逆境条件下，植物的生命活动有别于适宜环境下的特殊规律，揭示其规律将有助于建立在逆境条件下的植物栽培体系和改善植物抗逆性的育种途径，因此植物逆境生理也是植物生理学研究的一个重要领域。

1.1.2 现代植物生理学发展的特点

近二三十年来，植物生理学的研究内容向微观和宏观两方面迅速发展。有以下四大特点。

1. 研究层次越来越广

随着生命科学特别是分子生物学的快速发展、拓宽和深入，对植物生命活动本质的认识已经从整体、器官、细胞水平深入分子水平；从生命活动的描述、组成成分分析深入动态机理和调控

---

① 蔡永萍. 植物生理学[M]. 北京：中国农业大学出版社，2008.

过程的认识。在分子水平（基因表达与调控）上探讨植物生命活动的规律，使植物生理学研究领域更广阔、机制分析更深入。在宏观领域，植物生理学与环境科学、生态学等紧密结合，从生物圈及群体的角度对各种外界环境因子与植物生命活动的相互响应进行了深入的研究。

2. 学科之间相互渗透

随着科学的发展，学科之间相互渗透、相互借鉴已是必然。植物生理学在发展过程中不断引入相关学科新概念、新方法以增强自身学科的活力，开拓新的研究领域。如分子生物学领域基因组测序技术的发展及功能基因组学（functional genomics）、蛋白组学（proteomics）和代谢组学（metabolomics）等的研究，使得植物生理学能够在细胞及分子水平上研究植物生命活动及其调控机制。在宏观领域，植物生理学的研究还与生态学及环境科学相结合，形成了一些新的边缘学科，如植物生理生态学（plant physiological ecology）、植物生态生理学（plant ecophysiology）、植物环境生理学（environmental plant physiology）、植物群体生理学（physiology of plant populations）等，主要研究植物的生长发育和生理特性对各种环境条件的响应和适应机理。

3. 理论联系实际

植物生理学是理论与实际密切结合的实验性学科，是合理农业的基础。植物生理学的研究技术和成果为解决农业（植物生产业）的重大问题提供理论基础，农业生产实际又不断为植物生理学研究提出新的课题。作物生理学、作物逆境生理学、作物育种生理学、设施栽培生理学、植物宇宙生理学等都是植物生理学与植物生产业实际相结合的产物。

4. 研究手段现代化

由于实验技术的发展，仪器设备越来越精密和自动化，如同位素技术、电子显微镜技术、X射线衍射技术、超离心技术、色层分析技术、电泳技术以及近年来发展起来的计算机图像处理技术、激光共聚焦显微镜技术、膜片钳技术等,为植物生理学的研究提供了极大的方便。

1.1.3 植物生理学研究的一般科学方法

简单来说,科学方法是指通过各种手段从客观世界中获取原始的第一手材料,并对这些材料进行整理、加工,从中找出规律性的东西。科学研究大致包含三个基本环节:发现问题、提出假说、检验假说并得出结论,其基本特征是客观性、探索性和理论指向性(建立理论)。

1. 发现问题

科学研究的过程是从提出问题开始的。植物生理学研究的问题有的直接来自于生产实践,有的来自于正在进行的研究过程。发现问题的基本方法是观察和实验,其基本要求是客观地反映所研究的事物,结果必须是可以重复出来或者说是可以检验的。观察和实验需要具有相应的科学知识。例如,在电子显微镜下观察植物细胞,如果观察者是一位没有植物细胞知识的人,他除了看到细胞内分布各种结构外,不会发现什么问题。如果让一位训练有素的植物生理学家来观察,他就可以根据细胞的来源判断出细胞可能发生了哪些变化。需要注意的是,观察和实验切不可为已有的知识所束缚,当原有知识与观察和实验得到的结果发生矛盾时,只要观察和实验的结果是客观的而非主观臆测的,那就说明原有知识不完全或有错误。例如,早期利用电子显微技术研究植物筛管细胞的筛孔时,发现筛孔是堵塞的,这直接影响了人们对有机物质通过筛孔运输机理的认识。后来通过改进植物材料的固定方法发现,在正常情况下筛孔是开放的,只有当韧皮部受伤时筛孔才是堵塞的。这些实例说明,进行科学观察时既要尊重已有的成果,又不能受已有成果的限制。只有不断地修改观察和实验的错误,才能使认识更接近事实。

2. 提出假说和进行检验

根据观察和实验发现的问题或现象提出某种可能的解释,也就是提出设想或假说,再根据假说推导出一个可以用实验加以检验的预测,然后设计实验和实施实验来验证这个设想或假说。最后根据实验的结果得出结论。拟南芥、水稻、金鱼草等是植物生理学研究中常用的模式植物。需要注意的是,在植物生理学研究已经深入细胞和分子水平的今天,学科之间的交叉无处不在,所以从提出设想、设计和实施实验到得出结论,都需要多学科的知识。

1.2 植物生理学的产生和发展

植物生理学作为一门独立完整的学科在诞生之前经历了漫长的历程。西欧古代,有许多植物生理学知识的记载,我国更是在公元前3世纪就有相关的记录与介绍。植物生理学的产生和发展可分为以下3个阶段。

1.2.1 植物生理学的孕育阶段(17—18世纪)

有记载的第一个设计实验定量研究植物生长的人是荷兰学者 Van Helmont(1577—1644),他将一个重 2.27kg 的柳树枝条栽植在一个盛有 90.8kg 干燥土壤的陶钵中,此后只浇雨水或蒸馏水,而且防止灰尘进入土壤中。5 年后,柳树重达 76.8kg,土壤只减少约 56.7g,由此,Van Helmont 认为植物是靠水来构成躯体的。但由于当时的化学知识尚处在比较原始的阶段,不知道水是由什么构成的,因此 Van Helmont 不能从他的实验结果中得出正确的结论[①]。

其后,英国的 S. Hales(1672—1761)研究植物的蒸腾作用,从理论上探索植物水分的吸收与运转。英国的 J. Priestley(1733—1804)发现老鼠与绿色植物一起放进钟罩内不死。荷兰的 J. Ingenhousz(1730—1799)初步建立起空气营养的概念。

1.2.2 植物生理学诞生与成长阶段(19世纪)

法国的 G. Boussingault(1802—1899)建立砂培实验法,并开始以植物为对象进行研究。19 世纪 40 年代,德国化学家 J. von Liebig(1803—1873)发表《化学在农学和生理学上的应用》,奠定了化学施肥的基础,是化学肥料理论的创始人。19 世纪末,德国植物生理学家 J. Sachs 的《植物生理学讲义》(1882)和他的学生 W. Pfeffer 的三卷本的专著《植物生理学》(1904)的问世,标志着植物生理学成为一门独立的新兴学科。J. Sachs 和 W. Pfeffer 被称为植物生理学的两大先驱。

1.2.3 植物生理学发展与壮大阶段(20世纪至今)

20 世纪是植物生理学迅速发展的阶段。如:植物光周期现象和光敏色素的发现;5 大类植物激素的确定;水势概念的提出;光合作用的光反应、暗反应、碳同化(C_3、C_4、CAM)和光呼吸途径的发现,光合膜上功能色素蛋白复合体立体结构的研究;植物细胞全能性、植物干细胞概念的提出和相关研究,不仅成功地通过植物组织培养技术形成完整的植株,还有望调控植物的生长和分化;钙和钙调素等的深入研究,了解细胞内信号功能的调节机理等。

Garner 和 Allard 在 1920 年发现了植物的光周期现象。1928 年荷兰学者 Went 鉴定出植物中存在促进生长的物质,随后植物激素研究得到了深入发展,相继确定了生长素、赤霉素、细胞分裂

---

① 张立军,刘新. 植物生理学[M]. 2 版. 北京:科学出版社,2011.

素、乙烯和脱落酸等植物激素。这些研究成果促进了植物发育及其调节机理研究的迅速发展。在20世纪40年代后期和50年代初期,Melvin Calvin领导的研究小组将刚问世不久的HC示踪技术和层析技术相结合,在光合作用领域获得新的突破,破解了CO_2固定还原的生化途径之谜。Robert Emerson(1903—1959)等发现的"红降现象"(1943)和"双光增益效应"(1956),导致了两个光反应和两个光系统概念的提出。光系统Ⅰ、光系统Ⅱ和其他光合电子传递体的成功分离,使人们能够描绘出光能所驱动的电子在类囊体膜上的传递路径,并揭示了光合磷酸化的机理,从而将光合作用研究推向一个新的发展阶段。

与此同时,植物的组织培养技术也取得了飞速的进展。1902年,德国植物学家Haberlandt在细胞学说的基础上提出细胞全能性(totipotency)学说,他认为,高等植物的组织、器官可以不断分割,直到单个细胞。如果每个细胞都有与植物个体一样的性质和能力,那么,可以通过植物细胞培养使单个细胞发育成为一个新个体。以后的研究证实,花粉和原生质体在适宜的培养条件下也可分化发育成一个完整的植株。植物细胞和组织培养的研究进展不仅在植物发育机理研究、农业生产和次生代谢物质生产等领域发挥了重要作用,也为后来的植物基因工程发展铺平了道路。

1.2.4 中国植物生理学的发展

我国比较系统的实验性植物生理学始于20世纪初,钱崇澍(1883—1965)是我国植物生理的启业人,1917年,他在国际刊物上公开发表了《钡、锶及铈对水绵的特殊作用》论文,并在各大学讲授植物生理学。1949年以后,我国植物生理的研究和教学工作发展较快,出现了一批研究成果。如殷宏章等对作物群体生理的研究,沈允钢等证明了光合磷酸化中高能态存在的研究,汤佩松等提出呼吸代谢多条途径,娄成后等对细胞原生质胞间运转的研究等,还有花药和花粉培养、单倍体育种等方面也成绩显著。改革开放后,随着我国科研水平的提高,植物生理学的研究工作迅速在国际植物生理学领域占有一席之地。如：光合膜、色素蛋白和有关电子载体蛋白复合物结构与功能的研究；作物群体生理和高光效育种；水稻及拟南芥的突变群体构建，水稻分蘖控制基因的克隆及分蘖控制分子机理的研究；春化过程特异蛋白的鉴定和春化相关的 cDNA 克隆；植物-昆虫相互作用，植物-微生物相互作用，共生固氮，植物和昆虫抗逆性及对环境的适应机制，植物遗传转化技术、优质高抗农作物基因工程和植物生物反应器的研究等。

1.3 植物生理学面临的机遇和挑战

1. 现代研究手段的飞速发展为深入阐释植物生命活动提供了可能

在植物生理学的发展过程中，每一个重大成果的取得都与研究手段的进步密不可分。我们知道，植物生理学的先驱者们利用化学分析技术阐明了光合作用气体交换的本质。矿质营养学说的建立不仅有赖于化学分析技术，还有赖于无土栽培技术的应用。正是由于同位素示踪技术和层析技术的应用，Calvin 等才得以阐明光合碳还原循环途径。植物光敏素的发现则归功于双波长分光光度技术的建立。酶联免疫技术和质谱分析技术的应用使我们能够以更精确、更快捷的方式对植物激素展开研究。由于快速荧光光谱技术和激光技术的应用，将光合作用原初反应研究的时间跨度从毫秒级（ms，10^{-3} s）一直缩短为皮秒（ps，10^{-12} s）和飞秒（fs，10^{-15} s）级。

2. 学科间的交叉渗透对植物生理学研究者和学习者提出了更高的要求

随着现代科学技术的迅猛发展，学科间的交叉渗透不断加强。在植物生理学的孕育和产生阶段,自然科学的三大发现——细胞学说、能量守恒定律、进化论的观点,为植物生理学的发展提供了良好的基础。化学分析理论和技术的应用对于植物生理学的创立功不可没。在植物生理学的快速发展阶段,植物生理学家汤佩松与理论物理学家王竹溪合作,提出了水分化学势的概念。光敏素的发现则要归功于植物生理学家、生物物理家、化学家和工程师的紧密合作。英国生物化学家 Peter Mitchell(1920—1992)提出线粒体 ATP 生物合成的化学渗透学说,促进了植物光合作用机理、有机物质的跨膜转运、植物细胞的离子吸收等研究。植物突变体的应用,分子生物学、细胞信号转导的研究进展,对植物生长发育调节研究的促进作用是不言而喻的。所以,具有对相关学科研究进展的敏感性,同时能够将相关学科知识应用于植物生理学,并且能够与植物生理学知识整合,对植物生理学研究者至关重要。

　　由于生物科学领域中的细胞学、遗传学、分子生物学的迅速发展,使植物生命活动机制方面的研究继续向分子水平深入并不断综合。从生命科学研究的总体上来看,已表现出如下的研究趋势,即从"分子生物学"(molecular biology)到"整合生物学"(integral biology),从单个基因或生命大分子的研究发展到各种生物"组学"(X-omits),如基因组学(genomics)、蛋白质组学(proteomies)、糖组学(glycomics)和代谢组学(metabonomics)等,将各组学的信息综合形成快速发展的数据库系统和分析方法,进一步发展成为生物信息学(bioinformatics)和网络生物学(network biology)。这些发展强烈地影响到植物生理学的研究趋势。特别是利用突变体使得花发育遗传控制与花发育生理研究取得了突破性进展。植物体内各类基因的时空顺序表达调控着植物的生长发育,拟南芥、水稻等多种植物的基因组研究计划已进入后基因组时代,正在为人类从整体上认识植物的生长发育机制提供最好的机会。目前,分子生物学所进行的蛋白质、核酸和生物膜 3 个主要方面的研究,又与生态、发育时期、组织器官等时空表达相结合,从基因表达与调控、代谢途径与相互作用网络、生态条件的作用整体上阐明植物性状形成机制,实际上也是植物生理学的研究内容。

3. 植物生理学如何在更高层次上服务于生产实践

植物生理学的理论和研究成果广泛应用于生产实践。例如,光周期理论、低温春化理论、种子休眠机理、组织培养技术、植物激素、抗性锻炼等对作物生产都产生了重要的推动作用。当前农业上许多亟待解决的问题,如提高作物光合效率与产量、扩大生物固氮的应用和改善效率、改良作物品种和改善品质、提高作物的营养吸收效率、提高作物的抗逆性、控制植物发育的激素调节等也都属于植物生理学的研究范畴。在农业生产的许多领域,植物生理学都有巨大的应用空间。例如,传统育种方法中的"优中选优"法,是通过作物"工厂"的产量和品质来选择工厂,育种者对工厂内部的结构和生产程序无力干预;突变育种虽然人为制造了工厂内部结构和生产程序的变化(变异),但是无法进行事先设计,变化毫无方向性,从众多突变中选出有利于提高工厂效率的突变谈何容易;杂交育种较前两种方式优越,可以凭经验半定向地制造变异,但仍然是被动的,在作物产量和品质方面将很难超过大自然的恩赐;基因工程技术为人类开启了有目的地改造植物生产效率的大门,但是这项技术的应用将有赖于人类对植物工厂内部结构和生产程序的了解,只有如此,才能有的放矢,才能创造出具有更高生产效率和能够生产更高质量产品的作物工厂来。如何使植物生理学研究服务于基因工程育种,是植物生理学发展的又一机遇和挑战。植物生理学与生物信息学、系统生物学、计算生物学、生物各种功能组学等新兴学科知识的整合或许是克服目前研究中的障碍、较全面阐述植物产量形成和调节机理的途径,这将使我们能够从对植物生理过程的阐述跨越到设计我们所需要的生理过程并利用基因工程等方法实现我们的设计方案。

4. 对植物信号传递和信号转导的深入研究,将为揭示植物生命活动本质、调控植物生长发育开辟新的途径

植物体内信息传递和信号转导在植物生命活动过程中占据着举足轻重的地位,一旦植物体内信息传递和信号转导机制在分子水平上得到认识和调控,许多尚未揭示的植物生命现象的本质将会展现出来。目前,有关细胞信号转导的研究包括:胞间信号传递、信号受体、G蛋白及胞内信号转导系统(第二信使系统、靶分子)。世界上的生物具有复杂的多样性,但是生物中同样存在着许多基本的共同点,细胞信号转导就是生命现象中的共同点之一。所谓第二信使系统是将来自外部的环境信号和胞间信号传递到胞内,使细胞产生相应生理反应的媒介。cAMP、钙和磷酸肌醇等信使系统是当前研究最多的细胞内第二信使系统。已有科学实验证明,采用物理、化学、生物等方法和技术不仅能改变信号的传递,而且能改变信号的类型。

5. 物质代谢和能量转换的分子机制及其基因表达调控仍将是研究重点

在自然界中,植物光合作用为其他生物提供赖以生存和发展的物质和能量基础。因而,对光合作用的研究一直备受重视。当前的研究热点集中在探讨光合作用相关元件及过程的结构和功能、光合作用活性调节的分子机制上。同时,为提高光合效率,应对全球气候变化背景下的光合作用适应机制,将光合能量转换机制与生理生态联系起来进行研究正形成研究热点。此外,植物次生代谢及其产物的分子生物学研究、生物反应器、生物质能源研究与应用,也将成为21世纪植物生理学研究的新热点。

1.4 植物生理学与农业可持续发展

植物生理学是从农业生产和科学实践活动中产生的。植物

生理学的每一次突破性进展都为农业生产技术的进步起到巨大的推动作用。例如,"矿质营养学说"成为肥料学的理论基础,推动了化肥工业的蓬勃发展;"植物激素学说"导致了植物生长调节剂和除草剂的普遍应用,给农业生产和农药工业的发展开辟了新天地;作物杂种优势的利用就是利用杂种的遗传生理优势又使作物产量上升了一个台阶,目前的水稻超高产育种仍以改良水稻株型、协调光合作用以获取高产为目标;植物细胞全能性理论指导人们发展了组织培养、细胞培养、小孢子培养等技术体系,为植物新种质的创造和基因工程的开展提供了新的技术平台。

在21世纪,人类面临着人口、粮食、能源、资源和环境等五大问题更加突出。为了解决这些难题,农业生产必须从自然资源消耗型转向走高产、优质、高效的可持续农业发展之路。作为农业科学基础的植物生理学,在此过程中应在如下方面继续做出理论与应用上的贡献。

1. 作物高产优质生理理论与技术

通过合理群体结构和耕作制度、科学的水肥管理、调节作物生长发育提高作物抗逆性等综合性栽培生理技术,达到增加光合面积和周年光合时间,提高水肥利用效率,减少非生物逆境损失,节约资源和保护环境,实现农业生产高产、优质、高效、生态安全的目标,这些都是当今植物生理研究的重要领域。

2. 现代设施农业中的理论与技术

现代设施农业以生产条件的人工控制和生产的高投入、高效益为基本特征。但设施农业的兴起,也带来了与植物生理学密切相关的一系列新的问题,如高密度与快速生长、弱光照及光质差异、相对封闭体系中空气质量问题及CO_2不足、土壤营养状况失衡、多次连作造成有害分子和离子积累、湿度增大、生理病害和病原物侵染病害加重、产品的品质与风味调控等,这都需要开展一系列植物生理学的研究加以解决。

3. 作物遗传改良中植物生理学的应用

在传统和现代农业中,作物育种对提高作物产量的作用是非常有效的,然而在作物高光效育种、高产育种、抗逆性育种、品质育种中都不能仅仅依靠形态性状的选择,而必须以相关生理指标作为育种过程的选择指标。农业生产发展的需要,有力地推动了植物生理学与育种学相结合,诞生了一个新的边缘交叉学科——"作物生理育种学",并已在作物超高产育种、抗病育种、抗旱育种、抗盐育种、高蛋白育种等领域取得了成功,今后会继续发挥巨大的作用。在生物技术育种中,对目标基因的选择及其表达水平进行评价,同样与植物重要的生理过程相关的控制酶类和细胞信号转导等基础理论是密不可分的。在杂种优势和雄性不育利用中,雄性不育的机制和杂种优势的生理基础研究,更是植物生理学与育种学相结合的范例。

第 2 章　植物细胞生理与信号转导

　　细胞是能独立生存的生物有机体形态结构和生命活动的基本单位。

　　虽然自然界中生物种类繁多,在形态、大小、生活习性等方面差异很大,但它们都是由细胞构成的。不论是单细胞构成的生物,或是由多个细胞构成的生物,其生命活动都是在细胞内部完成的,如果细胞的完整性受到破坏,该细胞的生命活动就无法进行。病毒、类病毒属于非细胞结构的生物,它们是不能独立生存的,必须寄生到其他生物体内才能生存。

2.1　植物细胞概述

　　一般来说,细胞必须借助于显微镜才能观察到,因此人们对细胞的认识是随着显微技术的不断发展而逐步深入的。随着光学显微镜的进一步改进和电子显微镜的使用,人们不但能利用各种光学显微镜观察细胞的显微结构,更重要的是可广泛借助于电子显微镜来研究细胞的亚显微结构。特别是人们把电子显微技术与同位素示踪技术、层析技术、超速离心技术、转基因技术等结合起来,在分子水平上逐步认识细胞各部分的结构和功能,为人们认识细胞、认识生命,甚至人工合成细胞、创造生命提供了更广阔的空间。

　　1665 年,英国物理学家虎克(Robert Hooke)用自制的复式显微镜观察了软木的结构(木栓)后,发现软木是由蜂巢式的小室构成的,从而将其定名为细胞。到了 19 世纪,1840 年前后,以德国植物学家施莱登(Matthias J. Schleiden)和动物学家施旺(Theod-

or Schwann)为代表的生物学家证明:①所有的植物和动物都是由细胞组成的;②所有的细胞都是细胞分裂或融合而来;③精子和卵都是细胞;④一个细胞可以分裂形成组织和器官。从而创立了细胞学说,确认细胞是一切动植物体的基本结构单位。

植物细胞具有全能性,即一个植物细胞也可以通过繁殖、分化而长成一株完整的植物。一个植物细胞就是一个独立的个体,一切生命活动都可以由这一个细胞完成。植物细胞构成了植物体,植物的生命活动是通过细胞的生命活动体现出来的。所以说,植物细胞是植物体结构和功能的基本单位。

2.1.1 植物细胞的形状和大小

1. 植物细胞的形状

植物细胞的形状多种多样,如球形、多面体形、长方体形、星状体形等(图2-1),这是植物在长期的进化过程中,其形状与细胞所处环境、所行使的功能相适应的结果。

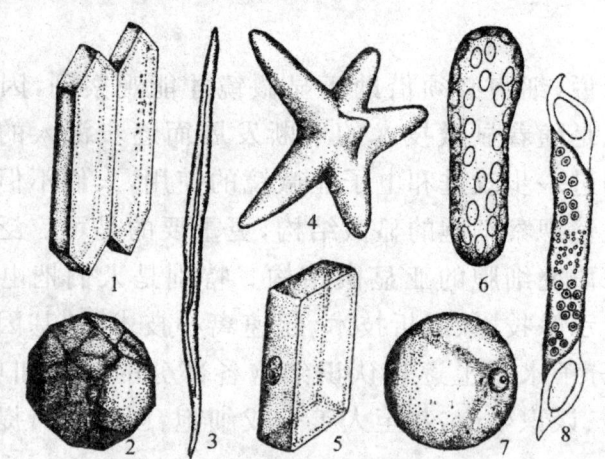

图 2-1 植物细胞的形状①
1. 长梭形(形成层原始细胞);2. 多面体;3. 纤维;4. 星形;
5. 长方形;6. 长柱形;7. 球形;8. 长筒形(导管)

---

① 顾立新,崔爱萍. 植物与植物生理[M]. 北京:中国林业出版社,2015.

单细胞的藻类植物,如小球藻、衣藻,因其游离生活在水中,各部分所受的压力基本相等,因此多为球形;多细胞的低等植物体,因细胞之间相互挤压,大部分呈多面体形。而种子植物的细胞,因分工精细,其形状常与细胞执行的功能相适应,如导管细胞和筛管细胞呈长筒状与其运输功能相适应;纤维细胞呈长梭形与其支持功能相适应;某些薄壁细胞疏松排列呈多面体形与其储藏功能相适应等。

细胞形状的多样性,除了与其环境、功能有关外,人为因素也会改变细胞的形状,如用苯丙咪唑处理豌豆上胚轴皮层细胞后,其细胞就由椭圆变成了长形。

2. 植物细胞的大小

植物细胞的大小差异很大。如支原体直径仅 $0.1\mu m$,而西瓜、番茄的成熟果肉细胞直径可达 1mm,苎麻的纤维细胞长度高达 550mm,肉眼即可分辨出来。一般植物细胞的直径为 $20\sim50\mu m$,需借助光学显微镜才能看到。

植物细胞的体积一般是很小的。在种子植物中,一般的细胞直径为 $10\sim100\mu m$。细胞的体积较小,其表面积就相对较大,这有利于细胞与周围环境进行物质交换和信息交流。一般来说,同一植物体不同部位的细胞,其体积越小,代谢就越活跃,如根尖、茎尖的分生组织细胞。而起储藏作用的某些薄壁组织细胞,因其体积较大,代谢强度就相对弱些。

植物细胞的大小是受细胞核制约的,因为细胞核所能控制的细胞质的量是有一定限度的,所以植物细胞的体积也是有一定限度的。不同类型的植物个体大小可能差异很大,但它们的细胞大小却基本一样。

细胞的大小也受水肥、光照等外界条件的影响。例如,植物种植过密时,植株往往长得细而高,这主要是因为它们的叶相互遮光,导致体内生长素积累,引起茎干细胞特别伸长的缘故。

2.1.2 真核细胞和原核细胞

根据细胞结构的复杂程度,可将其分为两大类:真核细胞和原核细胞。真核细胞有被膜包围的细胞核和多种细胞器,结构复杂,生物界绝大多数细胞属于此类。少数低等植物,如细菌和蓝藻,虽有细胞结构,但在细胞内无典型的细胞核和膜包被的细胞器,结构简单,称为原核细胞。原核细胞和真核细胞的主要区别见表2-1。

表2-1 原核细胞和真核细胞的主要区别

特征	原核细胞	真核细胞
细胞大小	较小($1\sim10\mu m$)	较大($10\sim100\mu m$)
细胞核	无成形的细胞核,核物质集中在核区。无核膜、核仁。一个细胞只有一条DNA,其DNA不与蛋白质结合	有成形的真正的细胞核。有核膜、核仁。一个细胞含多条DNA,其DNA与蛋白质结合成染色体
细胞器	除核糖体外,无其他细胞器	有线粒体、质体、高尔基体、内质网等多种细胞器
细胞分裂	出芽或二分体,无有丝分裂	能进行有丝分裂

2.2 植物细胞的结构与功能

植物细胞都是由细胞壁和原生质体两大部分构成的。

细胞壁是植物细胞特有的结构,它位于植物细胞的最外层,主要起保护作用。同时细胞壁在原生质体的生命活动中也起一定的作用。

原生质体由原生质组成。原生质是细胞内的生命活性物质,包括水、无机盐、蛋白质、核酸、糖类、脂类。原生质体是指生活细胞中位于细胞壁以内、由原生质组成的各种结构的总称。细胞内的代谢活动主要是在原生质体中进行的。

植物细胞结构可简要概括如图 2-2 所示。

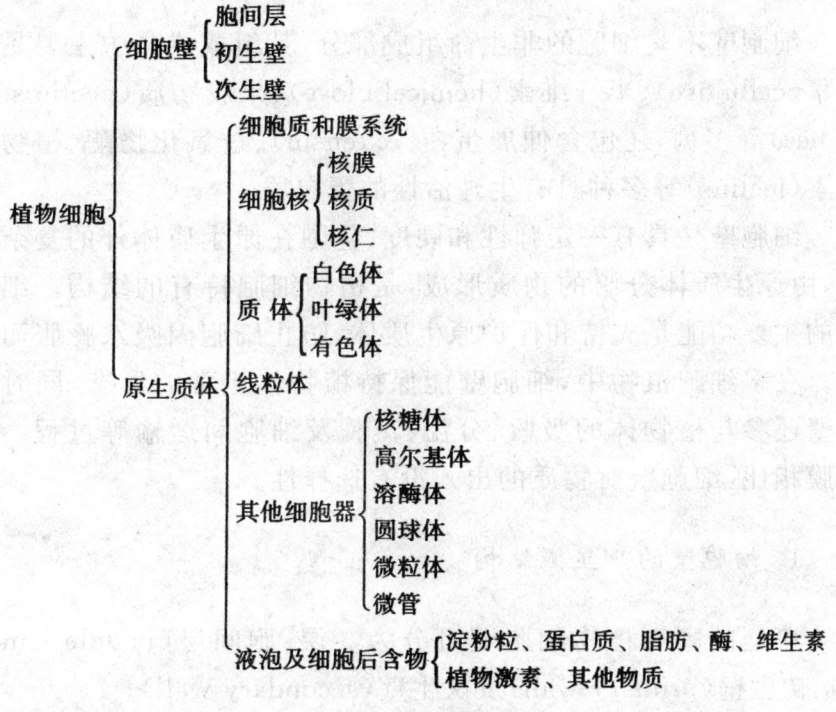

图 2-2　植物细胞结构

下面以真核细胞为例来介绍植物细胞的结构和功能(图 2-3)。

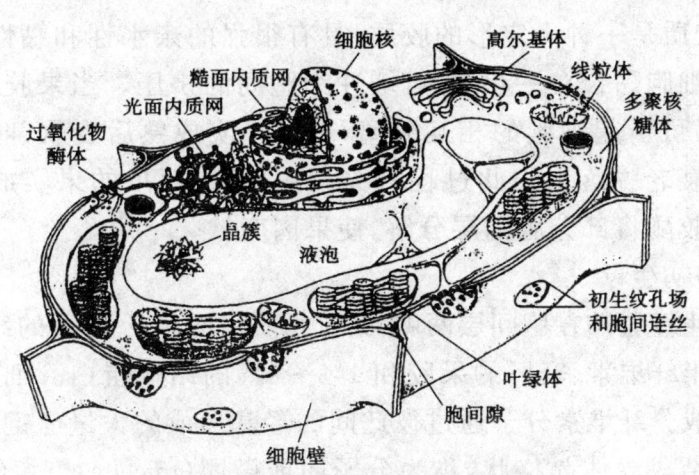

图 2-3　植物细胞亚显微结构立体模式图

2.2.1 细胞壁

细胞壁不是细胞的非生命组成部分,其组成成分中主要是纤维素(cellulose)、半纤维素(hemicellulose)、果胶物质(pectic substance)等多糖,还包含伸展蛋白(extensin)、过氧化物酶、植物凝集素(lectins)等多种具有生理活性的蛋白质。

细胞壁是具有一定弹性和硬度、包围在原生质体外的复杂结构,由原生质体分泌的物质形成,是植物细胞特有的结构。细胞壁的主要功能是支持和保护原生质体,防止细胞因吸水膨胀而破裂。在多细胞植物中,细胞壁能保持植物体正常的形态,同时细胞壁还参与植物体的吸收、分泌、蒸腾及细胞间运输等过程。和质膜相比,细胞壁对物质的出入没有选择性。

1. 细胞壁的亚显微结构

典型的高等植物细胞壁可分为 3 层:胞间层(middle lamella)、初生壁(primary wall)及次生壁(secondary wall)。

(1) 胞间层

胞间层是连接相邻细胞初生壁的中间区域,主要成分是果胶,果胶质是一种无定形的胶质,具有很强的亲水性和黏性,能将相邻的细胞黏合在一起,并可缓冲细胞间的挤压。当果胶被酸或酶分解,可引起细胞的相互分离,许多果实成熟后变软,叶、枝条等器官衰老脱落均与此过程有关。如番茄、西瓜的果实成熟时,依靠果胶酶将部分胞间层分解,使果肉变软。

(2) 初生壁

初生壁紧贴在胞间层两侧,其干物质组成包括 25% 的纤维素、25% 的半纤维素、35% 的果胶和 1%～8% 的结构蛋白。细胞壁中的主要成分纤维素分子通过彼此间的羟基形成的大量氢键相互平行地集结成立体晶格状,称为分子团或微团(micelle)。大约每 20 个微团集结成束,这种纤维束称为微纤丝(microfibril),直径为 10～

25nm。多个微纤丝又组成大纤丝(macrofibril)(图 2-4)。电子显微镜下可看到的细丝就是微纤丝(图 2-5)。半纤维素通过氢键与微纤丝连接并覆盖在微纤丝表面,将其连接成网络,因此半纤维素也称为交联聚糖。

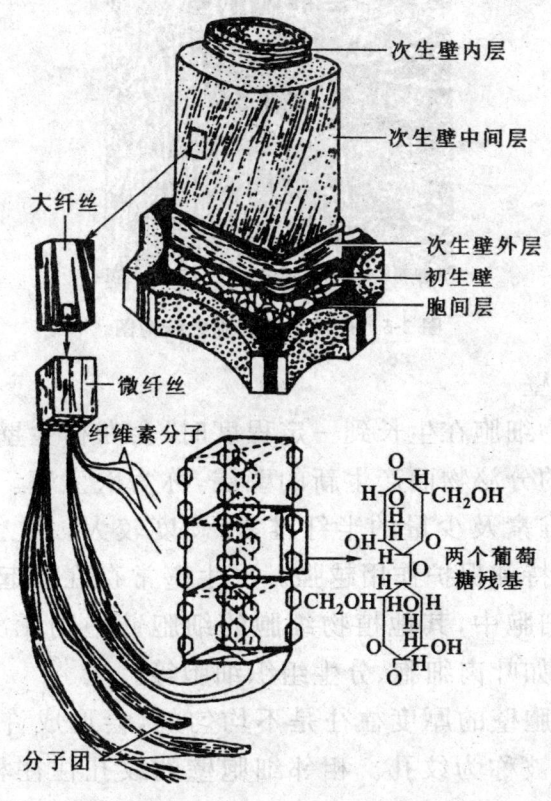

图 2-4 细胞壁的亚显微结构图解

细胞生长过程中,在内质网核糖体形成的伸展蛋白(又称伸展素),经高尔基体分泌到细胞壁中,通过过氧化物酶催化伸展蛋白多肽链上的酪氨酸与另一条链上的酪氨酸形成异联酪氨酸交联,使伸展蛋白聚合在一起,形成伸展蛋白网络。

许多细胞在形成初生壁后,如不再有新壁层的积累,初生壁便成为它们永久的细胞壁。

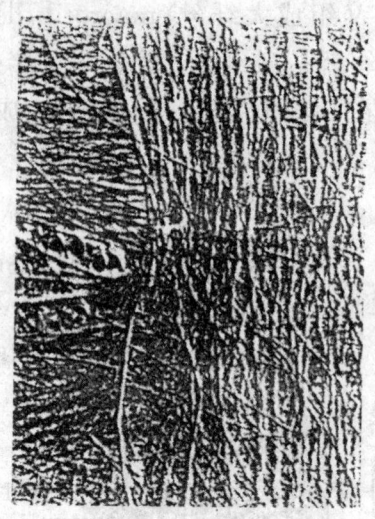

图 2-5 电镜下的细胞壁结构图

(3) 次生壁

某些植物细胞在生长到一定程度时,会在初生壁内侧继续积累原生质体的分泌物而产生新的壁层,称为次生壁。次生壁的主要成分是纤维素及少量的半纤维素,硬度较大。次生壁越厚,细胞腔越小,支持和保护作用越强。次生壁常存在于起支持、输导、保护作用的细胞中,其他植物细胞的细胞壁中则无次生壁,终生只有初生壁,如叶肉细胞、分生组织细胞等。

另外,细胞壁的厚度往往是不均匀的,会形成许多较薄的区域,这些区域被称为纹孔。相邻细胞壁的纹孔往往相对而生,形成纹孔对(图 2-6)。

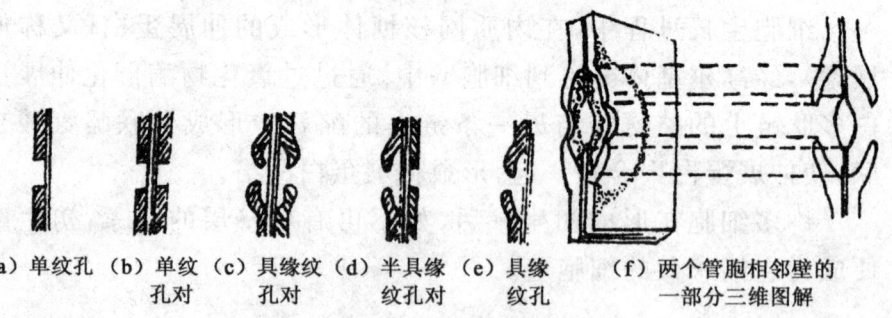

(a) 单纹孔 (b) 单纹孔对 (c) 具缘纹孔对 (d) 半具缘纹孔对 (e) 具缘纹孔 (f) 两个管胞相邻壁的一部分三维图解

图 2-6 纹孔的类型及纹孔对

两个细胞的原生质呈细丝状通过纹孔相连,这种细丝状的物质称为胞间连丝(图 2-7)。胞间连丝是细胞原生质体之间物质和信息直接联系的桥梁。由于纹孔和胞间连丝的存在,细胞与细胞之间就有机联系在了一起,从而使一个植物个体在结构上成了一个有机统一体。

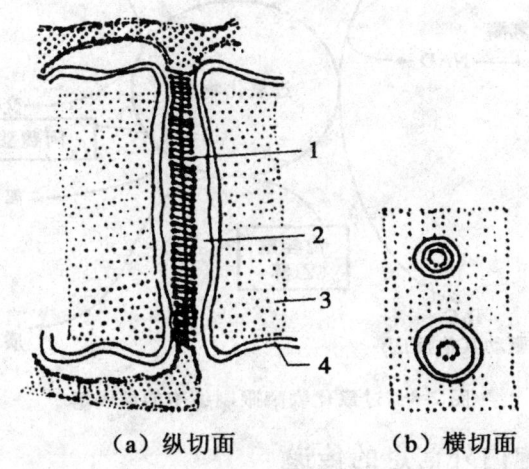

图 2-7 胞间连丝的超微结构
1. 连接管;2. 胞间连丝腔;3. 细胞壁;4. 质膜

2. 细胞壁的功能

细胞壁具有多种重要的生理功能,与植物细胞生命活动密切相关。

(1)稳定细胞形态和保护作用

细胞壁是包围在质膜外的一层坚硬外壳,具有一定的抗张力,对细胞有重要的保护作用。

(2)控制细胞生长扩大

细胞壁是由纤维素微纤丝网络和伸展蛋白网络相互交织而成,因此细胞壁的伸展生长受其限制。细胞壁中的过氧化物酶可催化生长素的氧化,破坏生长素,从而限制细胞伸展(图 2-8)。细胞壁中的钙会降低壁的伸展性。然而,在细胞壁中发现的扩张蛋白可能对伸长中的细胞壁的松弛起着重要作用。它们可以使细胞壁中纤维素微纤丝和基质多糖之间发生非共价键断裂,从而促进聚合物间的滑动,导致细胞壁松弛,增加其可塑性,有利于细胞体积扩大。

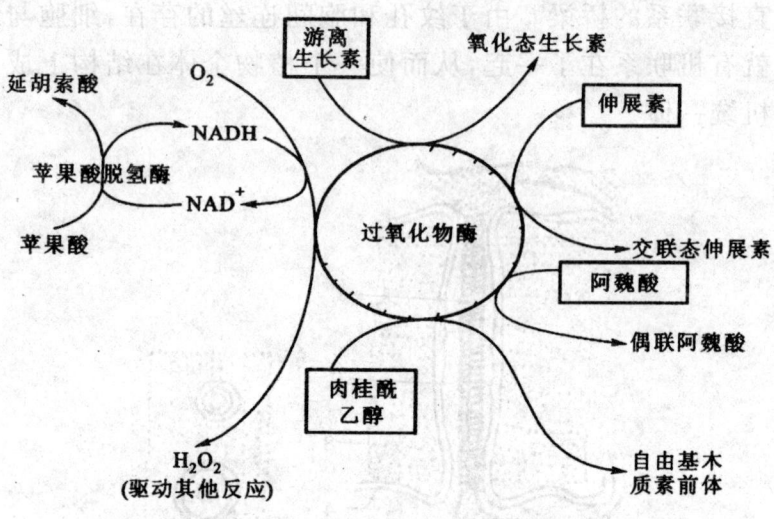

图 2-8 过氧化物酶限制细胞伸展图解

(3)参与胞内外信息的传递

细胞壁中存在 Ca^{2+}、钙调蛋白(CaM)、钙调蛋白结合蛋白(CaMBPs),这表明细胞壁可能在沟通胞外信息通路及与胞内信号联系方面有重要作用。

(4)防御功能

细胞壁不仅作为结构屏障阻止胞外病原微生物的进入,而且在细胞受到感染和伤害时,能积极参与防御反应。细胞壁中的伸展蛋白合成增加、胼胝质积累、木质化加强,也有防病抗逆的功能。细胞壁中含有的植物凝集素具有与外源抗体类似的作用。

(5)识别作用

细胞壁中的多聚半乳糖醛酸酶和凝集素还可能参与砧木和接穗嫁接过程中的识别反应。花粉和柱头之间的识别反应是由花粉壁内的糖蛋白和柱头表面的糖蛋白参与下完成的。

(6)参与物质运输

植物吸收物质和体内物质运输的重要途径——质外体运输都是通过细胞壁、细胞间隙、导管进行的。根细胞向外分泌的有机酸、氨基酸、多糖等也是通过细胞壁转运的。

2.2.2 原生质体

原生质体由质膜、细胞质和细胞核组成。

1. 质膜

质膜也称为细胞膜,是包围原生质的一层界膜,位于原生质体的最外面,紧贴细胞壁,主要成分是蛋白质分子和脂类中的磷脂分子,另外还含有少量的糖类、无机离子和水。除质膜外,细胞内还存在着大量的膜结构,它们与质膜一起统称为生物膜。

关于生物膜中蛋白质和磷质分子的组合方式,目前多采用生物膜的"流动镶嵌模型"来解释:中间是两层磷脂分子构成的磷脂双分子层,形成生物膜的基本骨架,由它支撑着许多蛋白质分子。而组成膜的蛋白质分子有的附着在磷脂双分子层的两侧,有的镶嵌或贯穿在磷脂双分子层中(图2-9)。

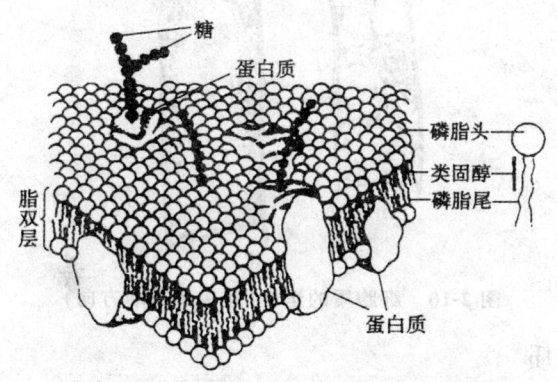

图 2-9 生物膜结构的流动镶嵌模型

构成生物膜的蛋白质分子和磷脂分子可在一定范围内自由移动,使膜的结构处于不断的变化状态,因此膜在结构上具有一定的流动性,这种特点对于生物膜(特别是质膜)进行各种生理活动十分重要。

质膜的主要功能是控制细胞与周围环境的物质交换,并起到一个屏障作用,维持细胞内环境的相对稳定。质膜对物质的出入具有选择透性,即水分子可以自由通过,细胞需要的离子和小分子也可以通过,而其他的离子、小分子以及大分子则不能通过,但大分子物质可通过质膜的内陷以胞饮或吞噬的方式进入细胞,或通过质膜的外凸以胞吐的方式排出细胞。细胞死亡后质膜的选择透性也随之丧失。

除上述功能外,质膜还具有保护作用,同时参与细胞识别、信号转换、分泌等生理活动。

2. 细胞质

质膜以内、细胞核以外的原生质称为细胞质。活细胞中的细胞质在光学显微镜下呈均匀透明的胶体,并处于不断流动的状态(图 2-10)。这种流动可促进营养物质的运输、气体的交换、细胞的生长和创伤的愈合等。细胞质主要包括胞基质和各种细胞器。

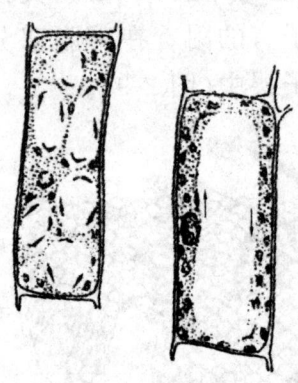

图 2-10　细胞质的运动(箭头示运动方向)

(1)胞基质

胞基质又称为基质、透明质,是一种具有一定弹性和黏性的透明胶体溶液,细胞核及各种细胞器都包埋在胞基质中。胞基质为细胞器和细胞核提供一个细胞内的液态环境,同时许多生化反应,如蔗糖的合成,就是在叶肉细胞的胞基质中进行的。

(2)细胞器

在细胞质的基质中,具有特定结构和功能的亚细胞单位,称为细胞器。

① 质体。

质体是绿色植物特有的细胞器,与合成、积累同化产物有关,在光学显微镜下即可看到。根据其所含色素的不同,可分为叶绿体、有色体和白色体 3 种(图 2-11)。

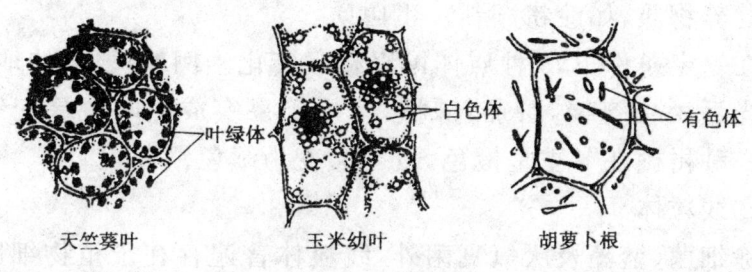

图 2-11　3 种质体

a. 叶绿体。叶绿体存在于植物体绿色部分的细胞中,含有绿色的叶绿素(叶绿素 a 和叶绿素 b)和黄色、橙红色的类胡萝卜素(胡萝卜素和叶黄素),与植物的叶色直接相关。

光学显微镜下叶绿体一般呈扁平的球形或椭圆形。在电子显微镜下,可以看到叶绿体表面由双层膜包被,双层膜内是基质和分布在基质中的类囊体。它们悬浮在液态的基质中,组成一个复杂的类囊体系统(图 2-12),叶绿体的色素就分布在类囊体膜上。叶绿体的基质中含有 DNA、核糖体及酶等。

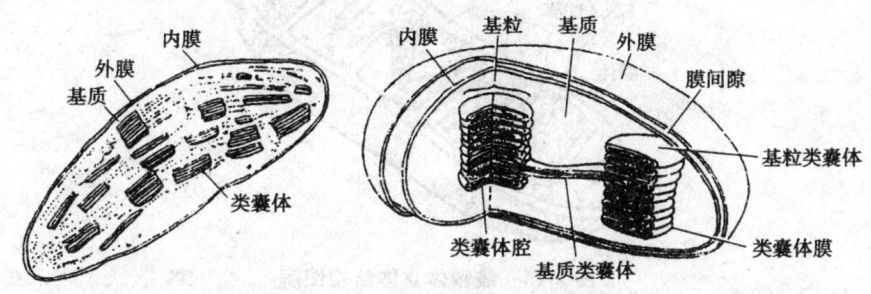

图 2-12　叶绿体立体结构图解

叶绿体是高等植物进行光合作用的场所。在植物细胞内还有叶绿体基因组,因此叶绿体具有半自主性遗传。

b. 有色体。含有胡萝卜素和叶黄素,由于两者的比例不同,可分别呈现黄色、橙色或橙黄色,它主要存在于植物的花瓣、成熟的果实、衰老的叶片、地下的储藏根（如胡萝卜）等部位。有色体能积累淀粉和脂类，还能使花和果实呈现不同的颜色。

c. 白色体。不含色素，呈无色颗粒状，多存在于幼嫩细胞、储藏细胞、种子的胚和一些植物的表皮中。白色体的功能是合成和储藏营养物质，如淀粉、脂肪、蛋白质。

在一定条件下，3种质体可以相互转化。例如，萝卜的地下部分见光后由白变绿，番茄、辣椒、苹果等果实成熟时由绿变红，美洲的一种柑橘在冬季呈橙色，夏季又变为绿色。

②线粒体。

除细菌、蓝藻及厌氧真菌外，线粒体普遍存在于植物细胞中。在光学显微镜下经特殊染色，可看到它呈粒状、线形或杆形。在电子显微镜下观察，可看到线粒体是由双层膜围成的囊状结构（图2-13）：外膜平展完整，内膜的某些部位向腔内折叠，形成许多隔板状或管状的突起——嵴，嵴的周围充满了液态的基质。在线粒体内，有许多与有氧呼吸有关的酶，还含有少量的DNA。和叶绿体一样，线粒体也属于半自主性遗传的细胞器。

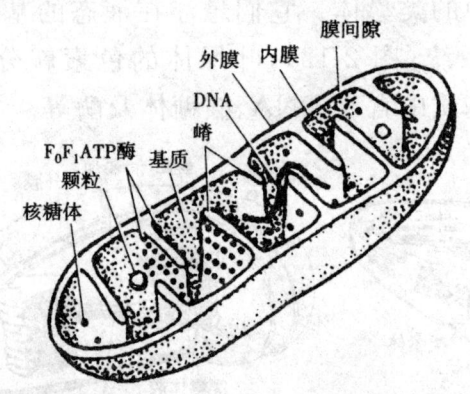

图2-13　线粒体立体结构图解

线粒体是细胞有氧呼吸的主要场所，细胞生命活动所需的能量，大约95%来自线粒体。

③内质网。

内质网是一种由单层膜围成的扁平囊、管、泡等交叉在一起的网状结构（图2-14）。内质网广泛分布在细胞质基质中，它增大了细胞内的膜面积,因膜上附着有许多酶,就为细胞内各种化学反应的进行提供了有利条件。同时内质网外连质膜、内连核膜,就为物质的运输提供了一个连续的通道。内质网还与蛋白质、脂类、糖类的合成有关。

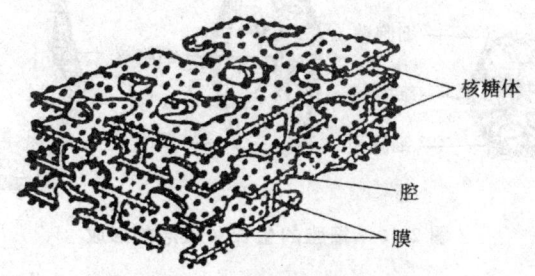

图 2-14　内质网立体结构图解

④高尔基体。

高尔基体是由许多单层膜围成的扁平囊叠集在一起形成的膜结构(图 2-15),其主要作用是参与细胞壁的形成,并与蛋白质的加工、转运及细胞分泌物的形成有关。

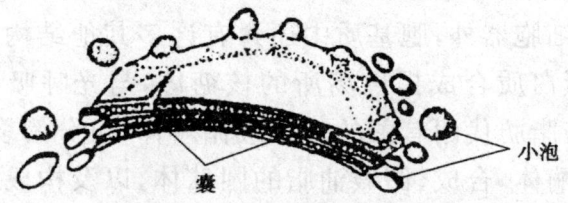

图 2-15　高尔基体的立体结构

⑤液泡。

液泡由单层膜围成,膜内的液体称为细胞液,内含多种物质:水、无机盐、糖类、有机酸、水溶性蛋白、生物碱、单宁、花青素等。花青素在酸性、中性和碱性的环境中分别呈现红色、紫色和蓝色,从而使植物的叶、花和果实呈现多种颜色。

具有一个大的中央液泡是成熟植物细胞的标志,也是动、植物细胞的显著区别之一。幼小的植物细胞具有小而分散的液泡,随着细胞的生长,小液泡逐渐合并成一个大的中央液泡(图 2-16),中央液泡可占成熟细胞体积的 90% 以上。此时细胞质的其余部分,连同细胞核一起,被挤成薄薄的一层紧贴在细胞壁上,从而扩大了细胞质与环境的接触面,有利于新陈代谢的进行。

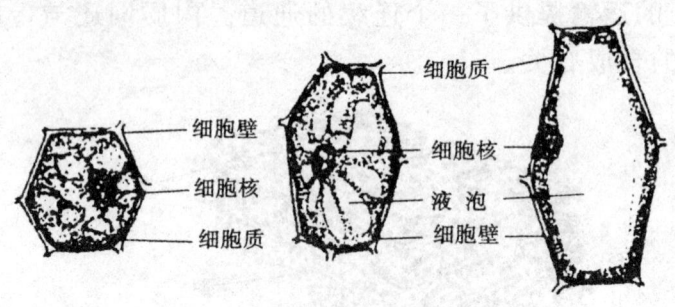

图 2-16 细胞的生长和液泡的形成

液泡具有许多重要的生理功能:液泡膜也具有选择透性,可通过控制物质的出入而使细胞维持一定的压力,与细胞的吸水有直接关系;液泡中含有多种水解酶,能分解液泡中的储藏物质以重新参加各种代谢活动,也能通过膜的内陷来"吞噬""消化"细胞中的衰老部分;液泡还具有储藏作用,如甜菜根的细胞液中含大量蔗糖,罂粟果实的细胞液中含有较多的吗啡等。

除上述细胞器外,胞基质中还含有许多其他结构和功能的细胞器:如为蛋白质合成提供场所的核糖体,与光呼吸有关的过氧化物酶体,与脂肪代谢有关的乙醛酸循环体,可分解多糖、蛋白质和核酸的溶酶体,合成、储藏油脂的圆球体,以及构成立体网状结构、在细胞内主要起支撑作用的细胞骨架等。

3. 细胞核

细胞核通常呈球形或椭圆形,包埋在细胞质内。低等植物的细胞核较小,其直径一般为 $1\sim 4\mu m$;高等植物的细胞核直径为 $5\sim 20\mu m$。在光学显微镜下可看到细胞核由核膜、核仁和核质3部分构成(图 2-17),但细胞核的结构会随细胞分裂的不同时期而发生相应的变化。

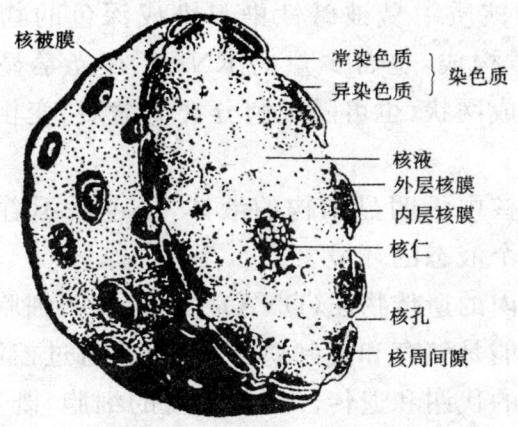

图 2-17 间期细胞核的超微结构

(1) 核膜

核膜为双层膜,它包被在细胞核的外面,把细胞质与核内物质分开,稳定了细胞核的形状和化学成分。核膜有一定的透性,可让小分子物质,如氨基酸、葡萄糖等透过。核膜上有许多排列规则的核孔,核孔上有一些复杂结构,称为核孔复合体,是沟通核基质与胞基质的通道。核孔可将 DNA 复制、转录、染色体构建等所需的 DNA 聚合酶、RNA 聚合酶和组蛋白等从胞基质运进核内,又能将翻译所需的 RNA、核糖体亚单位等从核内运到胞基质。[①]

(2) 核仁

核仁是无被膜的小球体,是真核细胞间期核中最明显的结构,它与核纤层和核孔有结构上的联系,含有大量的蛋白质(80%)和 RNA(10%左右),也含有 DNA 和磷酸酯酶、核苷酸磷酸化酶等。核仁为细胞核中折光性很强的球体。核仁的主要功能是合成核糖体 RNA。生活细胞中常含 1 个或几个核仁。

(3) 核质

细胞核内核仁以外、核膜以内的物质称为核质,它包括染色质和核基质两部分。

---

① 李合生. 现代植物生理学[M]. 3 版. 北京:高等教育出版社,2012.

染色质是核质中易被碱性染料染成深色的物质,它主要由DNA和蛋白质构成,也含少量的RNA。在光学显微镜下,常呈细丝状或交织成网状,也可随细胞分裂而缩短、变粗,成为棒状的染色体。

核基质为核内无明显结构的液体,染色后不着色,它为核内各结构提供一个液态的环境。

由于细胞内的遗传物质(DNA)主要存在于细胞核内,因此细胞核的主要功能是储存和复制遗传物质,并通过控制蛋白质的合成来控制细胞的代谢和遗传。凡是无核的细胞,既不能生长也不能分裂,因此,细胞核是细胞遗传和代谢的控制中心。

2.2.3 胞间连丝

植物体细胞之间是相互沟通,紧密联系在一起的。植物体活细胞的原生质体通过胞间连丝形成了连续的整体,称为共质体(symplast);质膜以外的胞间层、细胞壁及细胞间隙,彼此也形成了连续的整体,称为质外体(apoplast)。胞间连丝可以根据其生成的方式划分为初生胞间连丝和次生胞间连丝。前者是在细胞分裂过程中胞质分裂时形成的,后者是在细胞伸长过程中细胞壁形成以后形成的。这里重点介绍胞间连丝的亚显微结构和功能。

1. 胞间连丝的亚显微结构

胞间连丝是指贯穿细胞壁、胞间层、连接相邻细胞原生质体的管状通道。目前被人们公认的胞间连丝亚显微结构模型如图2-18所示。高等植物细胞的胞间连丝形成有两条分隔的通道:一条可看作是质膜特化的结构,相邻两个细胞的质膜,相互连接、融合且连续分布,形成管腔,直径约40nm;另一条是位于管腔内的中央套管,是内质网膜压缩成的狭窄小管,称为链管(desmotubule),即连丝微管,其两端分别与相邻细胞的内质网膜相连。其中间是由埋于压缩内质网膜内侧的蛋白质颗粒组成的中心柱(central rod),呈柱形结构,没有腔,不能运输物质。胞间连丝孔道的质膜与连丝微管之间是一环形结构,称为孔环(annulus),孔环宽5~6nm,其中间又有一些蛋白质将孔环的空间分割成8~10个弯曲的微通道(microchannel),直径2~3nm,物质经由这些微通道进行胞间转移,也进行信息传递。

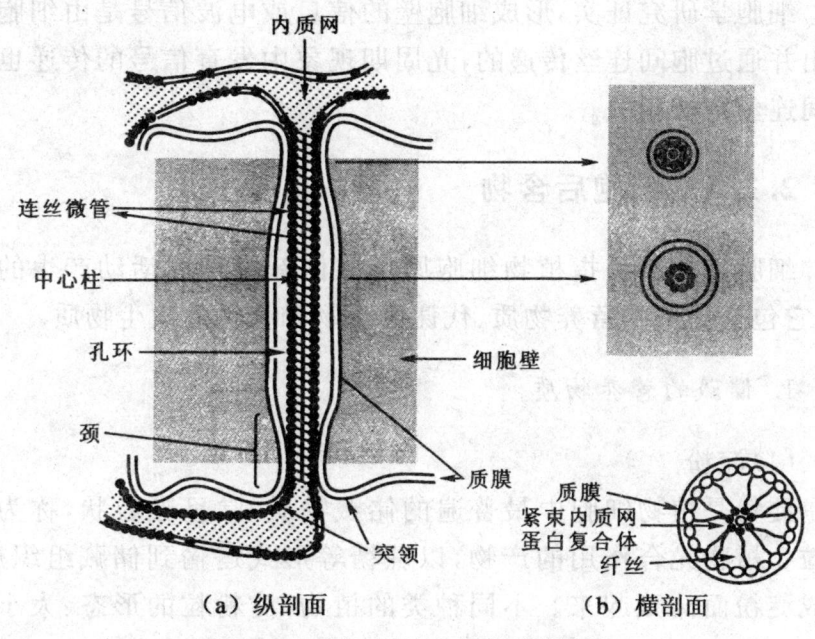

(a) 纵剖面　　　　(b) 横剖面

图 2-18　胞间连丝的亚显微结构模型

2. 胞间连丝的功能

胞间连丝的功能可概括为以下两个方面。

(1) 物质运输

共质体是植物体内物质运输的两大通道之一,而胞间连丝则是共质体运输的咽喉所在,无论是水、无机离子,还是生物大分子、病毒,甚至细胞器等物质,都可通过胞间连丝进行细胞间转移。植物根部吸收水分和矿质元素,在通过内皮层时,也需要进入共质体,经过胞间连丝才能进入维管束组织。研究证实,小分子物质通过胞间连丝的运输过程,通常是以顺浓度梯度的扩散方式进行的,是一种被动运输;而病毒分子则要编码一种或几种运动蛋白(movement protein),增加胞间连丝的通透性,才能完成在植物细胞间的侵染过程。包括蛋白质、核酸及细胞器之类的大分子物质的细胞间转运则是依靠植物体中的内源运动蛋白对胞间连丝的通透性加以调节之后,才得以实现的。

(2)信息传递

细胞学研究证实,形成细胞壁的信息或电波信号是由细胞核发出并通过胞间连丝传递的,光周期现象中发育信号的传递也与胞间连丝密切相关。

2.2.4 细胞后含物

细胞后含物是指植物细胞原生质体新陈代谢活动产生的物质,它包括储藏的营养物质、代谢废弃物和植物的次生物质。

1. 储藏的营养物质

(1)淀粉

淀粉是植物细胞中最普遍的储藏物质,常呈颗粒状,称为淀粉粒。植物光合作用的产物,以蔗糖等形式运输到储藏组织后,合成淀粉而储藏起来。不同种类的植物,淀粉粒的形态、大小不同(图2-19),可将其作为植物种类鉴别的依据之一。

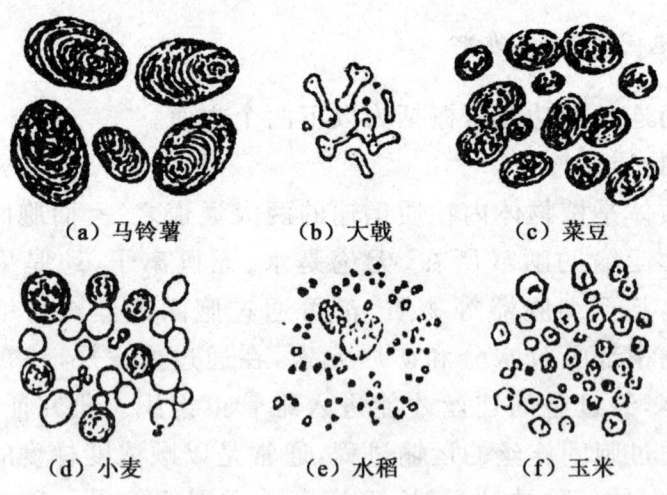

图2-19　几种植物的淀粉粒

(2)蛋白质

植物体内的储藏蛋白是结晶或无定形的固态物质。无定形的储藏蛋白常被一层膜包裹成圆球形的颗粒,称为糊粉粒。有时糊粉粒集中分布在某些特殊的细胞层,如禾本科植物胚乳的最外层细胞中含有较多的糊粉粒,这些细胞层特称为糊粉层(图 2-20)。

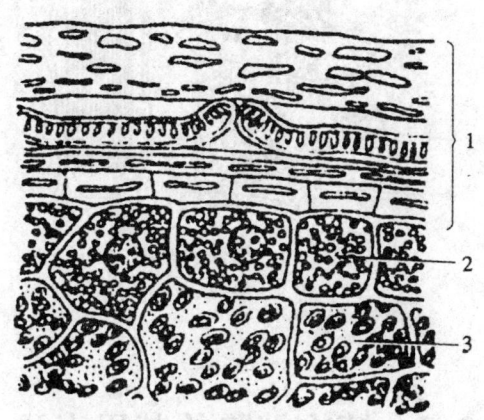

图 2-20　小麦颖果的横切面,示糊粉层
1. 果皮和种皮;2. 糊粉层;3. 储藏淀粉的薄壁组织

(3)脂肪和油类

脂肪和油类是后含物中储能效果最高的物质。常温下呈固态的称为脂肪,呈液态的称为油类(图 2-21),在油料作物种子的胚、胚乳和子叶中含量较高。

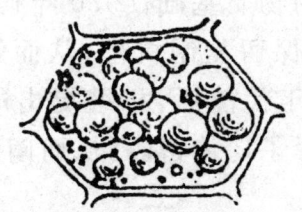

图 2-21　含有油滴的椰子胚乳细胞图

2. 代谢的废弃物

在植物细胞的液泡中,无机盐常因过多而形成各种晶体(图 2-22),其中以草酸钙晶体和碳酸钙晶体最为常见。它们一般

被认为是代谢的废物,形成晶体后避免了对细胞的伤害。如草酸是代谢的产物,对细胞有害,形成草酸钙晶体后能解除草酸的毒害作用。

图 2-22　晶体的类型
1. 单晶;2. 簇晶;3. 针晶

2.3　植物细胞的基因表达

自 20 世纪 40 年代以来,随着生物化学与生物物理学的兴起,植物生命活动的研究逐渐深入了分子水平,并取得了令人瞩目的重大成就。到目前为止,这些成就主要有:①40 年代确定了遗传信息的携带者,即基因的分子载体是 DNA 而不是蛋白质,从而明确了遗传的物质基础;②50 年代揭示了 DNA 分子的双螺旋结构模型和半保留复制机理,从而解决了遗传物质的自我复制和传递;③60 年代前后,相继提出的"中心法则"和操纵子学说,并成功地破译了遗传密码,从而阐明了遗传信息的流向和表达。

基于这些认识,可以认为:在植物细胞染色体上排列着数量众多、结构与功能各异的基因。有的研究者依其功能的差异,可将基因分成结构基因(参加细胞酶的催化反应或结构功能所需要的蛋白质的编码基因)、调节基因(其产物参与调节别的基因活性的基因)和操纵基因(使结构基因转录活性得以抑制的特定 DNA

片段)。生活着的植物,正是这些基因通过一系列复杂的转录与转译反应,表现出和谐的生命功能,产生出自己编码的 RNA 与蛋白质。它们不仅为植物提供了重要的生命物质,同时,也正是这些产物决定着植物固有的形态与生理特性,并能在不同的环境条件下表现出不同的特点。

通过果实成熟的基因表达调控,也许可以大概了解高等植物生长发育过程中基因的表达和调控。植物生理学家的研究认为:果实的成熟是一个复杂的发育过程,乙烯是诱导果实成熟的激素。乙烯合成的直接前体是 1-氨基环丙烷基-1-羧酸(ACC),在 ACC 合成酶的催化下生成 ACC,在乙烯形成酶的催化下由 ACC 转化成乙烯。分子生物学的研究表明,当乙烯合成的限速酶 ACC 合成酶的反义基因导入到番茄植株中,反义基因就几乎完全控制了 ACC 合成酶的转录。这时,乙烯合成的 99.5% 被抑制,乙烯的释放水平低于 $0.1 nl/(g·h)$,果实也就不能正常成熟。这种反义 ACC 合成酶转基因果实,在大气中或植株上可保存 90~120d,并且很难变红、变软,果实的成熟明显推迟。用反义 RNA 技术获得的乙烯形成酶反义基因番茄果实中,人们亦发现乙烯的合成被抑制达 97%,果色变淡,且更耐贮藏。这种以基因工程的方法将 ACC 合成酶和乙烯形成酶的反义基因导入正常植株,以获得乙烯合成缺陷型植株的方法,目前已迅速推广到杧果、桃、苹果、梨、草莓、香蕉和橘子等水果中。这种技术目前正在进一步地改进和完善。例如,将反义基因接在可调控的启动子之后再转入植物,就可以通过改变植物的内外部条件控制反义基因的开和关。当想使果实推迟成熟时,就启动反义基因的表达,阻止乙烯产生;当需要果实成熟时,就改变某种条件,关闭反义基因,于是乙烯合成,果实发育成熟。

可以看出:基因只在特定的组织中表达,只在特定的发育阶段表达。它们不仅受植物体内在的生命节奏控制,也受环境条件的影响。因此植物的生长发育是植物体在多种代谢和生理过程基础上所发生的基因在时间和空间上表达的综合现象。

2.4 植物细胞信号转导

自然界中的植物生活在多变的环境中。构成高等植物的活细胞必须不断地感受、接收各种外界环境信号以及来自相邻细胞的各种化学或物理信号,并做出适当的生理反应以维持其生命活动的进行并且调控其生长和发育的进程。更为重要的是,植物细胞以及植物体只有在获得适当信号的情况下才能正常地生长和发育。

植物体所能感受的信号是相当广泛的,如光(包括光的强度、光质和光周期等)、温度、重力、风、CO_2浓度、土壤中的营养元素、水分状况、O_2浓度,甚至食草昆虫的啃食和微生物的入侵,以及植物体自身产生的各种激素和信号分子等。植物细胞在感受到外界和内源的信号之后,必须将这些信号转化为细胞内的信号,即信号的转导过程。

细胞信号转导指的是偶联各种胞外信号(包括各种内、外源信号)与其所引起的特定生理效应之间的一系列分子反应机制(图2-23)。

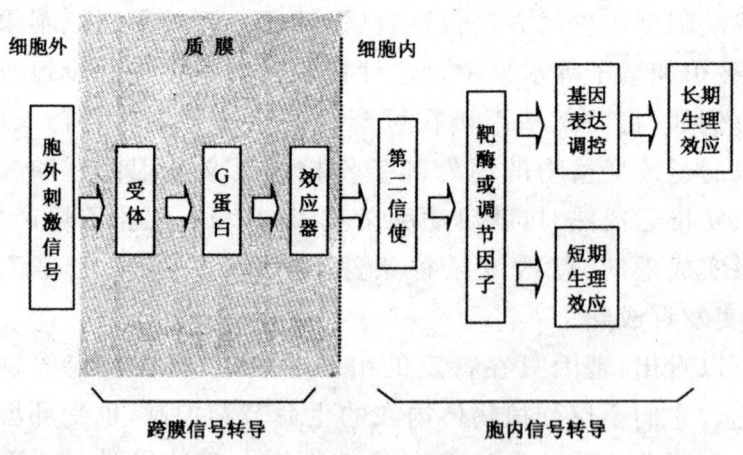

图 2-23　细胞信号转导模式框图

细胞信号转导过程的一个显著特点是,对于任何一种特定的刺激信号都有其特异的信号转导过程,而信号转导过程的特异性依赖于构成信号转导过程的分子机制的特异性。虽然构成不同信号转导过程的分子反应机制是不同的,表现为信号及信号受体的不同性质及其特异性,但是参与不同信号转导过程的因子或组分却在一定程度上具有相似性,而且有些因子是不同信号转导过程的共同因子。在信号转导过程中,由于一个信号转导组分可以激活其下游的多个靶分子,因此信号在转导过程中是被逐级放大的。再者,一旦信号转导过程完成,信号转导组分需要一个灭活的机制,这个灭活过程可能是信号转导组分被迅速降解或隔离,或者信号转导组分由活性状态转化为非活性状态。

参与细胞跨膜及胞内信号转导过程的主要因子包括受体、G蛋白、第二信使系统(三磷酸肌醇、钙离子等)、蛋白激酶/蛋白磷酸酶、细胞骨架等。其中受体是参与跨膜信号转导的主要因子,而三磷酸肌醇、钙离子等则属于参与胞内信号转导的第二信使物质,钙调蛋白、蛋白激酶/蛋白磷酸酶、离子通道等膜功能蛋白、细胞骨架等胞质功能蛋白等则作为第二信使下游作用的靶分子而与刺激信号引起的特定生理效应密切相关。

2.4.1 受体

受体(receptor)是能够特异识别生物活性分子并与之结合,进而引起生物学效应的特殊蛋白质(个别是糖脂)。能与受体特异性结合的生物活性分子称为配体(ligand)。大多数受体位于质膜上,而有一些受体则位于细胞质或细胞中的其他部位。位于细胞质膜上的受体称为膜受体;而位于细胞质或细胞中其他部位的受体称为胞内受体。

受体与配体的结合有以下特点:①专一性;②高亲和力;③具有饱和性;④可逆性。在动物细胞中至少有3种不同类型的膜受体,即与G蛋白偶联的受体、与酶偶联的受体和与离子通道偶联的受体,但是在植物中是否也存在这三类受体仍然有待研究。

1. 光信号受体

现在至少知道植物细胞有三类光受体,包括对红光和远红光敏感的受体、对蓝光敏感的蓝光受体,以及对紫外光敏感的紫外光受体。其中对红光和远红光敏感的受体,即光敏色素(phytochrome),研究得较为深入。

2. 激素受体

在植物激素信号转导研究方面,激素受体的鉴定与功能研究是近年来的热点,五大经典植物激素(生长素、细胞分裂素、赤霉素、脱落酸和乙烯)的受体均被陆续发现。

3. 植物细胞受体样激酶

在植物细胞中还存在一类与哺乳动物表皮生长因子(EGF)受体相似的蛋白激酶,被称为受体样激酶(receptor-like kinase,RLK)。这类蛋白激酶跨膜存在,其 N 端位于胞外侧,可能与刺激信号的感受有关;而 C 端则位于胞内一侧含具有激酶活性的区域。RLK 的胞外侧部位类似于受体,当与某种胞外特异刺激物结合之后,胞内侧激酶的催化活性受其影响而改变。植物细胞中的 RLK 属苏氨酸/丝氨酸蛋白激酶类型,不同于动物细胞中的酪氨酸型受体样蛋白激酶。

2.4.2 GTP 结合调节蛋白

GTP 结合调节蛋白(GTP-binding regulatory protein,简称 G 蛋白),是活细胞内一类具有重要生理调节功能的蛋白质。一般来说,当结合 GTP 时 G 蛋白呈活化状态,而当 GTP 水解为 GDP 时 G 蛋白为非活化状态。

活细胞内的 G 蛋白一般被分为两大类:异源三聚体 G 蛋白和小 G 蛋白[①]。异源三聚体 G 蛋白(heterotrimeric G-protein,又

---

① 武维华.植物生理学[M].北京:科学出版社,2008.

称为大 G 蛋白)是由三种不同亚基(α,β,γ)构成的蛋白复合体,其 α 亚基含有与 GTP 结合的活性位点,并具有 GTP 酶活性,而 β 和 γ 亚基一般呈稳定的复合状态存在。另一类 G 蛋白是只含有一个亚基的单体 G 蛋白,又被称为小 G 蛋白(small G-protein)。小 G 蛋白的结构与功能类似于三聚体 G 蛋白中的 α 亚基,有与 GTP 结合的活性位点并具有 GTP 酶活性。小 G 蛋白又分为 Ras、Rho、Rab/Ypt 三个亚类,人类 Ras 单体的三维结构如图 2-24 所示,目前,把人类 Ras 单体的三维结构作为动物、植物和真菌等小 G 蛋白的模型。这些小 G 蛋白分别参与细胞生长与分化、细胞运动、膜囊泡与蛋白质运输等的调节过程。亚基上氨基酸残基的酯化修饰作用将 G 蛋白结合在细胞膜面向胞质的一侧。

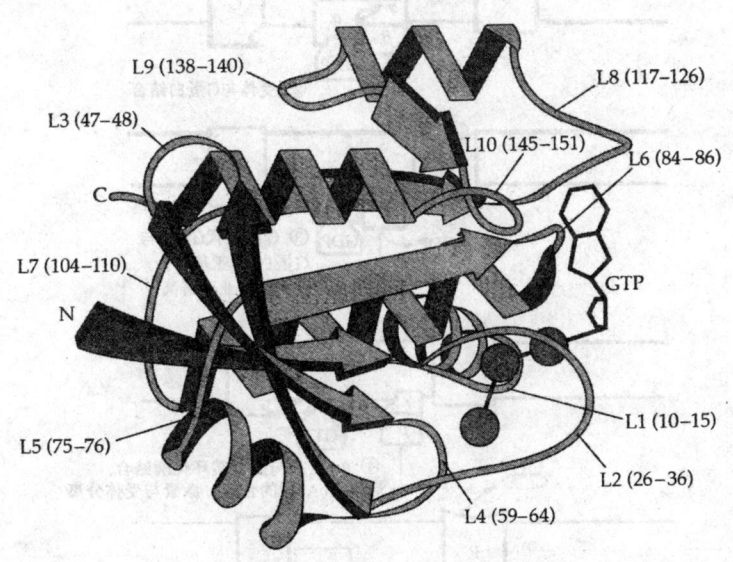

图 2-24 人 Ras 单体三维结构示图

G 蛋白参与跨膜信号转换是靠自身的活化与非活化状态循环来完成的,这种活化与非活化状态又与 GTP 的结合与水解联系在一起。在动物细胞中,处于非活化状态的 G 蛋白的 α 亚基结合着 GDP。当细胞受到刺激后,胞外信号与受体结合,受体构象发生变化,与 G 蛋白结合形成受体-G 蛋白复合体,使 G 蛋白 α 亚基构象发生变化,释放 GDP 结合 GTP 而被活化。然后,α 亚基与

β、γ 亚基分离并向其下游产生第二信使的组分(如腺苷酸环化酶：adenylyte cyclase)靠近并结合,活化环化酶并通过水解 ATP 产生第二信使 cAMP 分子。同时,GTP 水解为 GDP,并引起 α 亚基与腺苷酸环化酶的分离,回到原位与 β 和 γ 亚基重新结合,完成了信号转换(图 2-25)。

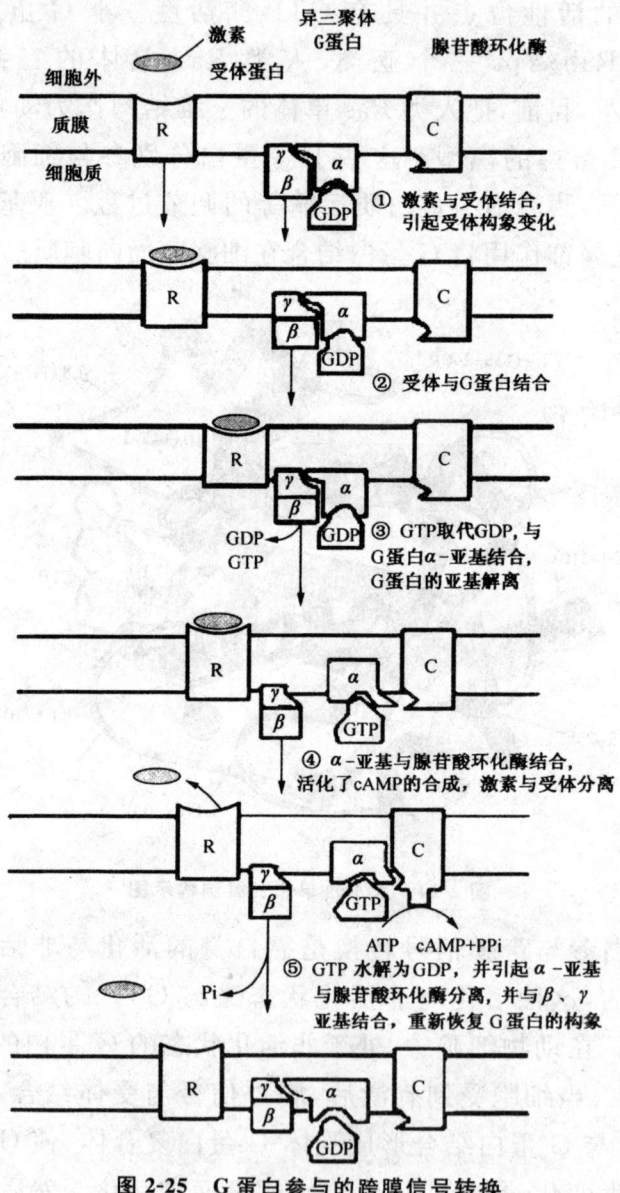

图 2-25 G 蛋白参与的跨膜信号转换

G蛋白不仅把胞外信号转换为胞内信号,而且起信号放大作用,即每个与配体结合的受体同时可以激活多个G蛋白分子,每个G蛋白分子激活一个腺苷酸环化酶,后者又可催化产生大量cAMP,cAMP又可作为第二信使,通过以后的信号转导途径进一步传递并放大信号。

利用cDNA、基因克隆、基因转移、蛋白质生物化学、生理学、电生理学等技术不仅已证明了G蛋白在高等植物中的普遍存在,而且也已初步证明G蛋白在植物对光和激素的生理效应、植物细胞跨膜离子运输、植物组织和器官的形态建成等细胞信号转导过程中有重要调节作用。

2.4.3 第二信使系统

1. 钙离子

Ca^{2+}在植物细胞的多种信号转导过程中都有非常重要的调节作用,特别是在植物适应各种环境胁迫的过程中起着关键作用。植物细胞内的Ca^{2+}已被许多研究工作证实是植物细胞信号转导过程中重要的第二信使。研究证明,几乎所有不同的胞外刺激信号都能引起胞内游离Ca^{2+}浓度的变化,如光照、触摸、重力、温度等各种物理刺激和各种植物激素、病原菌诱导因子等化学因子(图2-26),而植物细胞内游离钙离子浓度的微小变化可能显著影响细胞的生理生化活动。近年来的许多研究表明,胞内Ca^{2+}信号的特异性有可能通过Ca^{2+}浓度变化的不同频率特点和区域特异性来体现。胞内不同Ca^{2+}浓度的区域化现象以及Ca^{2+}浓度的周期性变化与细胞的特异生理功能相联系。

2. 磷脂酰肌醇途径

磷脂酰肌醇(phosphatidylinositol,PI)主要分布在细胞质膜内侧,其总量仅占膜磷脂的很少一部分。现已确定的磷脂酰肌醇主要有三种:磷脂酰肌醇(phosphatidylinositoi,PI)、磷脂酰肌醇-4,5-二磷酸(phospha-tidylinositol-4,5-bisphosphate,PIP_2)和磷脂酰肌醇-4-磷酸(phosphatidylinositol-4-phosphate,PIP),PIP和PIP$_2$是由PI和PIP分别在PI激酶和PIP激酶催化下磷酸化而形成的,其基本结构及其相应磷脂酶(phospholipase)作用位点如图2-27所示。

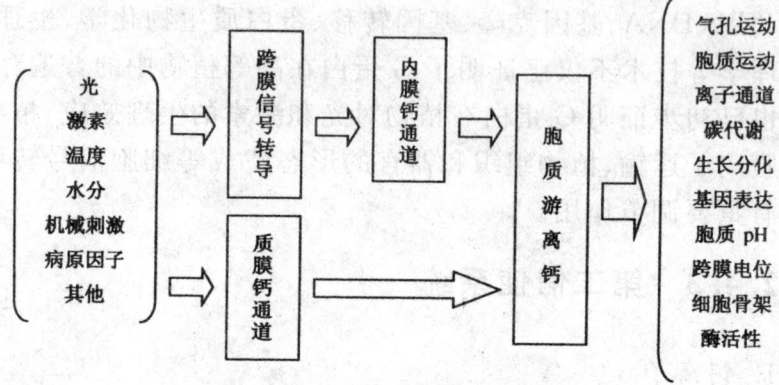

图2-26 钙参与植物细胞信号转导示意图

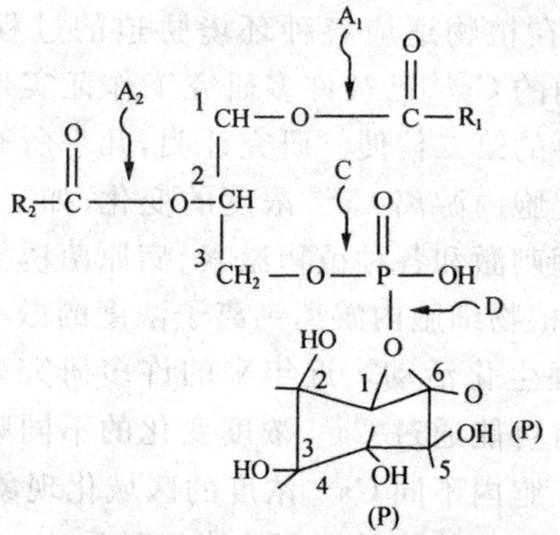

图2-27 PIP$_2$的分子结构及其相应磷脂酶作用位点

当细胞接收特定信号时,可以产生磷脂酰肌醇作为第二信使。当受体分子结合信号分子后,激活磷脂酶C将质膜上的磷脂酰肌醇二磷酸(phosphatidylinositol biphosphate,PIP$_2$)分解为二酰甘油(diacylglycerol,DAG)和肌醇三磷酸(inositol 1,4,5-triphosphate,IP$_3$)两个第二信使。IP$_3$可以动员细胞钙库释放钙离子,引起下游一系列的反应;而 DAG 则激活蛋白激酶 C(protein kinase C,PKC)引起一系列的级联反应。这一信号转导过程称为磷脂酰信号途径(phosphatidylinositol signal pathway)。

在植物细胞中已证明三磷酸肌醇可作为胞内信使参与植物细胞的信号转导过程。研究表明,许多胞外刺激信号可引起胞内磷脂酰肌醇类物质代谢上的变化,这些刺激包括光照、激素、渗透变动、细胞降解酶类等。在植物细胞中已初步证明在胞内液泡膜上可能存在 IP_3 受体或作用位点,其作用可能与调节由液泡向细胞质的 Ca^{2+} 释放有关,从而影响胞质内游离 Ca^{2+} 的浓度。

DG 作为信号分子是通过激活蛋白激酶 C(protein kinase C,PKC)传递信息的。PKC 是一种依赖于 Ca^{2+} 和磷脂的蛋白激酶,当有 Ca^{2+} 和磷脂存在时,DG、Ca^{2+}、磷脂和 PKC 结合为复合物,使 PKC 激活,从而对某些底物蛋白或酶类进行磷酸化,实现信号转导,称为 DG/PKC 信号转导途径(图 2-28)。

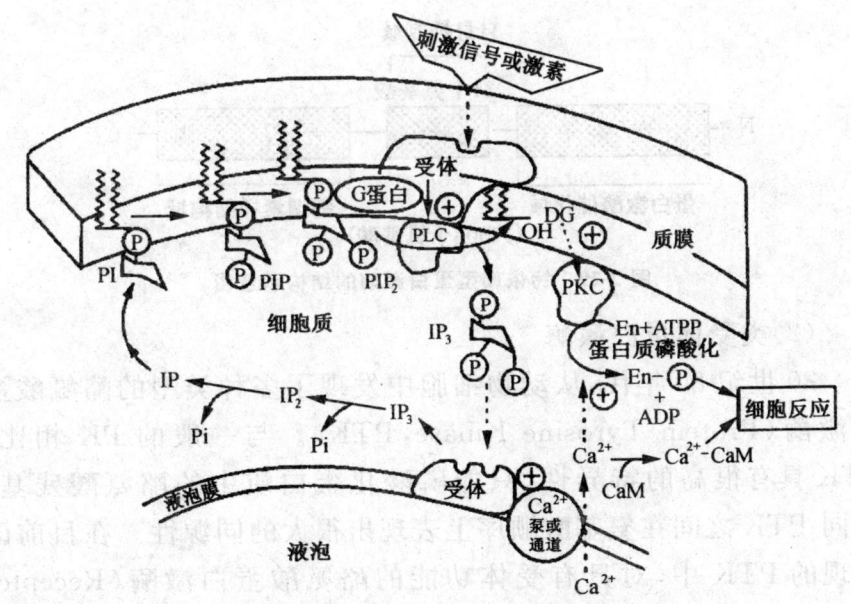

图 2-28 肌醇磷酸代谢循环过程

2.4.4 蛋白激酶和蛋白磷酸酶

1. 蛋白激酶

(1) 钙依赖型蛋白激酶

在20世纪80年代末期,人们在植物细胞中发现了一类具有重要生理作用的蛋白激酶,即钙依赖型蛋白激酶(Ca^{2+}-dependent protein kinase, CDPK)。CDPK是植物细胞特有的一个蛋白激酶家族。例如,拟南芥中存在大约40种CDPK。

Harmon等最早从大豆培养细胞中得到了钙依赖型蛋白激酶。CDPK有钙结合位点,但不依赖CaM。CDPK具有共同的结构特征,在N端有一个激酶活性域,在C端有一个类似CaM的结构域,两者之间有一个抑制域(图2-29)。当位于CDPK上类似CaM的结构域的钙离子结合位点与Ca^{2+}结合后,抑制被解除,酶就被活化[①]。

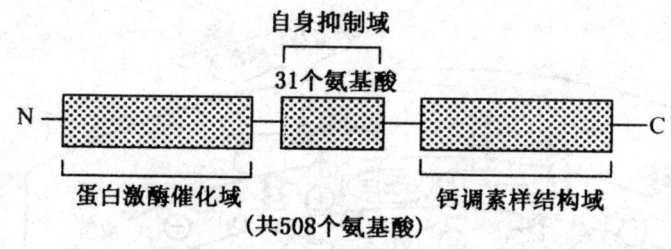

图2-29 钙依赖型蛋白激酶的结构示意图

(2) 类受体蛋白激酶

20世纪80年代,从动物细胞中发现了多种类型的酪氨酸蛋白激酶(Protein Tyrosine Kinase, PTK)。与一般的PK相比,PTK具有很高的特异性,只能磷酸化蛋白质中的酪氨酸残基。不同PTK之间在氨基酸顺序上表现出很大的同源性。在目前已发现的PTK中,对具有受体功能的酪氨酸蛋白激酶(Receptor

---

① 王宝山. 植物生理学[M]. 北京:科学出版社,2007.

Protein Tyrosine Kinase,RPTK)的结构与功能研究的较为深入。RPTK 结构的共同点是整个分子可分为三个结构域,细胞外的配体结合区,细胞质侧的具有酪氨酸蛋白激酶活性的区域及连接这两个区域的跨膜结构域(图 2-30)。

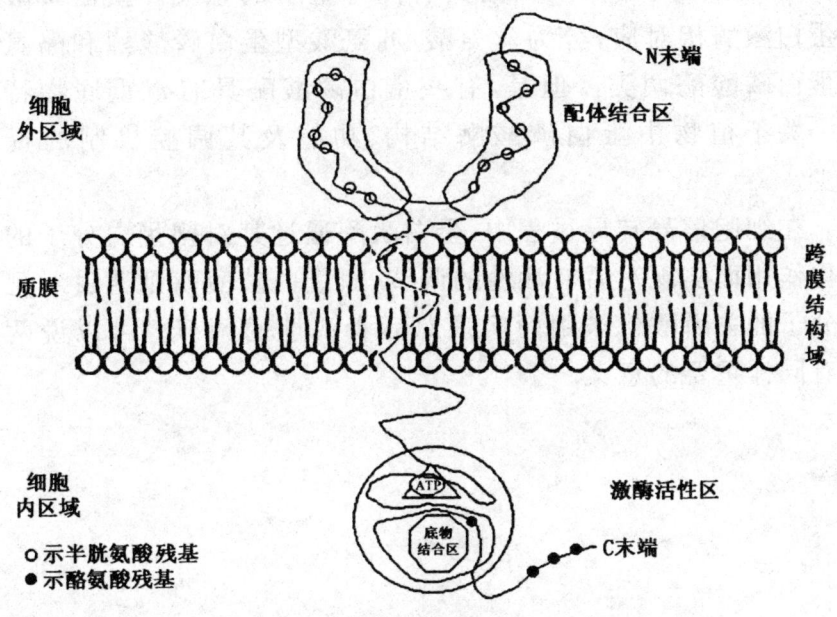

图 2-30　RPTK 结构示意图

RPTK 具有多功能性,即它能把信号的接受、膜上的转换以及向细胞内部的传递、转导及引起一定的生理效应等功能集于一身,并具有自身调节功能,也就是说由 RPTK 介导的信号跨膜传递转换方式比其他信号系统更为直接和简单。由 RPTK 信号途径介导的生理效应是多方面的,如 DNA 的合成、离子跨膜转运及多胺合成等。

除上述蛋白激酶外,在植物细胞中还发现了其他类型的钙依赖型蛋白激酶。如与植物光敏色素密切相关的钙依赖型蛋白激酶、一些同时受钙离子和钙调素调节的蛋白激酶等。除钙依赖型蛋白激酶外,在植物中还存在一类与哺乳动物表皮生长因子(EGF)受体相似的蛋白激酶,即在前面已讨论过的受体样蛋白激酶(RLK)。

2. 蛋白磷酸酶

蛋白磷酸酶(Protein Phosphotase,PP)的主要功能是逆转蛋白磷酸化作用,是一个终止信号或逆向调节的过程,在生命活动的代谢调节中与蛋白质激酶具有同等重要的意义。蛋白磷酸酶与蛋白激酶相对应,分为丝氨酸/苏氨酸型蛋白磷酸酶和酪氨酸型蛋白磷酸酶两类。但是,有些蛋白磷酸酶具有双重底物特异性。关于植物中蛋白磷酸酶结构、功能及其调控机制的资料很少。

在细胞信号转导过程中,蛋白激酶通过其对靶蛋白分子的磷酸化作用而实现对后者活性的调节,而蛋白磷酸酶则通过对靶蛋白分子的去磷酸化作用而实现对后者活性的调节。可以说两者具有同样重要的意义。

第3章 植物的代谢机理

在植物形态变化的同时,也是物质和能量转化的过程,物质转化与能量转化紧密联系,构成统一的整体,即为代谢。植物代谢过程的本质是植物体内的一系列生物化学和生物物理的变化,代谢作用是生命的基础,代谢一旦停止,生命也就不复存在,生长发育更无从谈起。某些代谢环节如果发生重大变化或遭到破坏,也必然会影响到植物的生长发育。

3.1 水在植物生命活动中的作用及在植物体内的运输

3.1.1 水在植物生命活动中的作用

植物体内的代谢变化均与水的结构及物理化学特性密切相关,由于水分子是极性分子,并具有特殊的物理化学特性,使得水是植物生命活动和生长发育不可缺少的介质。

1. 植物体内的含水量和水分存在的状态

水分在植物体内的作用与其含量多少和存在状态有关。

水是植物体的主要构成成分,其含量一般占组织鲜重的65%~90%。但含水量并不是固定不变的,它随着植物种类及外界环境条件而变化。不同发育时期、不同器官和组织中,含水量不同,生命活动状态也不同。例如,风干种子代谢活动很弱,其含水量很低,为9%~14%。种子萌发时,随着干燥种子含水量增加,生命活动随之增强。

植物体内水分的存在状态有两种：自由水和束缚水。凡是被植物细胞的胶体颗粒或渗透物质亲水基团（如—COOH、—OH、—NH$_2$）所吸引，且紧紧被束缚在其周围、不能自由移动的水分，称为束缚水(bound water)。当温度升高时束缚水不能挥发，温度降低到冰点以下也不结冰；不被胶体颗粒或渗透物质亲水基团所吸引或吸引力很小，可以自由移动的水分，称为自由水(free water)。这两种水的划分是相对的，两者间并没有明显的界线。

2. 水在植物生命活动中的生理作用

水在植物生命活动中的生理作用是指水分直接参与植物细胞原生质组成、重要的生理生化代谢和生长发育过程，可以概括为以下几个方面。

①水是细胞原生质的主要组分[1]。原生质中蛋白质等生物大分子表面存在大量的亲水基团，吸引着大量的水分子形成一种水膜，维系着膜系统及生物大分子的正常结构和功能。

②水直接参与植物体内重要的代谢过程。植物体光合作用、呼吸作用、转化、代谢等过程都有水的参与。

③水是植物体内物质吸收、转化、运输的介质。植物根系吸收、运输无机物质和有机物质，光合产物的运输分配都是以水作为介质的。

④水能使植物始终充满生机与活力。充足的水分可以使植物细胞枝叶挺立，更好地进行光合和呼吸作用，有利于植物进行气体交换和传粉。

⑤细胞的生长发育需要足够的水分。细胞分裂、生长都需要水的参与，缺水状态下的植物，其生长会受到抑制，导致植株矮小。

---

[1] 李合生. 现代植物生理学[M]. 3版. 北京：高等教育出版社，2012.

3.1.2 植物体内水分的运输

1. 植物体内水分运输的途径及速度

水分被植物吸收后在体内向上运输,除少部分用于各种代谢和构建植物体外,绝大部分又通过蒸腾作用以水蒸气的形式散失到体外大气中。水分在植物体内的运输途径是:土壤→根毛→根皮层→内皮层→中柱鞘→根导管或管胞→茎导管→叶柄导管→叶脉导管→叶肉细胞→叶细胞间隙→气孔下腔→气孔→大气(图 3-1)。

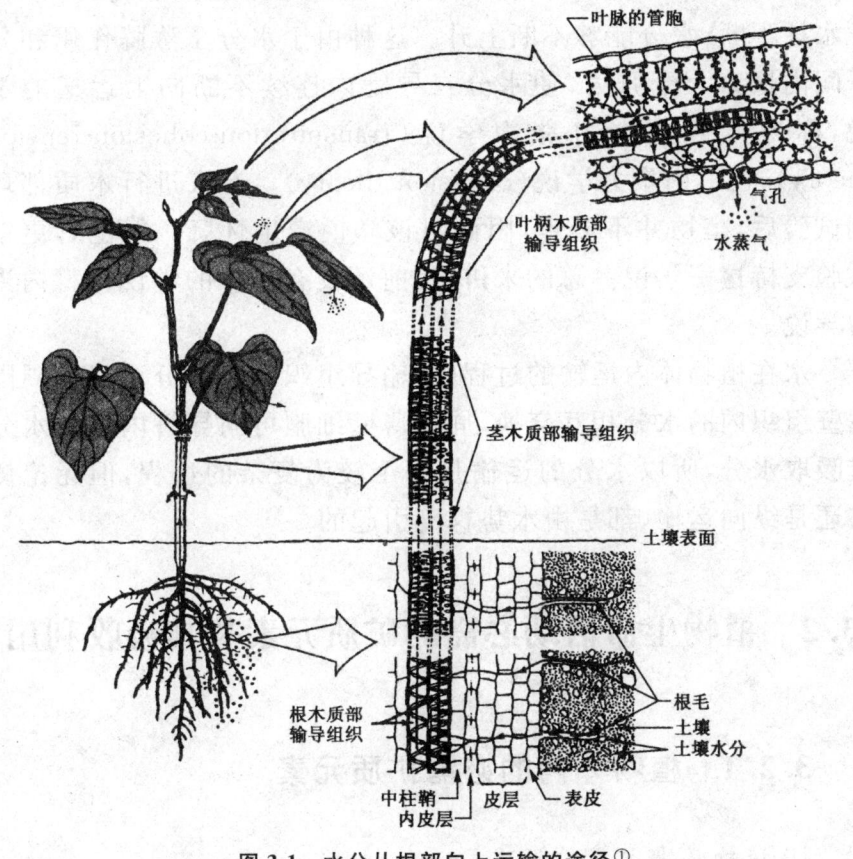

图 3-1 水分从根部向上运输的途径①

---

① 王宝山.植物生理学[M].北京:科学出版社,2007.

2. 水分运输的动力

水分沿导管或管胞上升的动力有两个：一是下部的根压，另一个是上部的蒸腾拉力。

根压能使水分沿导管上升，但根压一般不超过 0.2MPa，而 0.2MPa 的根压即使无阻力，也只能使水分上升 20.4m。导管中的水流，一方面受蒸腾拉力的驱动，向上运动，另一方面受到向下的重力。这两种力的方向相反，上拉下坠使水柱产生张力。试验证明，水分子的内聚力可达 30MPa 以上，而水柱的张力一般为 0.5～3.0MPa，可见水分子的内聚力远大于水柱的张力，可以保证水柱不断，水分能够不断上升。这种由于水分子蒸腾作用和分子间内聚力大于张力，使水分在导管内连续不断向上运送的学说，称为蒸腾-内聚力-张力学说（transpiration-cohesion-tension theory），也称内聚力学说（cohesion theory）。有人进行木质部环割试验后，植物并不萎蔫，因而对该学说产生怀疑。但也有更多试验支持这一学说。总的来讲，目前还没有更好的学说代替内聚力学说。

水在植物体内运输的过程中，输导组织内的水分可以和周围薄壁组织内的水分相互交换，周围薄壁细胞可向导管内排出水分或吸取水分，所以水分的运输是一个较为复杂的过程，但无论侧向还是纵向运输，都是由水势梯度引起的。

3.2　植物生命活动必需的矿质元素及其吸收利用

3.2.1　植物体内的必需矿质元素

1. 植物必需元素的标准

在植物体内虽然可以检测到 70 余种元素的存在，但这些元素并不都是植物正常生长发育所必需的。某一元素是否对植物的生长发育是必需的,并不一定取决于该种元素在植物体内的含量。

植物的必需元素(essential element)是指植物正常生长发育必不可少的营养元素。植物在其生命活动过程中,不断与外界环境进行物质交换。从外界环境进入植物体内的元素可能是植物进行生命活动所必需的,也可能并不具备任何生理功能。

灰分中大量存在的矿质元素不一定是植物必需的。国际植物营养学会采纳 Arnon 和 Stout(1939)提出的认定植物必需元素的如下三条标准。

① 缺乏该元素,植物生长发育受阻,不能完成其生活史。
② 除去该元素,植物会表现出专一的缺素症,这种缺素症可用加入该元素的方法预防或恢复正常。
③ 该元素的生理作用是直接的,而不是由于培养介质的物理、化学或微生物条件改变而引起的间接效果。

2. 植物必需元素的确定方法

植物的必需元素不能由植物元素含量的多少来决定,可靠的方法是在人为严格控制植物生长环境(如土壤、非土壤培养基、培养液等)中各种元素组成的条件下,对照植物必需元素的三条标准,逐一地分析各种元素的存在与否是否对植物生长发育有符合必需元素条件的影响。

由于天然土壤成分复杂,其中的元素含量以及成分无法控制,因此,常用的土培法(soil pot experiment)无法判定哪些元素是植物所必需的。自从 Sachs 和 Knop 运用无机盐溶液成功培养植物以后,溶液培养法(solution culture method)即被广泛运用于植物必需元素的界定。除去技术条件方面的要求,植物溶液培养方法的关键是培养液或营养液的组成及理化条件。表 3-1 列出了 3 种常用的植物营养液配方,其中又以 Hoagland 营养液最为常用。在利用水培法培养植物时要注意对溶液系统的通气、防止光线对根系的直接照射等。

表 3-1　几种常用的营养液配方[①]

成分	Sachs 营养液/$(g \cdot L^{-1})$	Knop 营养液/$(g \cdot L^{-1})$	Hoagland 营养液/$(g \cdot L^{-1})$
$Ca(NO_3)_2 \cdot 4H_2O$	—	0.8	1.18
$NaCl$	0.25	—	—
KNO_3	1.0	0.2	0.51
$Ca_3(PO_4)_2$	0.5	—	—
$CaSO_4$	0.5	—	—
K_2HPO_4	—	0.2	0.14
$MgSO_4 \cdot 7H_2O$	0.5	0.2	0.49
$FePO_4$	微量	—	—
$FeSO_4$	—	微量	—
$FeC_4H_4O_6$	—	—	0.005
H_3BO_3	—	—	0.002 9
$MnCl_2 \cdot 4H_2O$	—	—	0.001 8
$ZnSO_4$	—	—	0.000 22
$CuSO_4 \cdot 5H_2O$	—	—	0.000 08
H_2MoO_4	—	—	0.000 02

　　溶液培养法亦称水培法(solution culture),是在含有全部或部分营养元素的溶液中培养植物的方法。溶液培养法可以分为纯溶液培养法(pure solution culture)、砂基培养法(sand culture method)、营养膜法(nutrient film method)和气雾法(aeroponics)。最简单的溶液培养法是直接将植物的根系浸没于营养液中而进行植物培养;而砂基培养法是利用石英砂(quartz sand)、玻璃球(crystal ball)、珍珠岩(perlite)、蛭石(vermiculite)或沙子(sand)等介质作为根系生长的支持物,并在介质中加入营养液来培养植物的方法。砂基培养法解决了纯溶液培养法的通气问题,但需要注意生长介质的洁净性,以去除其他元素或微生物的影响。如果进行一般的植物培养,对介质的洁净程度要求可以降低。

---

① 武维华.植物生理学[M].2版.北京:科学出版社,2008.

如图 3-2 所示是几种常用的植物无土栽培装置示意图。除了传统的溶液培养方法[图 3-2(a)]外,现在工厂化育秧或蔬菜种植则多采用营养膜培养系统[图 3-2(b)]。在营养膜培养系统中,利用水泵将营养液循环利用,使植物根部经常保持流动的营养液膜层;被循环利用的营养液的 pH 值和营养成分可通过自动控制装置不断予以调节或补充。由植物的水培方法还发展出有氧溶液培养法(或简称气培法,或称雾培法),如图 3-2(c)所示,气培法是将植物根系置于营养液气雾中培养植物的方法,植物根系并不直接浸入营养液。

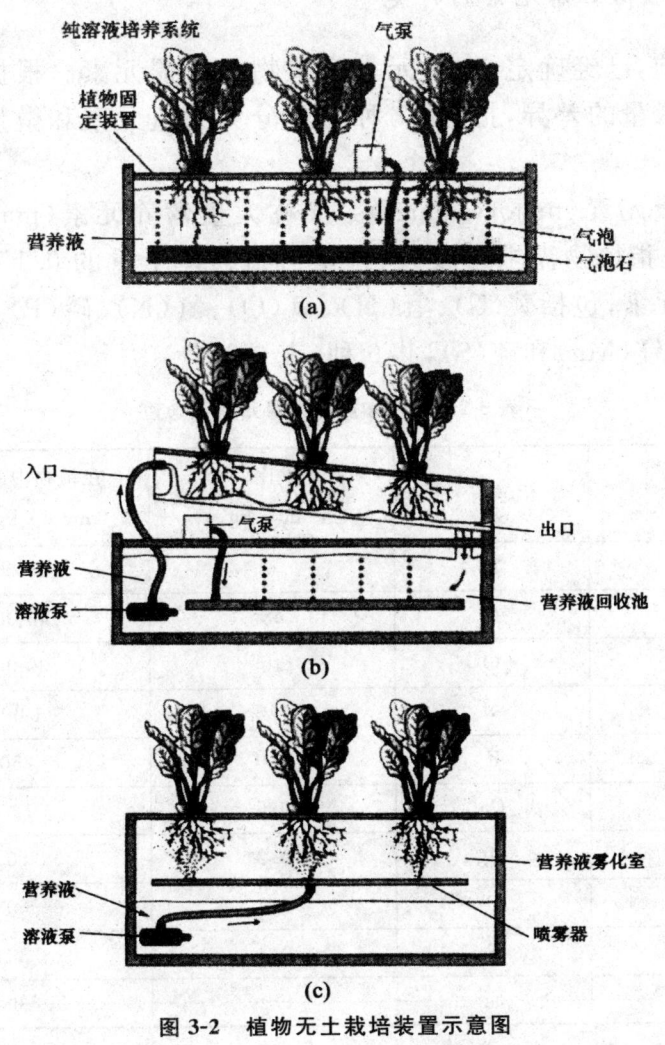

图 3-2 植物无土栽培装置示意图

若要判定某元素是否为必需元素,也可用如图 3-3 所示的减加法(X 为待确定元素)。

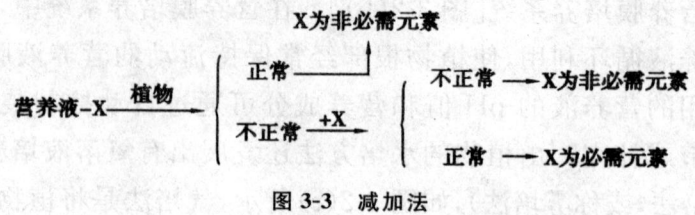

图 3-3　减加法

3. 植物必需元素的种类

目前,已经确定 17 种元素为植物的必需元素。根据植物对元素需求量的差异,把这 17 种元素分为大量元素和微量元素两大类。

大量元素(major elements)又称大量营养元素(macronutrients),是指植物需求量较大、含量占植物体干重的 0.1% 或以上的矿质元素,包括碳(C)、氢(H)、氧(O)、氮(N)、磷(P)、钾(K)、钙(Ca)、镁(Mg)和硫(S),共 9 种(表 3-2)。

表 3-2　植物体内的大量元素及含量

元素	化学符号	占干重比例/% (或 mg·kg^{-1})	在植物中的浓度/ (mmol·kg^{-1}DW)
氢	H	6	60 000
碳	C	45	40 000
氧	O	45	30 000
氮	N	1.5	1 000
钾	K	1.0	250
钙	Ca	0.5	125
镁	Mg	0.2	80
磷	P	0.2	60
硫	S	0.1	30
硅	Si	0.1	30

微量元素(minor elements)又称微量营养元素(micronutrients),指的是植物需求量很少、含量一般占植物干重0.01%或以下的矿质元素,包括铁(Fe)、锰(Mn)、硼(B)、锌(Zn)、铜(Cu)、钼(Mo)、氯(Cl)、镍(Ni)8种,它们分别于1860年、1922年、1923年、1926年、1931年、1938年、1954年、1987年被确认为植物必需元素(表3-3)。如果缺乏该类元素,植物不能正常生长;若稍有过量,对植物反而造成毒害,甚至导致植物的死亡。

表 3-3　植物体内的微量元素及含量

元素	化学符号	占干重比例/%（或 mg·kg^{-1}）	在植物中的浓度/(mmol·kg^{-1}DW)
氯	Cl	100	3.0
铁	Fe	100	2.0
硼	B	20	2.0
锰	Mn	50	1.0
钠	Na	10	0.4
锌	Zn	20	0.3
铜	Cu	6	0.1
镍	Ni	0.1	0.002
钼	Mo	0.1	0.001

有些元素虽不是所有植物的必需元素,但却是某些植物的必需元素,被称为有益元素,常见的有硅、钴、硒、钒、稀土元素等。

3.2.2　植物根系对矿质元素的吸收

1. 根系吸收矿质元素的区域

有关植物根系吸收矿质元素主要区域的问题,是植物生理学家经常争论的问题。如图3-4所示是大麦根尖不同区域^{32}P的积累和运输示意图,有实验表明,植物根尖顶端能够积累大量的离子,而根毛区积累的离子数则较少,根尖顶端虽有大量离子积累,而该部位无输导组织,离子不易运出。

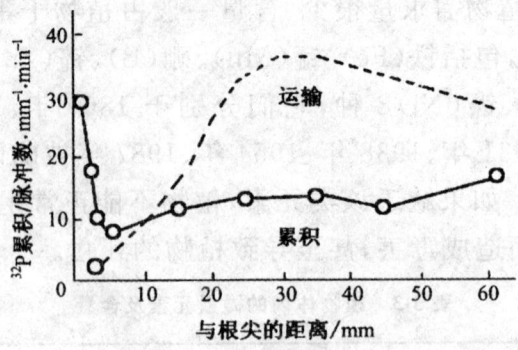

图 3-4 大麦根尖不同区域 ^{32}P 的积累和运输

2. 根系吸收矿质元素的特点

(1) 根系吸收矿质营养与吸收水分的关系

无机盐只有溶于水后才能被根所吸收,并随水流一起进入根部的自由空间。所以,以往人们总认为矿质元素和水分成正比例一起进入植物体。后来的研究发现事实并非如此。例如,在溶液培养时,若营养液浓度低,则根系吸收矿质元素相对多,营养液浓度会越来越低;相反,当营养液浓度较高时,根系吸收水分相对多,结果使营养液浓度越来越高。实际上,吸水主要是因蒸腾而引起的被动过程,而吸收无机盐则主要是经载体运输、消耗能量的主动吸收过程,其吸收离子数量因外界溶液浓度而异,所以吸水量和吸盐量不成比例。

(2) 根系对离子吸收具有选择性

植物根系对离子吸收的选择性表现在两个方面。

① 对同一溶液中的不同矿盐离子吸收具有选择性,这与植物生长所需有关。

例如,水稻可以吸收较多的硅,但却以较低的速率吸收钙和镁;而番茄则以很高的速率吸收钙和镁,却几乎不吸收硅。如给作物施用 $NaNO_3$,作物对 NO_3^- 的吸收大于对 Na^+ 的吸收;又如同是一价阳离子的 K^+ 和 Na^+,非盐生植物(甜土植物)可能对 K^+ 的吸收高于对 Na^+ 的吸收,但盐生植物则可能对 Na^+ 的吸收

高于对 K^+ 的吸收。

②对溶液中组成同一矿盐的不同阴阳离子间的吸收具有选择性,这也与植物生长所需有关。

例如,土壤追施$(NH_4)_2SO_4$肥时,根系选择吸收NH_4^+的量较多,土壤中SO_4^{2-}和H^+增多,导致 pH 值下降,土壤变酸,这类盐称生理酸性盐。施用$NaNO_3$时,根吸收NO_3^-多于Na^+,在吸收NO_3^-时,NO_3^-与根细胞表面的HCO_3^-交换,结果使土壤中OH^-增多,使土壤 pH 值升高,因此称这类盐为生理碱性盐。而施NH_4NO_3,根系对NH_4^+和NO_3^-的吸收量相当,土壤 pH 值基本不变,这类盐称生理中性盐。可见根对离子的吸收具有选择性,所以,在农业生产中,不宜长期单一地在土壤中施用某一类化肥,否则可能使土壤酸化或碱化,从而破坏土壤结构。要科学合理用肥。

(3) 单盐毒害

将植物培养在某一单盐溶液中,不久植株即呈现不正常状态甚至枯死,这种现象称为单盐毒害。无论该种单盐是必需营养元素或非必需营养元素,都可导致植物受到单盐毒害,而且在溶液浓度很低时植物就会受害。如将小麦的根浸入钙、镁、钾等任何一种单盐中,根系都会停止生长,分生区细胞壁黏液化,细胞被破坏,最后死亡。

农业生产中要想消除单盐毒害的影响,可以在单盐中加入少量其他元素,这些元素的离子间能互相消除单盐毒害的作用,这种现象称为离子颉颃。如在 KCl 溶液中加入少量$CaCl_2$,就不会产生毒害(图 3-5)。

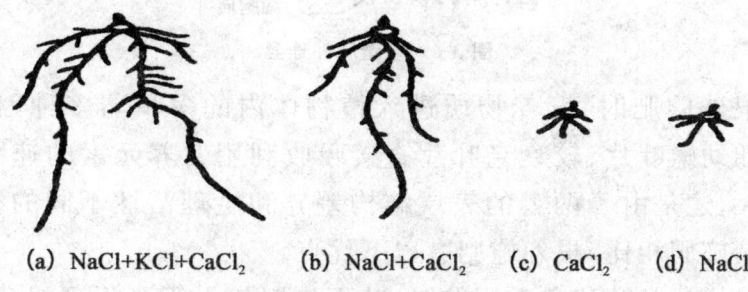

(a) $NaCl+KCl+CaCl_2$　　(b) $NaCl+CaCl_2$　　(c) $CaCl_2$　　(d) $NaCl$

图 3-5　小麦根在单盐溶液和盐混合液中的生长情况

所以，植物的生长需要比例适当的多盐溶液，这种溶液称为平衡溶液。对海藻来说，海水就是平衡溶液；对陆生植物来讲，土壤溶液一般也是平衡溶液。

3.2.3 植物地上部分对矿质元素的吸收

植物除了根系以外，地上部分（茎、叶等器官）也具有一定的吸收矿质元素的功能。在作物栽培实践中，有时将一些速效性肥料直接喷施于植物地上部分以供植物吸收，这种施肥方法称为根外施肥。因叶片为主要吸收部位，又称叶面追肥。

矿质元素可通过叶片角质层和气孔进入叶片细胞内部。角质层有裂缝，呈微细的孔道，矿质元素进入孔道后，穿过细胞壁上的外连丝到达细胞膜，跨膜进入细胞内（图3-6）。因为水分子有表面张力，叶面追肥时，如果加入少量的展着剂和渗透剂（平平加、吐温、有机硅、洗衣粉等），可降低水的表面张力，增加溶液的渗透能力，使矿质溶液更好地进入气孔和角质层，也可减少矿液从叶面上滚落。

图3-6 裂缝和外连丝

根外施肥时，营养物质进入植物体内的多少与多种因素有关。如幼嫩叶片、较衰老叶片直接吸收利用营养元素的速率高、数量大，这是由于两者的表层结构差异和生理活性不同的缘故。与土壤施肥相比，根外施肥有以下优点。

①柑橘类叶片角质层较厚，叶面施肥效果不是很理想。大多

数植物采用根外施肥效果都很好,根外施肥能使植物有效地吸收营养物质,适用于植物迅速生长时期或者植物生长后期根部吸肥能力减退时期。

②一些矿质元素易被土壤固定或流失,根外施肥可避免土壤对某些元素的固定(如 P、Fe、Mn、Cu 等元素在碱性土壤中易被固定),特别适合以上微量元素的补充。

③根外施肥也是植物补充微量元素的一种好方法,农业生产中喷施内吸性杀虫剂、杀菌剂、植物生长调节剂、除草剂和抗蒸腾剂等,都是根据叶片营养的原理进行的。

④特别在土壤缺少有效水分或作物生长后期根系吸肥能力下降时,进行根外追肥,效果显著。

根外施肥也有不足之处,如对禾本科等叶片角质层较厚的作物效果差;施肥浓度低,效果不明显,施肥浓度稍高,易造成叶片伤害;有效期短,易受雨水冲刷等。因此叶面追肥对矿素只起补充作用,不能取代土壤施肥,解决根本问题还需要多施有机肥和配方施肥。生产上,常配合病虫防治进行叶面施肥,省工省时。

3.2.4 矿质元素在植物体内的利用

被根系吸收并经木质部运输至植物各器官和组织(主要是生长部位或代谢活动较为旺盛的部位)的矿质元素,其中一部分与体内的同化物合成有机物质,如氮参与合成氨基酸、蛋白质、核酸、磷脂、叶绿素等,磷参与合成核苷酸、核酸、磷脂等,硫参与含硫氨基酸、蛋白质、辅酶 A 等的合成;另一部分不参与有机化合物合成的矿质元素,有的作为酶的活化剂,如 Mg^{2+}、Mn^{2+}、Zn^{2+} 等,有的作为渗透物质,调节植物细胞的渗透势及水分的吸收,如 K^+、Cl^- 等。

已参加到生命活动中的矿质元素,经过一个时期后也可分解并运到其他部位被重复利用。必需元素被重复利用的情况不同,N、P、K、Mg 易重复利用,其缺乏症状从下部老叶开始;Cu、Zn 可在一定程度重复利用;S、Mn、Mo 较难重复利用;Ca、Fe 不能重复利用，其症状首先出现于幼嫩的茎尖和幼叶；N、P可多次重复利用，能从衰老部位转移到幼嫩的叶、芽、种子、休眠芽或根茎中，待来年再利用。

3.3 植物光合作用的机制

光合作用的机制非常复杂，它包括一系列复杂的光化学反应和酶促反应过程。为方便理解，通常将光合作用能量转变过程划分为三个步骤。

①原初反应。
②电子传递和光合磷酸化。
③碳同化过程。

其中①和②是由光驱动的光化学反应，属于光反应（Light-reaction），在叶绿体的类囊体膜上进行；而③是不直接需要光能的暗反应（Darkreaction），在叶绿体基质中进行。但近年来的研究表明，光反应的过程并不都需要光，而暗反应过程中的一些关键酶活性也受光的调节。

3.3.1 光能吸收、传递和转换的基本概念

光合作用的第一步是原初反应，是指光合色素分子吸收、传递和转换光能的过程。色素分子捕获光能后呈激发态，能量在色素分子间传递，传递至反应中心（reaction center）后引发电子传递，推动氧化还原的光化学反应。该过程（如图3-7所示）是光合作用中能量转换的基本模式。光化学反应的实质是由光引起的反应中心色素分子与电子受体和电子供体之间的氧化还原反应。

天线色素复合体中的色素分子包括大部分叶绿素a和全部的叶绿素b、类胡萝卜素。天线色素没有光化学活性，主要是吸收和传递光能。反应中心至少由一个反应中心叶绿素a分子（即原

初电子供体)、一个原初电子受体以及维持微环境所必需的蛋白质等组成。在反应中心发生的能量转换、氧化还原的化学反应,即光化学反应(photochemical reaction)。

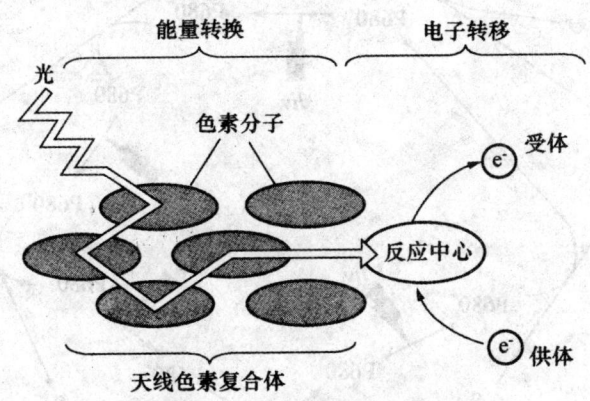

图 3-7 光合作用中能量转换的基本模式[①]

3.3.2 光合电子传递和质子跨膜转运

1. 水的光解和放氧

水的氧化反应是生物界中植物光合作用特有的反应,也是光合作用中最重要的反应之一。1937 年,希尔(R. Hill)发现将离体的叶绿体加到具有氧化剂(如 Fe^{3+})的水溶液中,照光后即发生水的分解而放出氧气,因而称为希尔反应(Hill reaction)。反应式如下:

$$4Fe^{3+} + 2H_2O \longrightarrow 4Fe^{2+} + O_2 + 4H^+$$

Kok 等(1970)据此提出了水裂解放氧的水氧化钟(water oxidizing clock)模型或 Kok 钟模型:放氧复合体在每次闪光后可以积累一个正电荷,直至积累 4 个正电荷,才一次用于 2 个水的氧化(图 3-8)。

---

① 蔡庆生. 植物生理学[M]. 北京:中国农业大学出版社,2014.

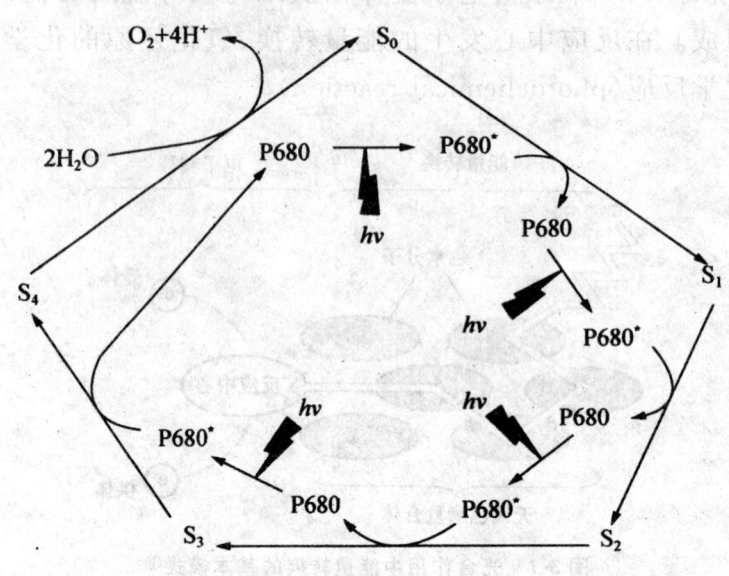

图 3-8 在水裂解放氧中的 S 状态变化

2. 光系统

20 世纪 40 年代,爱默生(R. Emerson)及其同事在研究不同藻类光合作用的作用光谱时发现,小球藻光合作用最有效的光是红光(波长 650~680nm)和蓝光(400~460nm),当作用光的波长超过 680nm 时,虽然叶绿素也吸收了这些波长的光,但光合作用的量子产额(是指吸收一个光量子后放出的氧分子数目)会显著下降,这种现象称为红降(red drop)。

1957 年,爱默生观察到在远红光条件下,如补充红光,则量子产额大增,并且比这两种波长的光单独照射时的总和还要大(图 3-9)。两种波长的光促进光合效率的现象叫作双光增益效应或爱默生效应。

爱默生效应表明光合作用可能有两个光化学反应接力进行。20 世纪 60 年代初期,研究证实光合作用确实存在两个光系统。一个是吸收短波红光(680nm)的光系统 II (photosystem II,PS II),另一个是吸收长波红光(700nm)的光系统 I (photosystem

Ⅰ，PSⅠ）。两个光系统以串联的方式协同作用。PSⅠ的原初电子受体是叶绿素分子（A_0），PSⅡ的原初电子受体是去镁叶绿素分子（Pheo）（图3-10）。

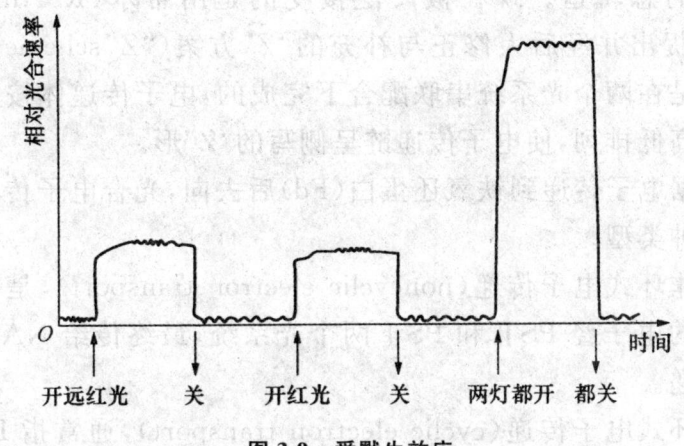

图3-9 爱默生效应

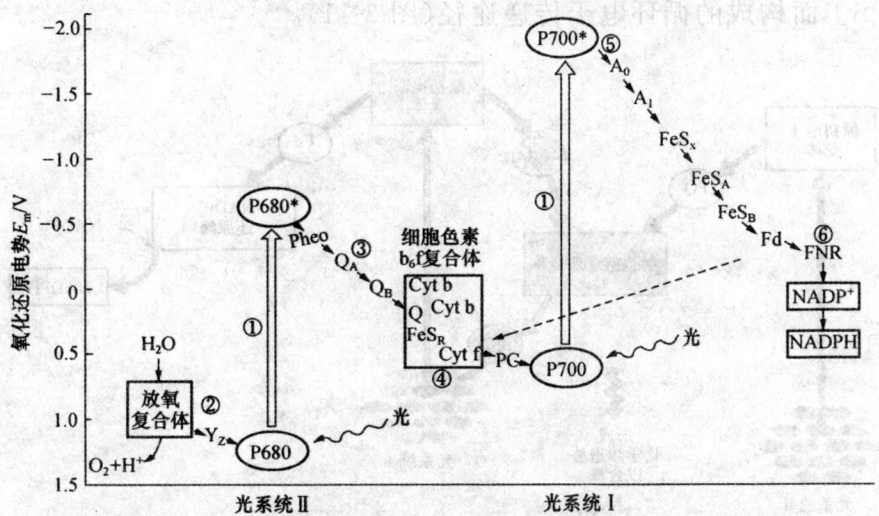

图3-10 电子传递的"Z"方案

①逆电势梯度的"上坡"电子传递；②水的光解放氧和电子传递；③光系统Ⅱ向质体醌 PQ（Q_A 和 Q_B）的电子传递；④细胞色素 b_6f 复合体向质体蓝素 PC 的电子传递；⑤光系统Ⅰ向铁氧还蛋白 Fd 的电子传递；⑥Fd-NADP 还原酶（FNR）将 $NADP^+$ 还原为 NADPH

3. 光合链

光合链是指定位在光合膜上的,由多个电子传递体组成的电子传递的总轨道。现在被广泛接受的是由希尔(R. Hill)等在1960年提出并经后人修正与补充的"Z"方案("Z"scheme),即电子传递是在两个光系统串联配合下完成的,电子传递体按氧化还原电位高低排列,使电子传递链呈侧写的"Z"形。

根据电子传递到铁氧还蛋白(Fd)后去向,光合电子传递可以分为3种类型。

①非环式电子传递(noncyclic electron transport),是指水光解放出的电子经PSⅡ和PSⅠ两个光系统,最终传给$NADP^+$的电子传递。

②环式电子传递(cyclic electron transport),通常指PSⅠ产生的电子传给Fd,经质体醌(PQ)、$Cyt\ b_6f$ 和PC等传递体返回到PSⅠ而构成的循环电子传递途径(图3-11)。

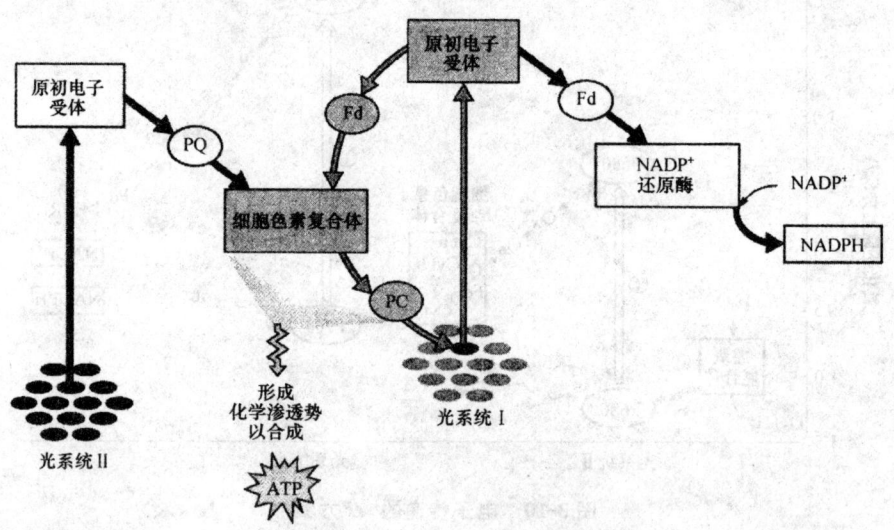

图3-11 环式电子传递

③假环式电子传递(pseudocyclic electron transport),指水光解放出的电子经PSⅡ和PSⅠ两个光系统,最终传给O_2的电子传递途径。假环式电子传递过程往往发生在强光、CO_2不足、

$NADP^+$ 供应不足或 NADPH 过剩的情况下,造成 O_2 的消耗与 H_2O_2 的生成。

3.3.3 光合磷酸化

叶绿体在光下把无机磷(Pi)与 ADP 合成 ATP 的过程称为光合磷酸化(photophosphorylation)。大量研究表明,光合磷酸化与电子传递是通过 ATP 合酶联系在一起的(图 3-12)。

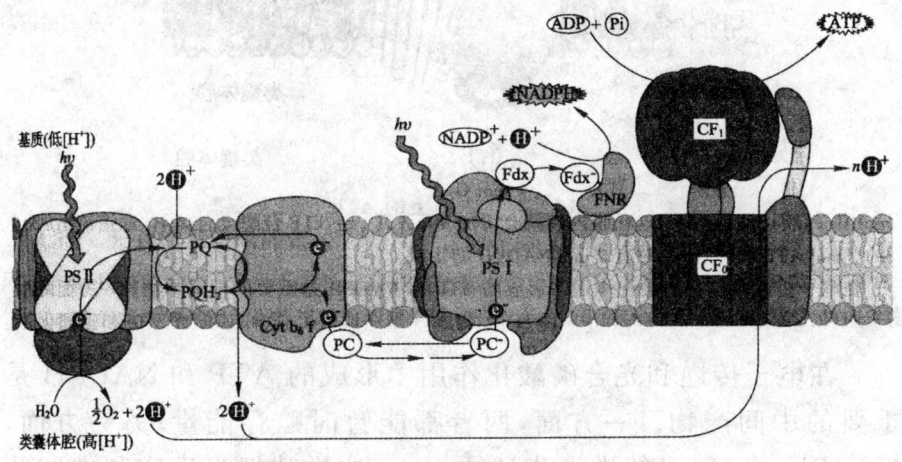

图 3-12　光合膜上电子与质子的传递及 ATP 的生成

光合膜不仅能传递电子,而且有偶联电子传递的质子转移系统和逆向转移质子的 ATP 合酶(图 3-13)。ATP 合酶又称为偶联因子(coupling factor)。

据研究,当 1mol 的 H^+ 经 ATP 合酶复合体 H^+ 通道从膜内腔转移到膜外基质中时,将释放 17kJ 的能量,而使 1mol ADP 磷酸化为 1mol ATP 所需的能量是 42~58kJ。从图 3-10 可以看出,经非环式电子传递时分解 2mol H_2O,释放 1mol O_2 和 4mol H^+,传递 4mol 电子,又能使膜外基质中 4mol H^+ 跨膜运向膜内腔,这样膜内腔就会增加 8mol H^+,经 ATP 合酶复合体 H^+ 通道流出后可偶联约 3mol ATP 的形成,同时有 2mol NADPH 的生成。

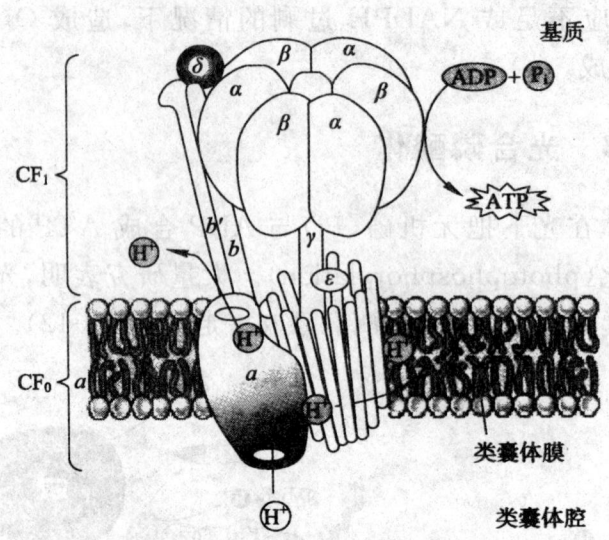

图 3-13 类囊体膜上的 ATP 合酶

CF_1：由 3 个 α,3 个 β,及 γ,δ,ε 亚基组成

CF_0：由 1 个 a,1 个 b,1 个 b',14 个 c 亚基组成；当 4 个 H^+ 通过 CF_0 的 c 亚基时,积累足够的扭力矩,使 γ、ε 亚基相对于 $\alpha_3\beta_3$ 旋转 120°,同时产生 1 分子 ATP

在电子传递和光合磷酸化作用中形成的 ATP 和 NADPH 是重要的中间产物。一方面,两者都能暂时贮存能量；另一方面,NADPH 的 H^+ 又能进一步还原 CO_2,这样就把光反应和碳同化联系起来了。由于 ATP 和 NADPH 在碳同化过程中用于 CO_2 的同化,故合称为同化力(assimilatory power)。

在电子传递过程中,H^+ 不断在类囊体腔室中积聚,也会对电子传递产生抑制作用。H^+ 经 ATP 合酶进入基质,一方面促进了 ATP 的合成,另一方面又可解除对电子传递的抑制。

作为电子传递的抑制剂有敌草隆,它是一种除草剂,能抑制从 PS Ⅱ 上的 PQ_B 向 PQ 的电子传递。羟胺可切断水到 PS Ⅱ 的电子流。解偶联剂有二硝基酚(DNP)、NH_4^+ 等,可以增加类囊体膜对 H^+ 的透性,消除膜内外 H^+ 浓度差,阻止 ATP 的生成。此外,寡霉素作用于 CF_0,抑制 ATP 酶活性,从而阻断光合磷酸化。

3.3.4 光能的分配调节与光保护

光系统可吸收大量光能并将其转化为化学能,但在分子水平上,光子的能量可能具有破坏性,特别是在强光、高温、干旱等逆境条件下。光能过量时会产生一些有毒物质,如超氧化物、单线态氧和过氧化物等活性氧,会对机体造成损伤,因此光合生物具有复杂的调节和修复机制。有些机制可以调节天线系统中的电子流,防止反应中心的过度激发和确保两个光系统被同等驱动。尽管具有一些保护和清除机制,损坏仍然有可能发生,仍需要另外的机制来修复。图3-14概括了不同水平上的调节系统和修复系统。避免遭受光损坏可以从多个水平上进行,第一道防线是以热能的形式来淬灭过多的激发能,从而防止破坏。如果这道防线失败,就会形成有毒的光产物,这可以通过第二道防线的多个清除系统来消除;如果第二道防线仍然失败,光产物将会破坏光系统Ⅱ的D_1蛋白,导致光抑制,D_1蛋白从PSⅡ反应中心被切离并降解。新合成的D_1蛋白被重新插入到PSⅡ反应中心,形成有功能的单位。

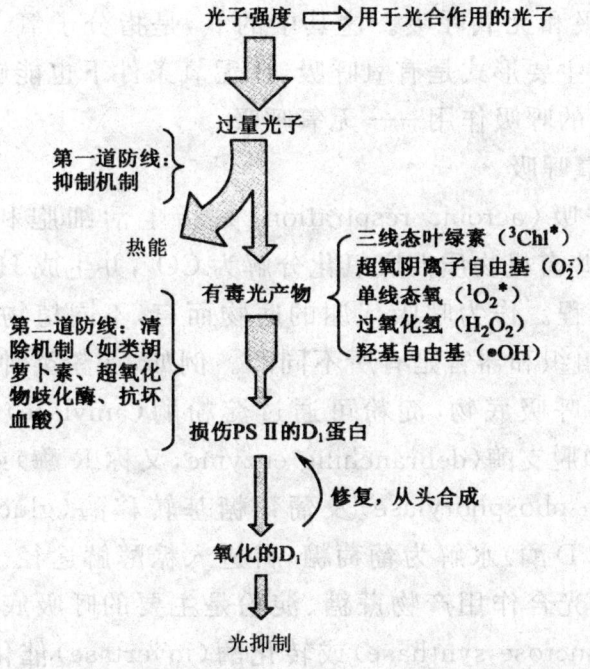

图3-14 光子捕获的调节、光损坏的避免和修复概要图

3.4 植物的呼吸作用及其在农业生产中的应用

3.4.1 呼吸作用概述

1. 呼吸作用的概念和类型

所谓呼吸作用,是指生物体生活细胞内的有机物质,在一系列酶的催化下,逐步氧化降解同时释放能量的过程。在呼吸过程中,被分解的物质称为呼吸基质,如糖、脂肪、蛋白质等。最直接、最重要的呼吸基质是葡萄糖。呼吸过程中产生的中间产物又称呼吸底物,如柠檬酸、α-酮戊二酸等。

根据呼吸过程中是否有氧气参加,可把呼吸作用分为两种类型:有氧呼吸和无氧呼吸。这其中的氧,是指分子氧。植物进行呼吸作用的主要形式是有氧呼吸,在无氧条件下也能够短时间进行另一类型的呼吸作用——无氧呼吸。

(1)有氧呼吸

有氧呼吸(aerobic respiration)是指生活细胞利用分子氧(O_2),将某些有机物质彻底氧化分解为 CO_2,并生成 H_2O,同时释放能量的过程。作为呼吸代谢的底物而言,不同植物、不同发育时期、不同组织和器官是有所不同的。例如,淀粉类种子萌发时,淀粉是主要呼吸底物,淀粉可通过淀粉酶(amylase)、麦芽糖酶(maltase)和脱支酶(debranching enzyme,又称 R 酶)或淀粉磷酸化酶(starch phosphorylase)及葡萄糖基转移酶(glucosyl transferase,又称 D 酶)水解为葡萄糖,再进入糖酵解途径。在大多数植物组织中光合作用产物蔗糖、淀粉是主要的呼吸底物,蔗糖在蔗糖合酶(sucrose synthase)或转化酶(invertase)催化下分解为葡萄糖和果糖,后者被磷酸化后可进入糖酵解途径。叶绿体中的淀粉分解为磷酸丙糖、葡萄糖、麦芽糖后,被转入细胞质,进入糖酵解途径或己糖库。近来研究发现葡聚糖-水双激酶(glucan-water dikinase)和磷酸葡聚糖-水双激酶(phospho-glucan-water dikinase)参与了叶绿体内淀粉的降解。有些植物(如洋葱、大蒜)则以光合产物葡萄糖和果糖为呼吸底物。例如，以葡萄糖作为呼吸底物，则有氧呼吸的总过程可用下列总反应式来表示：

$$C_6H_{12}O_6 + 6O_2 \xrightarrow{酶} 6CO_2 + 6H_2O + 2870kJ$$
葡萄糖

上式表示：1mol 葡萄糖，经过呼吸作用，被分解为二氧化碳和水，同时放出 2870kJ 能量。植物呼吸放出的能量，一部分用于体内各种代谢活动，另一部分以热的形式放出使环境温度升高。所以浸种后种子发芽时，呼吸强烈，耗氧放热多，若堆集过厚，不及时翻动，内部温度高、缺氧，易造成种子的损坏腐烂。

(2) 无氧呼吸

无氧呼吸，是指生活细胞在无氧条件下，把有机质分解成为不彻底的氧化产物，同时释放出少量能量的过程。如果微生物(如乳酸菌、酵母菌等)进行无氧呼吸，称之为发酵，长时间的无氧呼吸主要发生在微生物中。发酵根据产物不同主要分为两种类型：酒精发酵和乳酸发酵。其反应式如下：

$$C_6H_{12}O_6 \xrightarrow{酶} 2CH_3CH_2OH + 2CO_2 + 226kJ \quad 酒精发酵$$
葡萄糖　　　酒精(乙醇)

$$C_6H_{12}O_6 \xrightarrow{酶} 2CH_3CHOHCOOH + 2CO_2 + 197kJ \quad 乳酸发酵$$
葡萄糖　　　乳酸

从上式可以看出，无氧呼吸放出的能量不到有氧呼吸的 1/10，同样多的有机物，进行无氧呼吸时产生的能量比进行有氧呼吸少得多。

尽管现今生物体的呼吸形式主要是有氧呼吸，但仍保留有无氧呼吸的能力，如在水淹的情况下，植物也可以进行短时间的无氧呼吸。苹果储藏久了会有酒味，马铃薯块茎、甜菜块根等器官组织内部进行无氧呼吸时产生乳酸。人们利用酵母菌发酵制造酒类,利用乳酸菌发酵制造酸菜、奶酪和酸牛奶等生物技术,都是无氧呼吸在实际中的具体应用。

2. 植物呼吸作用的生理意义

呼吸作用和生命是紧密联系在一起的,呼吸作用在植物生活中的生理意义主要归纳为以下三个方面。

(1)为植物的生命活动提供能量

生物体生命活动所需要的能量,最终来源于光合作用合成的有机物中所贮存的太阳能。有机物中贮存的能量要转变为被生命所利用的形式必须经过呼吸作用来实现。在呼吸作用过程中,有机物被分解,释放出的能量一部分转变为热能散失到空气中,另一部分转化为高能化合物分子中活跃的化学能(图 3-15)。活跃的化学能是生命可利用的能量形式,其中 ATP(三磷酸腺苷)是最重要的高能化合物,也是最重要的能量载体。当 ATP 在酶的作用下分解时,便释放出能量,用于植物体的各项生命活动,如细胞分裂、有机物合成和运输、矿质元素的吸收等。

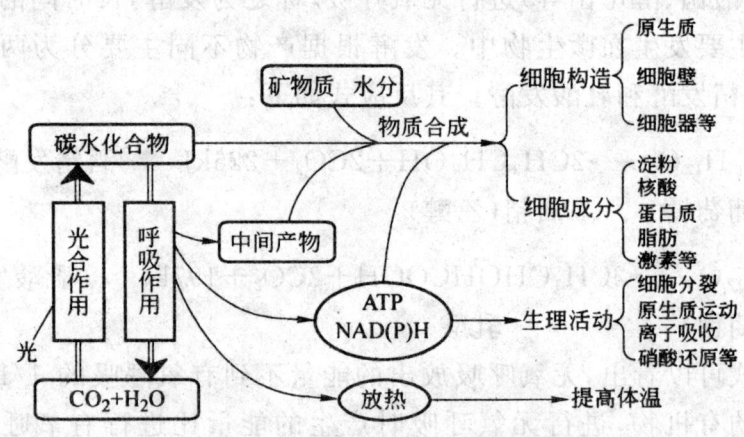

图 3-15　呼吸作用主要功能示意图

(2)为植物体内重要有机物质的合成提供原料

光合作用产生的有机物质主要是糖类,而构成生命的物质除糖类外,还需要蛋白质、脂类、核酸等有机质。呼吸过程中产生的许多中间产物可以合成这些物质。例如,有氧呼吸的中间产物磷酸丙糖可以形成甘油,乙酰 CO_2 可合成脂肪酸,两者可合成脂肪;呼吸中间产物丙酮酸、α-酮戊二酸、草酰乙酸等和 NH_3 可合成各种氨基酸,进而合成蛋白质;磷酸戊糖途径中产生的核酮糖可以合成核酸,核酸是重要的遗传物质。可以说呼吸作用是植物体内物质代谢和能量代谢的中心枢纽。

(3)提高植物的抗逆与抗病能力

植物在生长发育过程中经常受到恶劣环境及细菌、真菌、病毒等病原微生物的伤害,如果生长健壮、呼吸旺盛,就会分解病原微生物及其产生的毒素,同时产生较多的能量,使抗逆与抗病能力大大加强。植物呼吸作用产生的中间产物还可合成抗逆和杀菌物质,加强不良情况下的保护作用,如在严寒、高温等恶劣环境中,产生脱落酸(ABA)、抗性蛋白;在组织器官受到伤害时,合成木质素、木栓质等使伤口愈合;在受到病原微生物侵害时,合成绿原酸、咖啡酸、生物碱、醌类等杀灭和抑制病原微生物。在作物育种中,呼吸作用旺盛的品种,抗逆与抗病能力强。

3. 呼吸作用的主要部位——线粒体

呼吸作用的部位是细胞质和线粒体。糖酵解和磷酸戊糖途径主要在细胞质中进行,但有氧呼吸中主要的脱氢反应、放出 CO_2 和释放能量是在线粒体中进行的,所以线粒体成为呼吸作用的主要场所。线粒体存在于所有真核生物的生活细胞中,是存在于细胞质中的一种重要细胞器,人们形象地称其为生命活动的"发电机"。

(1)植物体细胞内的线粒体

线粒体一般呈短棒状或圆球状,在光学显微镜下可见,但要在电子显微镜下才能看到其更细微的结构。线粒体直径一般为 $0.5\sim1.0\mu m$,长 $1.5\sim3.0\mu m$。细胞中线粒体数量取决于该细胞的代谢水平,代谢活动越旺盛的细胞线粒体越多,一般为 500~2000 个,休眠和衰老植物的细胞中线粒体含量少(图 3-16)。

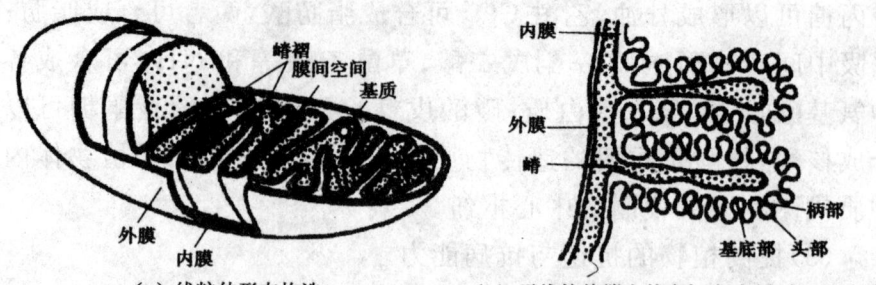

图 3-16 线粒体超微结构示意图

(2) 线粒体结构

线粒体的结构由外至内可划分为线粒体外膜、线粒体膜间隙、线粒体内膜和线粒体基质四个功能区。其中,线粒体外膜较光滑,起细胞器界膜的作用;线粒体内膜则向内皱褶形成线粒体嵴,从而增加内膜面积。嵴的多少与呼吸强弱有关,呼吸强时,其数目会相应增加。线粒体嵴上存在着由一系列氢和电子传递体组成的呼吸链,是生物氧化(即电子传递和氧化磷酸化)的场所;嵴上还附有许多有柄小球体,其中含有 ATP 合酶,能利用呼吸链上产生的能量合成三磷酸腺苷。如果线粒体嵴中没有 ATP 合酶,便不能合成 ATP。

由线粒体内膜包裹的内部空间充满着线粒体基质,较细胞质黏稠。呼吸作用的重要步骤——三羧酸循环在这里进行,所以线粒体含有参与三羧酸循环等生化反应相关的许多酶类。

(3) 线粒体的化学组成

线粒体的化学组分主要包括水、蛋白质和脂质,此外还含核酸及少量的辅酶等。蛋白质占线粒体干重的 65%~70%,主要包括位于线粒体基质中的酶和膜的外周蛋白与镶嵌蛋白。线粒体中脂类主要分布在两层膜中,占干重的 20%~30%,磷脂占总脂质的 3/4 以上。基质中一般还含有线粒体自身的 DNA、RNA 和核糖体,与叶绿体一样线粒体是一个半自主性的细胞器。

3.4.2 呼吸代谢途径的多样性

研究发现,不同的植物、同一植物的不同器官或组织在不同生育时期或不同环境条件下,呼吸底物的氧化降解可经不同的途径。汤佩松(1965)提出了呼吸代谢多条路线观点,它的主题思想是阐明呼吸代谢与其他生理功能之间控制和被控制的相互制约的关系(图 3-17)。

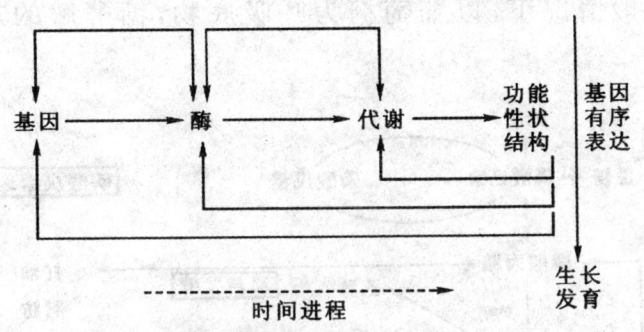

图 3-17 呼吸代谢的控制与被控制的观点示意图

随着生物化学、植物生理学及现代实验技术的发展,发现高等植物呼吸代谢过程和动物、微生物的一些主要途径是一致的。高等植物呼吸代谢过程中糖的分解途径有:糖酵解——丙酮酸在缺氧条件下进行的酒精发酵或乳酸发酵;丙酮酸在有氧条件下进行的三羧酸循环、磷酸戊糖途径;还有一条脂肪酸氧化分解的乙醛酸循环和一条乙醇酸氧化途径(图 3-18)。

1. 糖酵解

在一系列酶的参与下,将葡萄糖氧化分解成丙酮酸,并释放能量的过程,称为糖酵解(glycolysis)。近年来,在动物细胞中发现,参与糖酵解的酶并不是呈水溶态均匀分布在细胞质中,而是形成一个超分子的复合物,并松散地结合在线粒体的外膜上,可能有利于糖酵解的高效运行。

糖酵解的化学过程包括己糖活化,1,6-二磷酸果糖裂解成两分子的三碳糖,3-磷酸甘油醛氧化脱氢形成磷酸甘油酸,再经脱水脱磷酸形成丙酮酸,并伴随有 ATP 和 $NADH+H^+$ 的生成(图 3-19)。糖酵解中糖的氧化分解过程中,没有 CO_2 的释放,也没有 O_2 的吸收。其中,6-磷酸果糖转化为 1,6-二磷酸果糖的过程可以有两个途径,在环境相对稳定的细胞中,是由依赖于 ATP 的磷酸果糖激酶(ATP-phosphofructokinase)所催化;在发育进程和环境发生变化情况下,则可能由依赖于焦磷酸的焦磷酸磷酸果糖激酶（PPi-phosphofructokinase）所催化,后一过程不消耗 ATP。一般情况下,以葡萄糖为呼吸底物,糖酵解的总反应式如下:

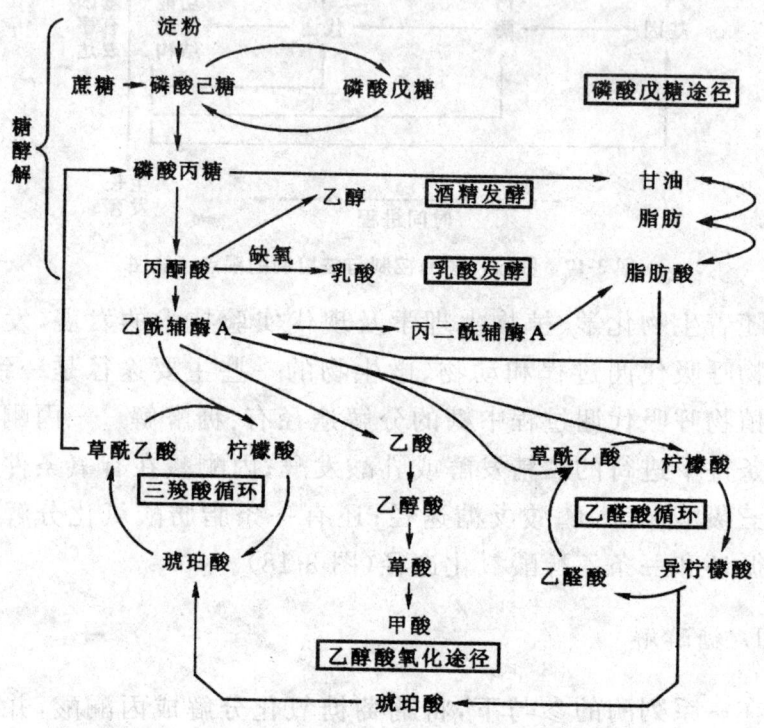

图 3-18　植物体内主要呼吸代谢途径相互关系示意图

2. 发酵途径

高等植物发酵即无氧呼吸,包括了在无氧条件下,从己糖经糖酵解形成丙酮酸,随后进一步产生乙醇或乳酸的全过程,其化学反应过程是:

$$CH_3COCOOH \xrightarrow{\text{丙酮酸脱羧酶}} CO_2 + CH_3CHO$$

$$CH_3CHO + NADH + H^+ \xrightarrow{\text{乙醇脱氢酶}} CH_3CH_2OH + NAD^+$$

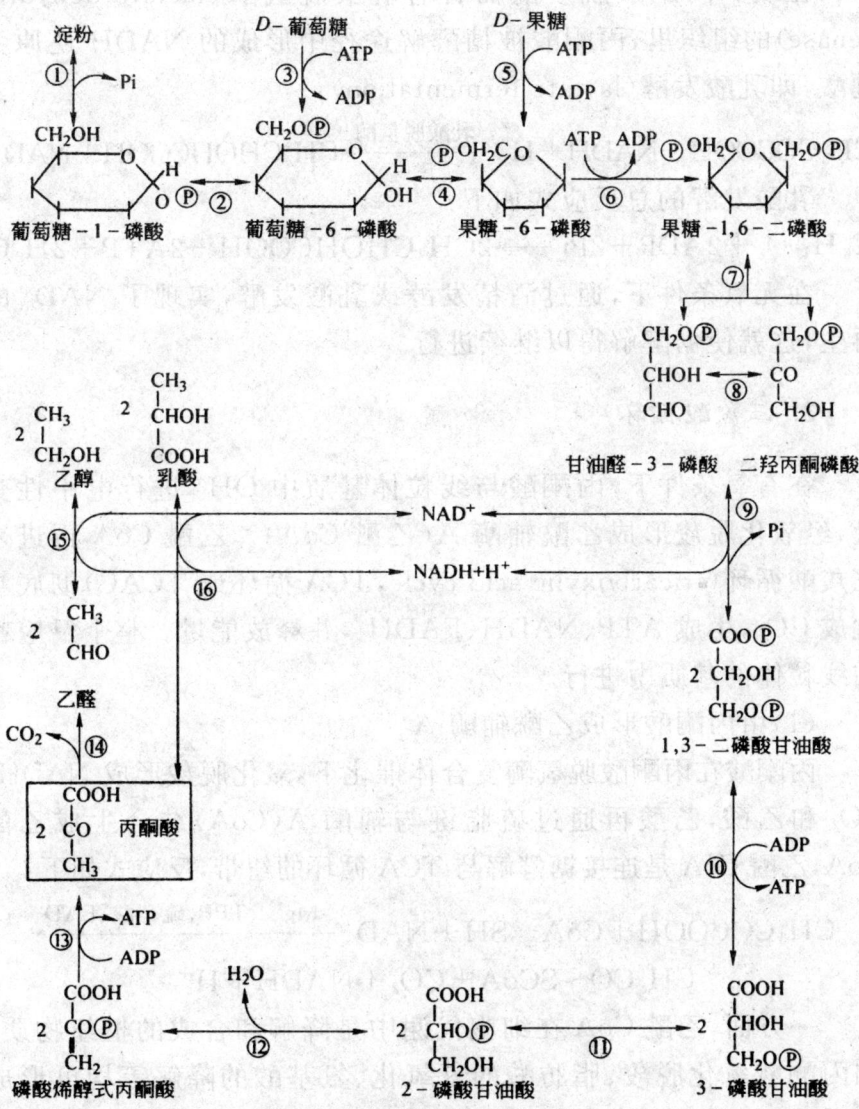

图 3-19 糖酵解和发酵途径

①淀粉磷酸化酶;②葡萄糖磷酸变位酶;③己糖激酶;④己糖磷酸异构酶;⑤果糖激酶;⑥果糖磷酸激酶;⑦醛缩酶;⑧磷酸丙糖异构酶;⑨甘油醛-3-磷酸脱氢酶;⑩磷酸甘油酸激酶;⑪磷酸甘油酸变位酶;⑫烯醇化酶;⑬丙酮酸激酶;⑭丙酮酸脱羧酶;⑮乙醇脱氢酶;⑯乳酸脱氢酶

酒精发酵的总反应式如下:
$$C_6H_{12}O_6 + 2ADP + 2Pi \longrightarrow 2CH_3CH_2OH + 2CO_2 + 2ATP + 2H_2O$$

在缺少丙酮酸脱羧酶而含有乳酸脱氢酶(lactate dehydrogenase)的组织里,丙酮酸被糖酵解途径中形成的 NADH 还原为乳酸,即乳酸发酵(lactate fermentation):

$$CH_3COCOOH + NADH + H^+ \xrightarrow{\text{乳酸脱氢酶}} CH_3CHOHCOOH + NAD^+$$

乳酸发酵的总反应式如下:

$$C_6H_{12}O_6 + 2ADP + 2Pi \longrightarrow 2CH_3CHOHCOOH + 2ATP + 2H_2O$$

在无氧条件下,通过酒精发酵或乳酸发酵,实现了 NAD^+ 的再生,这就使糖酵解得以继续进行。

3. 三羧酸循环

在有氧条件下,丙酮酸与线粒体基质中 OH^- 进行电中性交换,经氧化脱羧形成乙酰辅酶 A(乙酰 CoA)。乙酰 CoA 再进入三羧酸循环(tricarboxylic acid cycle,TCA 循环或 TCAC)彻底氧化成 CO_2,生成 ATP、NADH、$FADH_2$,并释放能量。整个反应都在线粒体的基质中进行。

(1) 由丙酮酸形成乙酰辅酶 A

丙酮酸在丙酮酸脱氢酶复合体催化下,氧化脱羧形成 NADH、CO_2 和乙酸,乙酸再通过硫脂键与辅酶 A(CoA)结合生成乙酰 CoA,乙酰 CoA 是连接糖酵解与 TCA 循环的纽带,反应式如下:

$$CH_3COCOOH + CoA-SH + NAD^+ \xrightarrow{Mg^{2+}、TPP、硫辛酸、FAD} CH_3CO\sim SCoA + CO_2 + NADH + H^+$$

一方面,乙酰 CoA 在细胞代谢中是降解和合成的枢纽物质,如丙酮酸氧化脱羧、脂肪酸的 β-氧化、氨基酸的降解等均可形成乙酰 CoA;另一方面,乙酰 CoA 又参与到多种代谢中去,如 TCA 循环,脂肪酸、类胡萝卜素及赤霉素的合成均需乙酰 CoA 作为原料。

(2) TCA 循环的化学过程

TCA 循环是指从乙酰 CoA 与草酰乙酸在柠檬酸合成酶催化下缩合为柠檬酸开始,然后经过一系列氧化脱羧反应生成 CO_2、NADH、$FADH_2$、ATP 直至草酰乙酸再生的全过程(图 3-20)。三羧酸循环可分为3个阶段:柠檬酸生成阶段、氧化脱羧阶段、草酰乙酸的再生阶段。

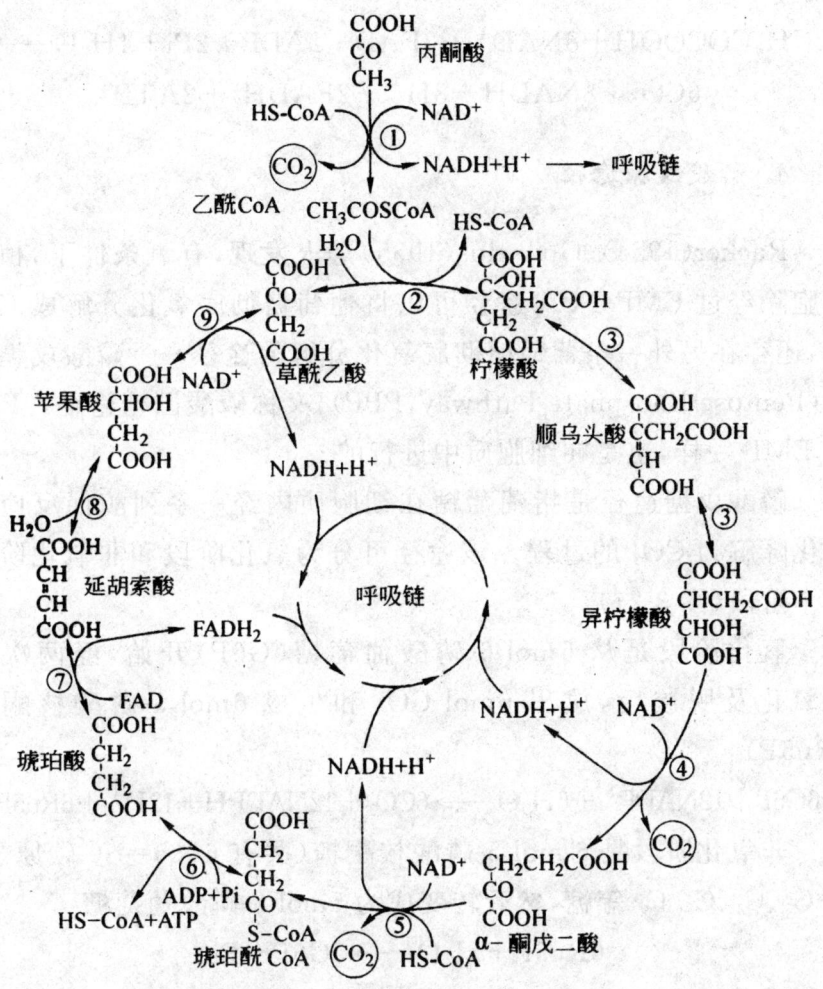

图 3-20 三羧酸循环的反应过程
①丙酮酸脱氢酶复合体;②柠檬酸合酶或称缩合酶;③顺乌头酸酶;④异柠檬酸脱氢酶;⑤α-酮戊二酸脱氢酶复合体;⑥琥珀酸硫激酶;⑦琥珀酸脱氢酶;⑧延胡索酸酶;⑨苹果酸脱氢酶

TCA 循环的总反应式如下:
$$CH_3CO\sim SCoA + 3NAD^+ + FAD + ADP + Pi + 2H_2O \longrightarrow$$
$$2CO_2 + 3NADH + 3H^+ + FADH_2 + ATP + COA\sim SH$$

从葡萄糖经糖酵解生成 2 分子丙酮酸,经氧化脱酸生成 2 分子乙酰 CoA,进入 TCA 循环进一步氧化脱羧,则总反应式可写成:

$$2CH_3COCOOH + 8NAD^+ + 2FAD + 2ADP + 2Pi + 4H_2O \longrightarrow 6CO_2 + 8NADH + 8H^+ + 2FADH_2 + 2ATP$$

4. 磷酸戊糖途径

Racker(1954)、Gunsalus(1955)等人发现,有氧条件下,植物细胞除经过 EMP-TCA 途径可以将葡萄糖彻底氧化分解成 CO_2 外,还存在另外一条葡萄糖彻底氧化分解的途径——磷酸戊糖途径(Pentose Phosphate Pathway,PPP),又称磷酸己糖途径。PPP 同 EMP 一样,也是在细胞质中进行的。

磷酸戊糖途径是指葡萄糖在细胞质内经一系列酶促反应被氧化降解为 CO_2 的过程。该途径可分为氧化阶段和非氧化阶段两个阶段(图 3-21)。

氧化阶段是从 6mol 6-磷酸葡萄糖(G6P)开始,经两次脱氢氧化及脱羧后,放出 6mol CO_2 和生成 6mol 5-磷酸核酮糖(Ru5P):

$$6G6P + 12NADP^+ + 6H_2O \longrightarrow 6CO_2 + 12NADPH + 12H^+ + 6Ru5P$$

非氧化阶段是 6 mol 5-磷酸核酮糖(共有 $6 \times 5 = 30$ 碳原子)经 C_3、C_4、C_5、C_7 等糖,然后转变成为 5mol 6-磷酸葡萄糖:

$$6Ru5P + H_2O \longrightarrow 5G6P + Pi$$

其总反应式如下:

$$G6P + 12NADP^+ + 7H_2O \longrightarrow 6CO_2 + 12NADPH + 12H^+ + Pi$$

5. 乙醛酸循环

油料种子萌发时,贮藏的脂肪首先分解为甘油和脂肪酸。脂肪酸经 β 氧化分解为乙酰 CoA,在乙醛酸循环体(glyoxysome)生成琥珀酸、乙醛酸、苹果酸和草酰乙酸等酶促反应过程,称为乙醛酸循环（Glyoxylic Acid Cycle，GAC），素有"脂肪呼吸"之称（图3-22）。

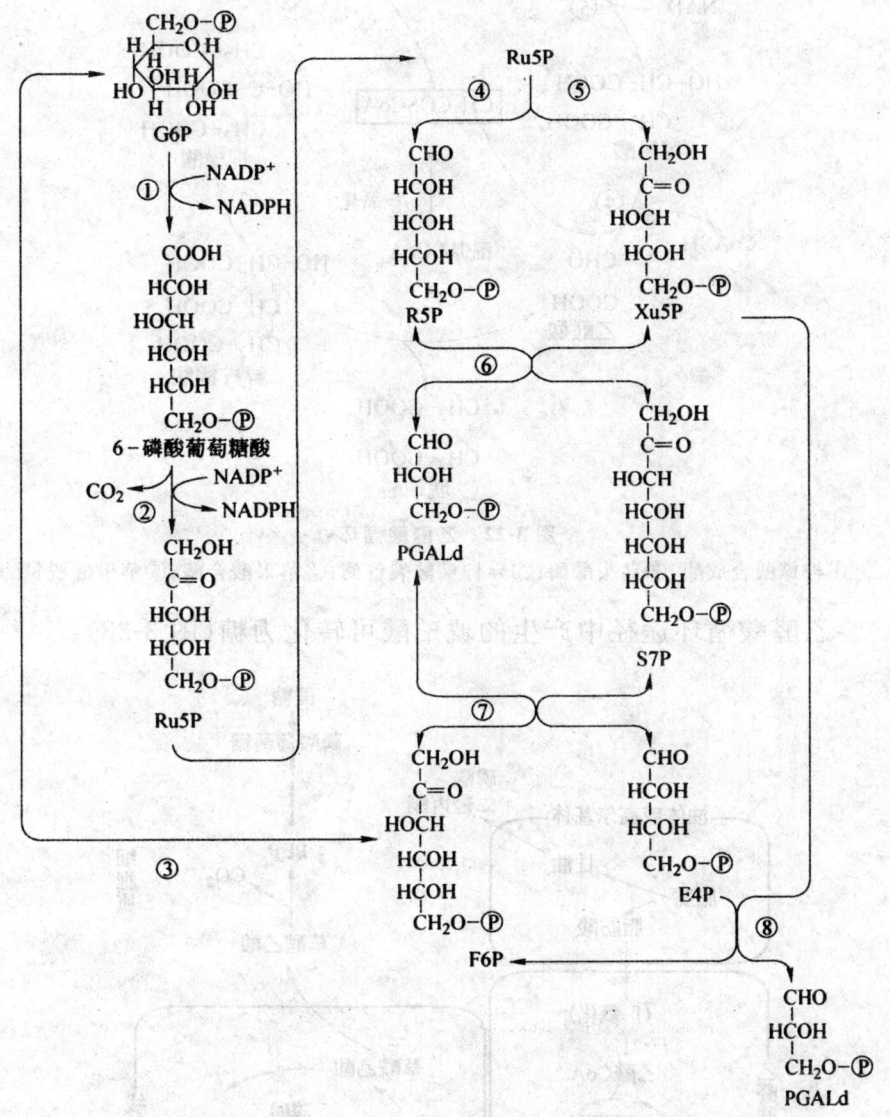

图 3-21　戊糖磷酸途径

①6-磷酸葡萄糖脱氢酶；②6-磷酸葡萄糖酸脱氢酶；③磷酸己糖异构酶；④5-磷酸木酮糖表异构酶；⑤5-磷酸核糖异构酶；⑥转酮醇酶；⑦转醛醇酶；⑧转酮醇酶

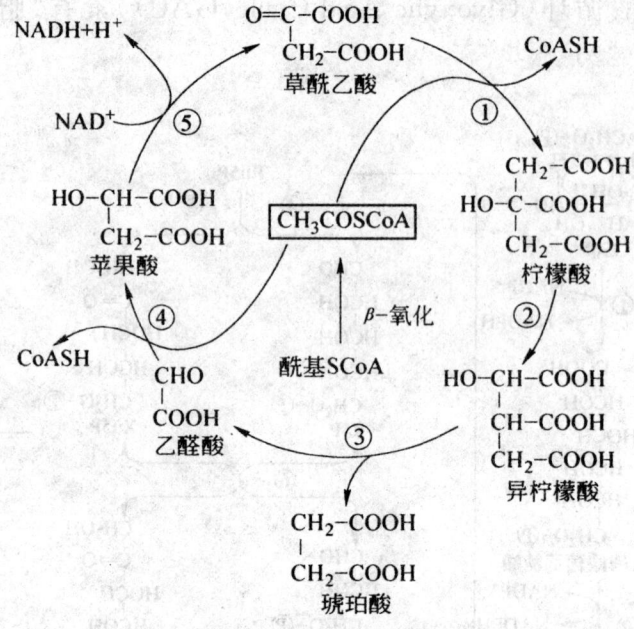

图 3-22　乙醛酸循环
①柠檬酸合成酶；②乌头酸酶；③异柠檬酸裂解酶；④苹果酸合酶；⑤苹果酸脱氢酶

乙醛酸循环途径中产生的琥珀酸可转化为糖（图 3-23）。

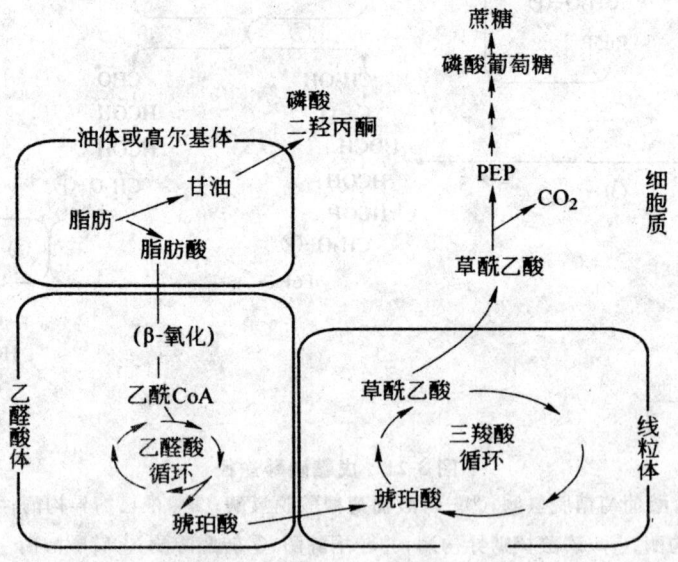

图 3-23　油料类种子萌发时脂肪转变为糖类的代谢途径示意图

6. 乙醇酸氧化途径

乙醇酸氧化途径(Glycolic Acid Oxidate Pathway,GAOP)是水稻等能适应淹水条件的植物根系特有的糖降解途径。它的主要特征是具有关键酶——乙醇酸氧化酶(glycolate oxidase)。

3.4.3 植物呼吸代谢能量的贮存和利用

呼吸作用产生的能量除了以热能形式散失外,其余能量被植物生长发育直接利用。其中,以 ATP 形式贮存的能量,当 ATP 分解成 ADP 和 Pi 时,就把贮存在高能磷酸键中的能量再释放出来。一分子蔗糖完全氧化为 CO_2 时约形成 60 分子 ATP,具体分布如表 3-4 所示。

表 3-4 蔗糖经过糖酵解和三羧酸循环完全氧化时生成 **ATP** 的最高量[1]

代谢途径	底物	产物	ATP 产生量
糖酵解	1 蔗糖	4 丙酮酸	4
	4ADP+Pi	4ATP	
	4NAD$^+$(细胞质)	4NADH	
三羧酸循环	4 丙酮酸	12CO_2	4
	4ADP+Pi	4ATP	
	16NAD$^+$(线粒体)	16NADH	
	4FAD	4FADH$_2$	
氧化磷酸化	12O_2	24H_2O	
	4NADH	4NAD$^+$	
	16NADH	16NAD$^+$	
	4FADH$_2$	4FAD	
总计	—	—	60

注:按照 1 个线粒体 NADH 氧化产生 2.5 个 ATP,一个细胞质 NADH 氧化产生 1.5 个 ATP,1 个 FADH$_2$ 产生 1.5 个 ATP 计算。

---

[1] 蔡庆生. 植物生理学[M]. 北京:中国农业大学出版社,2014.

3.4.4 呼吸代谢与其他物质代谢

1. 呼吸代谢与初生代谢的关系

蛋白质、脂肪、糖类及核酸等有机物质代谢对植物生命活动至关重要,是细胞中共有的一些物质代谢过程,可以将其称为初级代谢(primary metabolism)。其代谢途径中的物质称为初级代谢物(primary metabolites product),是维持植物生命活动所必需的,呼吸代谢在植物体内蛋白质、脂肪、糖类及核酸等重要有机物质转化方面起着枢纽作用(图 3-24)。

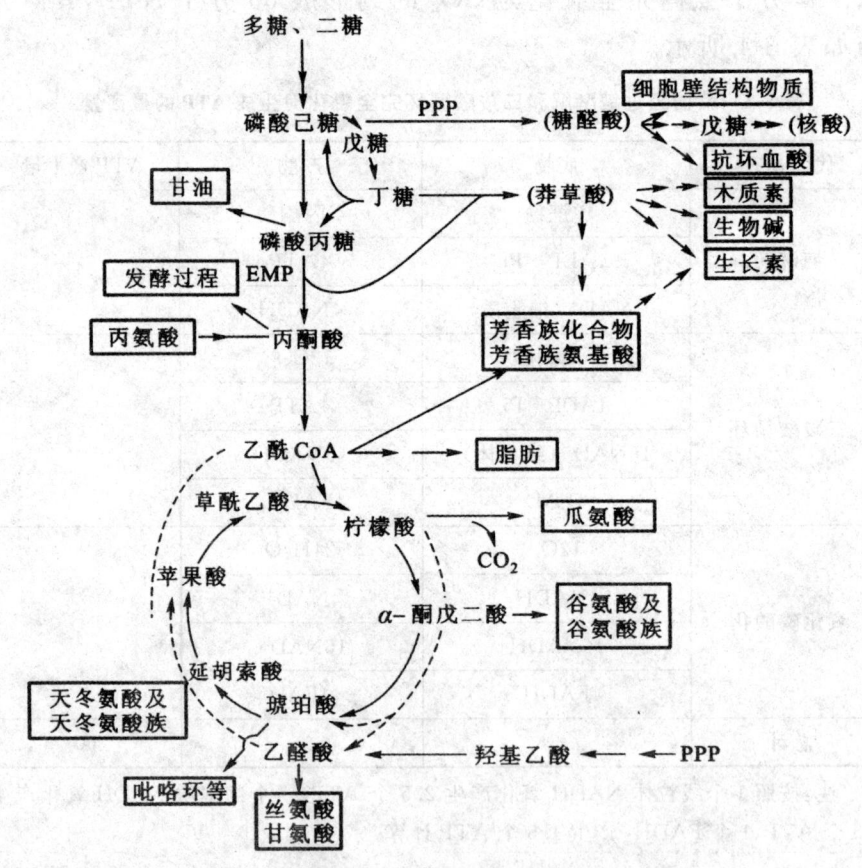

图 3-24 呼吸代谢与主要有机物质代谢的关系

(1) 呼吸代谢与蛋白质代谢

呼吸代谢中的有机酮酸通过加氨作用,形成"领头"氨基酸(head amino acid)——谷氨酸和天冬氨酸,再在转氨酶催化下通过转氨作用及其他转化作用形成多种多样的氨基酸,进而合成各种蛋白质。其中,色氨酸可以合成植物激素 3-吲哚乙酸,甲硫氨酸可以合成乙烯。

(2) 呼吸代谢与脂肪代谢

脂肪降解过程中所形成的甘油可经脱氢氧化形成磷酸丙糖,再逆糖酵解转变成蔗糖或经丙酮酸进入 TCA 循环-呼吸链彻底氧化生成 H_2O 和 CO_2;另一产物脂肪酸则经 β-氧化方式反复形成乙酰 CoA,再参与乙醛酸循环、TCA 循环及葡糖异生途径(gluconeogenic pathway)转变成糖类。而脂肪的合成则与 PPP 密切相关。

(3) 呼吸代谢与核酸代谢

PPP 途径的中间产物 5-磷酸核酮糖是合成核酸,包括 RNA 和 DNA 的原料。

2. 呼吸代谢与次级代谢的关系

植物还能把上述一些初级代谢产物经过一系列酶促反应转化成为结构更复杂、特殊的物质,我们称这一过程为次级代谢(secondary metabolism)。其代谢途径产生的物质,称为次级代谢物(secondary metabolites product)。

植物次级代谢物种类繁多,根据其化学结构和性质,可分为 3 大类:萜类(terpene)、酚类(phenol)和含氮次级化合物(nitrogen-containing secondary compounds),每一大类的已知化合物都有数千种甚至数万种。它们具有种、属、器官、组织和生长发育时期的特异性。有些次级代谢物为植物所共有,且为植物生长发育所必需(如莽草酸途径产生的色氨酸、酪氨酸和苯丙氨酸);有些次级代谢物则在植物生命活动过程中没有明显的或直接的生理生化作用,或者说迄今为止人们对绝大多数次级代谢物在植物生长发育过程中是否起作用、起哪些作用尚不清楚。呼吸作用过程中的许多中间产物都可作为植物合成次级代谢物的原料(图 3-25)。

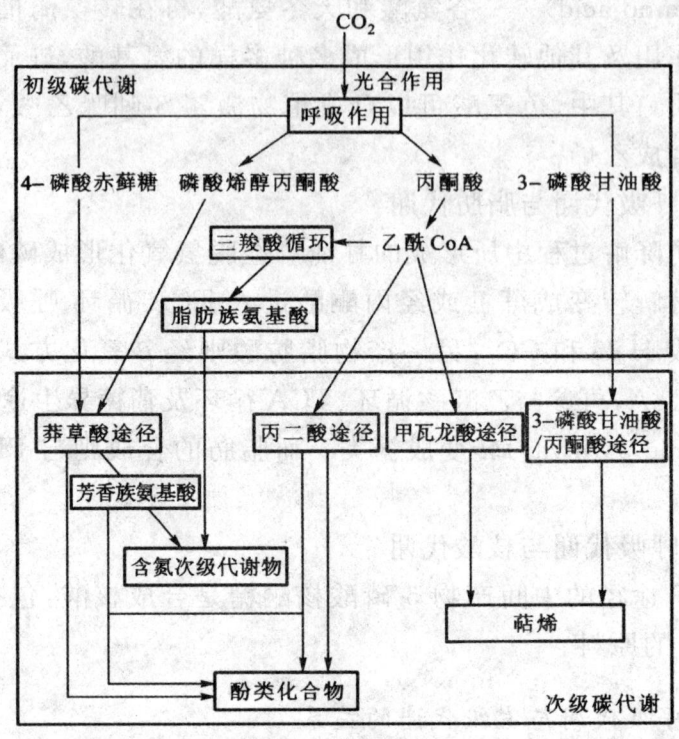

图 3-25 植物次级代谢物生物合成的主要途径及其与初级代谢的联系

3.4.5 呼吸作用的影响因素

1. 内部因素

(1)植物种类不同,呼吸速率不同

生长快的植物呼吸速率高于生长慢的植物,热带植物高于寒带植物,阳生植物高于阴生植物,草本植物高于木本植物。如果品中较耐贮藏的仁果类(苹果、梨等)和葡萄等的呼吸较低,不耐藏的核果类(桃、李、杏等)呼吸较高。早熟品种比晚熟品种呼吸高,柑橘比苹果高很多,浸种发芽时玉米种子比小麦种子呼吸速率高出近 10 倍。

(2)同一植株不同器官和组织,呼吸速率有所不同

一般幼嫩组织和器官因原生质含量高,处在分裂、生长旺盛时期,其呼吸速率高,如根尖、茎尖、形成层、浸种后的种胚等;生殖器官比营养器官呼吸速率高,如花比叶高3～4倍。而生殖器官中雌、雄蕊的呼吸速率又比花瓣、萼片高,特别是雌蕊呼吸速率最高,可比花瓣高18～20倍;受伤组织高于正常组织(表3-5)。

表3-5　不同植物或器官呼吸速率比较

植物种类或器官	呼吸速率(氧气,鲜重)μL/g·h
仙人掌	3
小麦	251
细菌	10 000
胡萝卜根	25
胡萝卜叶	440
大麦种子胚(浸泡15h)	715
大麦种子胚乳(浸泡15h)	76

(3)同一器官在不同的生长发育时期呼吸速率也表现不同

在一年里,植物各器官开始生长的前期,其呼吸速率升高较快;当生长达到高峰时,呼吸速率最高,然后随生长节奏变缓,呼吸速率也会逐渐放缓,到器官成熟衰老时,一般呼吸速率会降至最低进入休眠或停止死亡。呼吸高峰出现时,果实食用品质最好,过此高峰,品质下降,且不耐贮藏。因此,这些果实要延长贮藏时间,应采取措施抑制呼吸高峰的产生。据研究,呼吸高峰的出现与果实贮藏期间产生的内源激素乙烯的量有关,当乙烯量达到0.1mg/L(0.1ppm)以上时,就可刺激果实呼吸作用,使跃变型果实的呼吸高峰提前,促进衰老。而乙烯的产生与环境中O_2、温度有很大的关系,当环境温度降低到2℃～5℃,O_2含量降到3%～6%时,乙烯产生少,呼吸高峰便不会出现。也可用脱氧剂和乙烯吸收剂降低环境中乙烯的浓度。

2. 外部因素

外界条件对呼吸速率的影响和对所有生理过程一样，分为3个基点，包括最低点、最适点和最高点。某一生理过程的3基点不是固定不变的，可因其他内外因素的变化而变化。对呼吸速率影响较大的主要外界因素有温度、氧气的浓度、二氧化碳的浓度、水分。

（1）温度

温度对呼吸作用的影响主要表现为温度对呼吸酶活性的影响。在最低点和最适点之间，呼吸速率随温度的增高而加快；达到最适点后，呼吸速率会随温度的增高而下降。呼吸作用的最适温度，一般温带植物为25℃～35℃。呼吸作用的最适温度总是比光合作用的最适温度高。呼吸作用的最高温度一般在35℃～45℃，最高温度时，呼吸速率在短时间内升高，但时间较长后，呼吸速率就会急剧下降，这是因为高温加速了酶的钝化或失活（图3-26）。

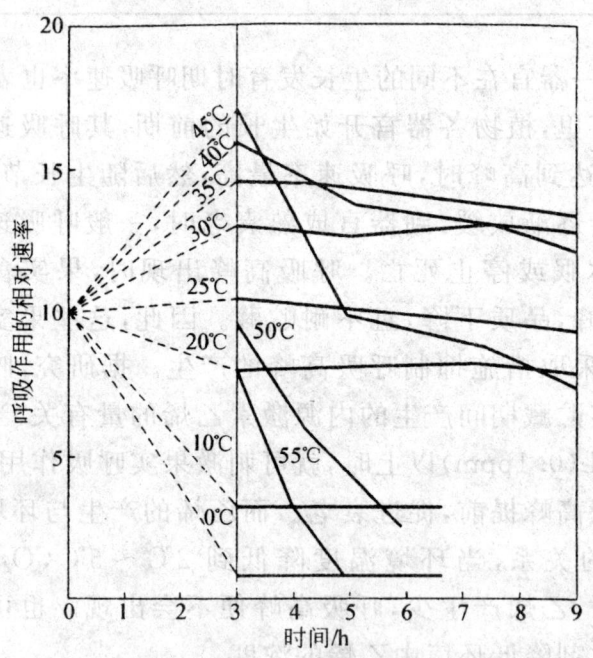

图3-26 温度（结合时间）对豌豆幼苗呼吸速率的影响

预先将豌豆幼苗放在 25℃下培养 4d,其相对呼吸速率为 10,再放到不同温度下培养 3h,测定相对速率的变化。

(2) 氧气

氧是有氧呼吸途径运转的必要因素,长时间的无氧呼吸对植物生长发育造成严重危害。植物缺氧时,会抑制根尖细胞分裂,影响根系内物质的运输,土壤中厌氧细菌活跃,造成肥料损失。

但也有少数植物适应生态环境多样性的变化,在缺氧情况下,仍保留无氧呼吸能力。如水稻能生活在供氧不足的淹水条件下,是因为水稻根系有乙醇酸氧化酶,进行乙醇酸氧化途径,压低了酒精发酵。另外,水稻有发达的通气组织从地上部运输 O_2 到根系,保证根系维持一定的有氧呼吸。柳树这类耐涝植物对缺氧则是另一种适应机理,在呼吸中利用 NO_3^- 作为 e^- 的受体,以适应 O_2 的不足;柳树受涝时可提高对 NO_3^- 的吸收,补充 O_2 的不足。

在一定范围内,氧浓度的增加会促进呼吸速度的增加,在缺氧条件下逐渐增加氧浓度,无氧呼吸会逐步减弱直到消失,一般把无氧呼吸停止进行的最低氧含量(10%左右)称为无氧呼吸的消失点(anaerobic respiration extinction point)(图 3-27)。人们正是利用这个现象,在贮藏苹果时,调节外界氧浓度到无氧呼吸的消失点附近,使有氧呼吸减至最低限度,但不刺激糖酵解,果实中的糖类分解得最慢,有利于贮藏。

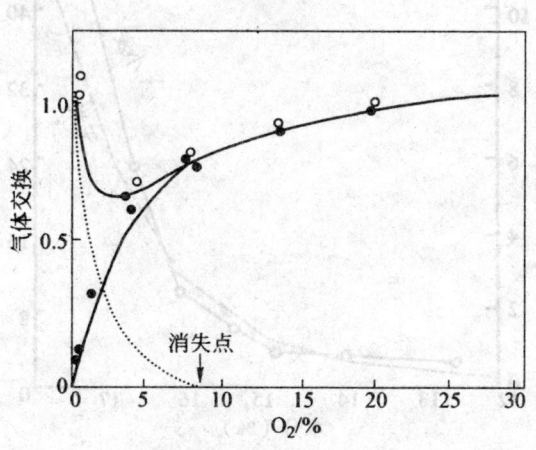

图 3-27 苹果在不同氧分压下的气体交换

图中,实点为耗氧量,空心点为释放量,虚线为无氧条件下CO_2的释放,消失点表示无氧呼吸停止。

(3)二氧化碳

CO_2是呼吸作用的最终产物,当外界环境中CO_2浓度增高时,呼吸作用受到抑制。实验证明,CO_2的体积分数升高到1%~10%以上时,呼吸作用明显被抑制,不仅抑制有氧呼吸,对无氧呼吸也有抑制作用,这在果蔬、种子贮藏中可以利用。

(4)水分

整体植物的呼吸速率一般随植物组织含水量的增加而升高。对于植物器官来说,其呼吸情况比较复杂。干燥的植物器官,如植物干燥的种子、干果等,呼吸很低,但当其吸水后呼吸会迅速增加(图3-28);而含水量高的肉质器官,如水果、块根、块茎等,随本身含水量及所处环境湿度的降低,呼吸反而升高。因为这些器官在失水时,为保持自身的水分会通过分解自身的物质,如淀粉、脂肪转化为可溶性糖,增加自身细胞液的浓度以降低水势,而可溶性糖是呼吸作用的基质,使呼吸升高,故肉质器官贮藏在干燥的环境中或受干旱接近萎蔫时呼吸速率有所增加,过一段时间后,可溶性糖逐渐减少至消耗殆尽,则呼吸速率会下降乃至停止。

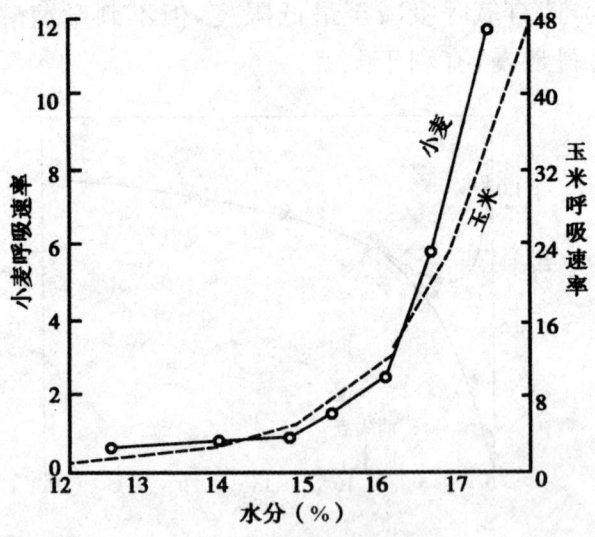

图3-28 含水量不同的小麦和玉米种子呼吸速率比较(CO_2 mg/100g 种子·小时)

3.4.6 呼吸作用在农业生产中的应用

呼吸作用是物质和能量代谢的中心,农业生产中,一方面,要促进呼吸以增加作物的生长发育,提高产量;另一方面,由于呼吸消耗有机物,在贮藏植物产品时又要适当抑制呼吸,以减少损耗。

1. 呼吸作用与种子的安全贮藏

种子的呼吸作用与粮食贮藏有密切关系,种子在保证其活力的基础上含水量越低越易贮藏。含水量增加,自由水含量升高,呼吸酶活性继续增强,则呼吸速率增加;呼吸放出的水分和热量会使种子的环境湿度和温度增高,促进呼吸增强(图 3-29)。湿度和温度的增加有利于微生物繁殖,加速种子变质。因此,种子安全贮藏可通过控制水分、降低温度、适当增高 CO_2 含量和降低 O_2 含量等措施抑制呼吸。

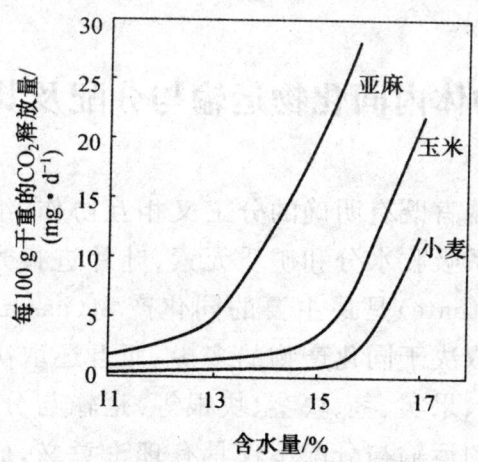

图 3-29 作物种子的含水量与呼吸强度的关系

2. 呼吸作用与果蔬的安全贮藏

果蔬贮藏主要通过控制温度和气体成分来解决。适当的低温,可以减慢呼吸速率;增加环境中 CO_2 和 N_2 浓度,降低 O_2 浓度,也可以适度抑制呼吸作用。在安全贮藏温度范围内,适当提高贮藏环境湿度,有利于果蔬保鲜。

3. 呼吸作用与作物栽培

呼吸作用与作物根系对养分的吸收、运输、转化及作物的生长发育关系密切。在稻田栽培管理中,中耕除草、勤灌浅灌、适时晒田,是为了增加土壤中的氧气供应,使根系呼吸旺盛,促进新根的发生,促进根系对养分和水分的吸收,抑制厌氧微生物活动。

呼吸作用与作物产量:据测算,作物生长过程中,大约有一半的光合产物被呼吸作用消耗。因此,适当地降低呼吸作用,减少有机物消耗是提高作物产量的一条途径。农作物栽培中要做到合理密植,目的是要保证田间通风、透光,充分发挥作物群体的光合潜力,同时减少呼吸消耗,以获得高的产量。有研究表明,就作物个体而言,在生长发育及光合能力不受影响的条件下,呼吸强度低的品种(特别是成熟叶片的呼吸强度)可以有效地减少有机物消耗,获得较高的产量。

3.5 植物体内同化物运输与分配及其影响因素

高等植物器官既有明确的分工又相互协作,组成一个统一的整体。例如根系吸收水分和矿质元素,叶片进行光合作用。光合产物(photosynthate)是最主要的同化产物(assimilate)。作物的经济产量不仅取决于同化产物的多少,而且还取决于同化产物向经济器官(种子、果实、茎、块茎、块根等)运输与分配的量。所以,研究同化产物的运输与分配不仅具有理论意义,而且具有重要的实践意义。

3.5.1 植物体内同化产物的运输

1. 短距离运输途径

(1) 胞内运输

胞内运输指细胞内、细胞器之间的物质交换。主要方式有物质的扩散作用、原生质环流、细胞器膜内外的物质交换及囊泡的形成与囊泡内含物的释放等。例如，光呼吸途径中磷酸乙醇酸、甘氨酸、丝氨酸及甘油酸分别进出叶绿体、过氧化体和线粒体，叶绿体中的磷酸丙糖经过磷酸丙糖转运器从叶绿体转移到细胞质，细胞质中的蔗糖进入液泡等。

（2）胞间运输

胞间运输有共质体运输、质外体运输及共质体与质外体之间的交替运输。在共质体与质外体交替运输过程中，即在同化产物从光合细胞输送到筛管和同化产物从筛管到库组织的接收细胞（receiver cell）的过程中，都需要一种特化的细胞——伴胞参与。

2. 长距离运输途径

木质部和韧皮部是进行长距离运输的两条途径，实验证明，同化产物的运输是由韧皮部担任的。

被子植物的韧皮部是由筛管、伴胞与韧皮薄壁细胞组成的。其中筛管是同化产物运输的主要通道。伴胞与筛管细胞之间有胞间连丝连接，伴胞有核，细胞质浓厚，具有全套的细胞器，与筛管细胞并列配对存在。有人推测，伴胞的生理功能可能是：为筛管细胞提供结构物质——蛋白质；维持筛分子间渗透平衡；调节同化产物向筛管的装载与卸出。筛管通常与伴胞配对组成筛分子-伴胞复合体（sieve element-companion cell complex，SE-CC 复合体），并在筛管吸收与分泌同化产物以及推动筛管物质运输等方面起重要作用。

成熟的筛管细胞含有细胞质，但在发育过程中核及一些细胞器相继退化，出现了韧皮蛋白质（phleom protein，P-蛋白），呈管状、线状、丝状或颗粒状，可防止筛管汁液流失，有利于物质长距离运输。

伴胞有 3 种类型：转移细胞（transfer cell）、普通伴胞（ordinary companion cell）和中间细胞（intermediary cell）。转移细胞与普通伴胞都仅与筛管分子间具有大量胞间连丝，可用于同化产物的共质体运输,而且转移细胞还具有另一个显著的特征,其细胞壁与质膜向内伸入细胞质中,形成许多皱褶,或呈片层或类似囊泡,这使得转移细胞与质外体空间的接触面积极为扩大,从而增加了细胞跨膜运输同化产物的能力。现已查明,转移细胞在植物界广泛存在,在植物的根、茎、叶、花序的维管束附近都存在着转移细胞。木质部的薄壁细胞也可特化为转移细胞,可从质外体吸收转移溶质(图3-30)。中间细胞与周围细胞间有发达的胞间连丝,其功能是通过共质体运输途径吸收转移溶质。研究还证明,筛分子中的一些蛋白质合成是在伴胞中完成的。而且在伴胞中有大量线粒体存在,可以产生大量能量有助于韧皮部同化产物的装载和卸出。

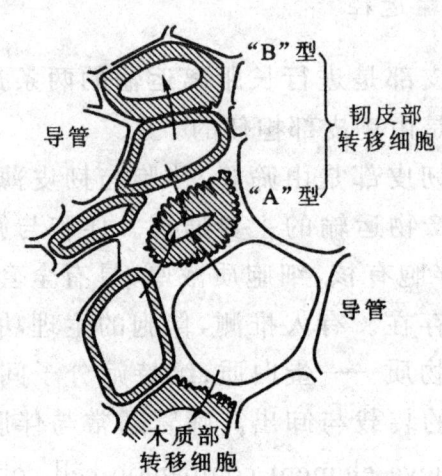

图 3-30　韧皮部与木质部的转移细胞
(箭头表示溶质转移方向)

3.5.2　植物体内同化物的分配

1. 源与库的概念及相互转化

(1)代谢源与代谢库的概念

近年来,在研究有机物分配方面提出了"源"与"库"的概念。所谓"源"是指制造养料,为其他器官提供营养的部位和器官,主要是成长着的功能叶片；"库"则是消耗养料或储藏养料的部位和器官，如幼嫩的叶、茎、根和花、果、种子等。同化物质的分配运输是一个比较复杂的生理过程，这个生理过程有它的规律性。这个规律在植物外观体现为同化物供求上的两器官（或两部分）的对应关系，那就是"库—源"单位。如菜豆某一复叶的光合同化物主要供给着生此叶的茎及其腋芽；再如结果期的番茄植株，通常每隔三叶着生一果穗，其果穗及其以下三叶便组成一个"库-源"单位。

(2) 代谢源与代谢库的相互转化

"源"和"库"的概念是相对的，它随生育期的不同而变化，如幼叶就无养料的输出是消耗养料的器官，它不是"源"而是"库"，但随叶片的成长就会输出有机物，由"库"转变为"源"。"库-源"单位的概念也是相对的，它会随着生长条件而变化，并可人为地改变。如将番茄植株上的某一果穗摘除，该"库-源"单位的3张叶片制造的光合产物也可以向其他果穗输送。

明确"源""库"概念和"库-源"单位，为人们实际生产中的作物整枝、摘心、疏果等栽培技术奠定了生理理论基础。

(3) 代谢源与代谢库关系的3种类型

① "源"限制型。这是一种"源"小"库"大的类型，叶片产生的同化物满足不了"库"的需要，限制产量形成的主要因素是"源"的供应能力。这一类型的植物，若为棉花、果树等，往往由于"库"数目过多，把"源"的同化物源源不断地调入时，时常导致叶片早衰和花、果实的脱落；而水稻等，结实率低，空壳率高。

② "库"限制型。这是属于"源"大"库"小的类型，限制产量形成的主要因素是"库"的接纳能力。这一类型的作物，单位叶面积的载花量小。因此，结实率高且饱满，但整个产量不一定高。

③ "库-源"互作型。这是一种过渡状态的中间类型。不论是定"源"增"库"，还是定"库"增"源"，产量均随之增加。此种类型的产量是由"库""源"协同调解的，因此，在生产上，要把栽培植物不同时期的叶面积系数的大小，作为高产栽培、合理施肥的重要指标，对于制订栽培措施有更大的实践意义。

实践证明,"源"是"库"的供应者,而"库"对"源"具有一定的调解作用,"源""库"两者相互依赖,相互制约。在实际生产中,必须根据植物生长的特点,以及人们对植物的要求,确定适宜的"源""库"量。栽培技术上采用去叶、提高二氧化碳浓度,调节光强等处理可以改变"源"的供应能力;而采用去花、疏果、变温,使用呼吸控制剂等处理可以改变"库"的储运能力。

2. 同化物质的分配规律

植物体内同化物的分配是动态的,总规律是由"源"到"库",现归纳为以下3点。

(1) 优先运向生长中心

生长中心是指正在生长的主要器官或部位,其特点是代谢旺盛,生长快,对养分的吸收能力强。但生长中心往往随植物生育期的不同而变化,因此同化物的分配也相应转移。比如,植物前期以营养生长为主,因此根、茎、叶是生长中心;随着生殖器官的出现,植物的生长由营养生长转入生殖生长,这时生殖器官就成为生长中心,因而也成为分配中心。如禾谷类作物在成熟时几乎有 1/3~1/2 的同化物集中到籽粒中,而茎秆内剩下的同化物极少。再比如,不同器官吸收养料能力不同,同化物分配中心也发生变化。在营养器官中,茎、叶吸收养料的能力大于根,特别是当光合产物较少时,就常常优先分配到地上器官,很少运至根部,这样会造成根系发育不良;在生殖器官中,果实吸收养料能力大于花,如大豆、棉花等植物开花结实后,当干旱或者光照不足,降低叶的光合作用时,光合产物就优先运入果荚或棉铃中,使花蕾得不到足够的同化物而脱落。

人们在农业生产实践中,对棉花、番茄、果树进行摘心、整枝、修剪等办法,就是改善光合条件和调整有机养料的分配,促进同化物的积累以提高坐果率和果实产量。

(2) 就近供应

叶片所形成的光合产物主要是运至邻近的生长部位。一般来说,植物茎上部叶片光合产物主要供应茎顶端及其上部嫩叶的生长;而下部叶则主要供应根和分蘖的生长;处于中间的叶片,它的光合产物则上下部都供应。当形成果实时,所需的养分主要靠和它最邻近的叶片供应。例如,大豆的叶腋出现豆荚后,这个叶片的光合产物,主要供应这个豆荚,当这个叶片受到损伤,或者光合作用受阻时,由于这个豆荚得不到养料就会发生脱落。棉花也类似,如叶片受伤,同节上的蕾铃就容易脱落。因此,保护果枝上的叶片正常地进行光合作用,是防止棉花蕾铃脱落的方法之一。

果树营养枝的光合产物的分配也随距离的加大而减少,因此营养枝在树冠中均匀地配置,对调节营养,均衡树势,保证器官建成,高产稳产,有重要意义。

由于果实的位置在不同植物上不相同,因此对果实产量影响最大的叶位也不一样。例如,稻、麦主要为旗叶(穗下叶),其次为第二叶;玉米为穗位叶,其次为上、下部两片叶;棉、豆类为果实附近的叶片。根据这一规律,要注意保护花、果附近的叶片,并使其有较好的光照条件,促进光合积累以供应较多的同化物。

(3)纵向同侧运输

用放射性同位素^{14}C供给向日葵叶子,发现只有与这叶片处于同一方向的籽实里才有放射性^{14}C,这是由于输导组织纵向分布所致。在纵向运输畅通的情况下,往往只运给同侧的花序或根系,而水和无机盐也是由同一方位的根系供给相同方位的叶片和花序。

总之,同化物分配规律虽很复杂,但其基本原则是:首先,"源"本身制造养料能力要超过其自身的消耗,有多余才能输出;其次,分配到哪里和分配多少,决定于接收器官之间的竞争能力,也就是哪个器官生长势强,以及部位靠近,那个器官就分配得多。因此在生产管理上,尤其在生殖器官形成时期,要改善田间光照条件和水肥措施,既要保证功能叶高效的光合能力,又要促进接受养料器官的生长优势。近年来用激素类物质如萘乙酸、赤霉素等来处理生殖器官,发现不但可以促进其生长,而且能增强其争夺养料的能力。

3. 同化物的分配与再利用

所有生物在其生命活动中,都存在着合成、分解的代谢过程,该过程循环往复,直至生命终止。植物种子在适宜的温度、水分、氧气条件下,就能生根、发芽,这一自养阶段的过程就是同化物再分配与再利用的过程。

许多植物的器官衰老时,大量的糖以及可再度利用的矿质元素(如氮、磷、钾)都要转移到就近新生器官中去。这种同化物质和矿质元素的再度利用是植物体的营养物质在器官间进行再分配、再利用的普遍现象。

细胞内含物质的转移与生产实践密切相关,只要我们明确原理,采取一定的调控手段,就能得到良好的效果。如小麦叶片中细胞内含物过早转移,会引起该叶片的早衰;而过迟转移则会造成贪青迟熟。小麦在灌浆后期,如遇干热风的突然袭击不仅叶片很快失水枯萎,同时该叶片的大量营养物质就不能及时转移到籽粒中去。再如突然的高湿或低温也会发生类似现象。农产品的后熟、催熟、储藏和保鲜等与物质再分配关系同样密切相关。

北方农民在严重霜冻来临之际,把玉米连杆带穗一同拔起并堆在一起,大大减轻了植株茎叶的冻害,使茎叶的有机物继续向籽粒转移。这种被人们称为"蹲棵"的措施一般可增产5%~10%。水稻、小麦、芝麻、油菜等收获后堆在一起,并不马上脱粒,对提高粒重效果同样比较明显。

4. 同化物质的分配与产量

要达到提高产量的目的,必须促使更多的同化物运往经济器官中去。因而,在栽培上就得设法让栽培植物提高以下3项指标。

(1)"源"的输出能力

功能叶的光合强度一般与同化产物的输出速率存在着显著

的正相关。某些试验表明,随着光合强度的增强,运输速率随之加快。试验还发现,光照强度不仅通过光合作用间接影响光合产物的运输过程,还直接影响光合产物从叶内输出。

(2)库的拉力

输入器官"库"的拉力是指对灌浆物质的吸取能力。据沈允钢试验表明,稻穗是灌浆期间吸取能力最强的输入器官。

(3)输导组织的分布

试验证明,受精后胚囊之所以能成为吸收中心,与囊内激素的含量较多有直接的关系,尤其是生长素含量。同时也证明,与输导组织的分布状况同样有直接的关系。有机物是在筛管内运输的,并由韧皮部薄壁细胞从能量上给予支持,而这些能量来自于呼吸作用。因此,一切不利于输导组织呼吸的因素均会减缓有机物质的运输。

3.5.3 影响和调节同化物运输的环境因素

植物体内同化物质的运输和分配受温度、水分、光照和营养元素等的影响。

1. 温度

温度影响同化物的运输速率。不同温度处理植株的试验表明,低温抑制同化物运输,20℃～30℃时的运输量最大,温度再升高,运输又下降。[①] 温度也影响同化物的分配方向。例如,当土温高于气温时,光合产物向根部运输的比例大;当气温高于土温时,光合产物向冠部运输比例大。

昼夜温差对同化物分配有很大影响。在生理温度允许的范围内,昼夜温差大有利于同化物向籽粒分配,也有利于块根、块茎的生长。

---

① 贾东坡,冯林剑. 植物与植物生理[M]. 重庆:重庆大学出版社,2015.

2. 水分

水既是同化物质的运输介质,又是光合作用的原料,因此水分不足必定影响同化物的运输与分配,其原因如下。

①水分不足,气孔关闭,光合速率降低,使得叶肉细胞内可运态蔗糖浓度降低,结果从源叶输入韧皮部内的同化物质减少。

②在缺水条件下,筛管内集流运动的速度降低。

3. 营养元素

对同化物运输影响最大的营养元素有氮、磷、钾和硼。

(1) 氮

供氮必须适量,使 C/N 比维持在适宜的比例。如氮素过多,导致植物营养生长过于旺盛,光合产物用于生长多,用于茎鞘储藏较少,进而减少再度向籽粒的分配。然而氮素过低,容易引起功能叶片早衰。

(2) 磷

磷参与同化物的形成,是光合循环不可缺少的重要元素。它以高能磷酸键形式储存和利用能量,广泛参与植物的代谢,促进光合速度。因此磷有促进同化物质运输的作用。在作物产量形成后期,适当追施磷肥有利于同化物质向经济器官内运输,提高产量。如在棉花开花期喷施磷肥,也能达到减少蕾铃脱落的目的。

(3) 钾

对同化物运输与分配的影响表现在两个方面:一是促进碳水化合物的运输;二是促进运入库中的蔗糖转化为淀粉,以利维持韧皮部两端的压力势差。

(4) 硼

硼对同化物的运输具有明显的促进作用。一方面,硼能促进蔗糖的合成,提高可运态蔗糖所占比例;另一方面,硼能以硼酸的形式与游离态的糖结合,形成带负电的复合体,容易透过质膜。因此,在作物灌浆期叶面喷施硼肥有利于光合产物输入籽粒,具有增产效果。

第4章 植物的生长机理

在植物生命周期中个体形态建成包括生长、分化和发育过程，因此植物的生长发育是植物生命活动在外观上的体现，也是植物体内各个生理代谢活动协调的综合表现。

植物的生长与农业、林业、园艺等的关系非常密切。如以营养器官为主要收获对象(蔬菜或木材)，则营养生长将直接影响产量；如以生殖器官为主要收获对象(果实或种子)，营养器官的生长状况将决定着生殖器官的形成与膨大，因为生殖器官生长所需要的养分绝大部分是营养器官提供的。因此，植物的生长直接关系着作物的产量和质量，了解植物的生长规律及其与外界环境条件的关系，以调节和控制植物的生长过程，在农林生产上有十分重要的意义。

4.1 种子萌发

在适宜的环境条件下，种子内的胚胎恢复生长，并形成植物幼苗，这个过程就是萌发(germination)。

4.1.1 种子的结构

植物种子由胚、胚乳和种皮三大部分构成(图 4-1)。胚的中央部分是胚轴(embryonic axis)，胚轴上有一个或两个子叶(cotyledon)，胚轴的上端是胚芽(plumule)，将来形成茎和叶片，下端是胚根(radicle)，将来形成根系。单子叶(monocot)植物种子的胚只有一个子叶，称为盾片(scutellum)，盾片在种子萌发中的功能主要是消化和吸收胚乳营养。双子叶植物的胚具有两个子叶，起储存养分的功能。

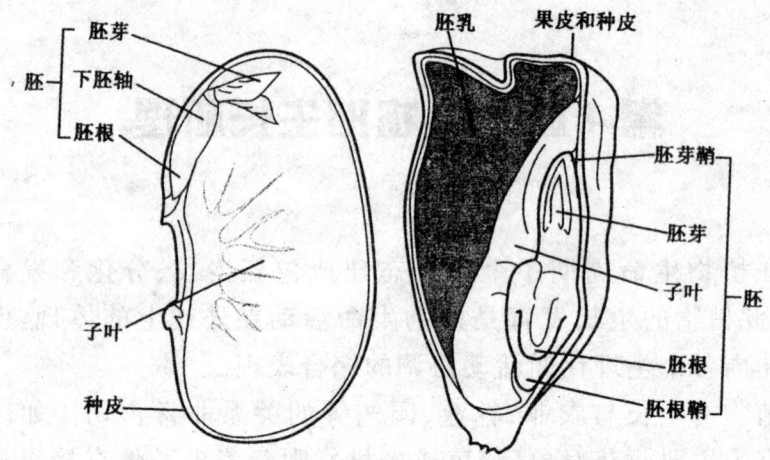

图 4-1　双子叶植物蚕豆（左）和单子叶植物玉米（右）的种子结构示意图

在胚发育过程中，胚的周围包裹着胚乳（endosperm），胚乳是储存养分的组织。大部分单子叶植物的种子在种子成熟后胚乳仍然保留，称为有胚乳种子（endospermic seed）；而大部分双子叶植物的种子在胚胎发育过程中，胚乳被消耗吸收，最终的成熟种子只有胚组织，称为无胚乳种子（nonendospermic seed）。无胚乳种子的子叶担负着养分储存的功能，所以，子叶有时能占整个成熟种子体积的 90%。

包裹在种子外围的是坚硬的种皮，或称外种皮（testa）。种皮是从母体组织衍生而来的，即从包裹子房的珠被（integument）发育而来。种皮一般由厚壁细胞组成，表面覆盖着很厚的蜡质层，起着阻碍水分和氧气进入种子的作用。有些种子种皮中含有萌发抑制物质。

4.1.2　种子萌发的过程

1. 种子萌发的基本过程

种子萌发可分为吸胀、萌动和发芽 3 个阶段[①]。

---

① 顾立新，崔爱萍. 植物与植物生理[M]. 北京：中国林业出版社，2015.

第一阶段,为快速吸水的阶段,是物理过程,称为吸胀(imbibition)作用、吸水萌动。

干燥的种子必须吸收足够的水分才能恢复细胞的各种代谢功能。种子吸胀除了依靠表面张力形成的毛细管作用,更主要的动力是种子内的细胞壁物质、蛋白质及其他亲水性物质对水的吸附作用。种子吸收水分导致内含物体积膨胀,形成吸胀压(imbibition pressure),撑破种皮,解除胚的生长压力,使胚恢复生长。

第二阶段,种子的鲜重增加趋于稳定,这是与该阶段停止或缓慢吸水有关。在第二阶段,主要进行内部物质和能量的转化,某些酶开始形成或活化,从而使代谢活性增加,为萌发的形态变化做好准备。

种子吸胀后引起种子代谢活动的活化,最明显的变化是种子从吸胀早期开始即伴随着呼吸作用的增加。种子萌发过程中的呼吸途径主要是糖酵解和三羧酸循环,所产生的中间代谢物和 ATP 作为胚细胞分裂和生长的物质与能量供应。磷酸戊糖途径也是种子呼吸的重要途径之一,该途径产生的 NADPH 还原力是细胞脂类合成所必需的能量供应物质,该途径的中间产物是合成核苷酸以及其他含芳香环物质的重要前体。

种子萌发过程伴随水解酶类的合成和分泌,降解种子内储存的营养物质,为幼苗生长提供物质和能量。谷类种子胚乳中储藏淀粉的分解反应主要受糊粉层内合成和分泌的 α-淀粉酶和 β-淀粉酶的健化。在无胚乳种子中,如豆类种子,早期胚细胞的分裂和生长,尤其是胚根的生长主要是依赖其自身储藏的营养物质进行的,然后子叶储藏的营养物质发生水解,运输到胚根或胚芽处,供应进一步发育的需要。

第三阶段,幼胚不断吸收营养,细胞数目不断增加,胚根细胞伸长,胚根首先突破种皮而伸出,俗称露白(萌发的标志)。生产上常把胚根的长度与种子长度相等、胚芽长度达到种子长度 1/2 时,定为种子发芽的标准。

种子萌发过程中,胚细胞恢复分裂,开始生长,形成具备根、茎、叶形态的植物幼苗。种子萌发包括胚根和胚芽的生长，首先是胚根生长，胚根依靠种子的吸胀压力和细胞伸长生长突破种皮，与种子周围的基质接触开始吸收水分和矿质元素，满足幼苗生长的需要。随后，胚芽也开始生长。在双子叶植物中存在着两种类型的生长方式：一种是子叶下胚轴（hypocotyl）伸长，将子叶及其包裹的第一片真叶带出土层，这种萌发方式称为子叶出土萌发（epigeal germination）；另一种是子叶上胚轴（epicotyl）伸长，将第一片真叶带出土层，而子叶留在土内，这种方式称为子叶留土萌发（hypogeal germiantion）。

2. 种子萌发过程中的生理生化变化

（1）胚乳和胚中的物质变化

胚乳以物质分解为主，其重量不断减少。而在胚中，物质转化以合成为主，其重量不断增加，胚由小变大，胚乳由大变小。

（2）种子的吸水变化

种子的吸水可分为3个阶段（图4-2）：吸胀吸水期、缓慢吸水期和生长吸水期。第一阶段的吸水主要是物理吸水，即吸胀作用，属于物理过程，所以有、无生命力的种子和休眠种子都可以达到。第二阶段是吸水的停滞阶段，在该阶段种子吸水缓慢，但有活力的种子在这一阶段的代谢活动却非常旺盛，细胞分裂速度加快。而第三阶段为吸水高峰期，种子重新大量吸水，在该阶段胚根已经突破种皮。无生命力和休眠的种子仅停留在第二阶段。

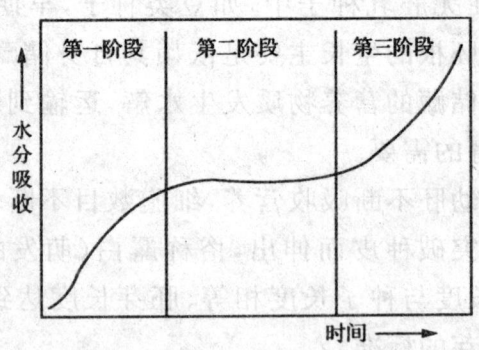

图4-2 种子萌发过程中水分吸收变化曲线

(3) 呼吸的变化

种子的呼吸可分为 3 个阶段:即急速上升、缓慢、急速上升。在种子吸水的第一阶段,种子吸胀后,呼吸作用迅速上升,可能与种子在萌发期间呼吸酶类的活性加强有关。第二阶段,呼吸缓慢甚至停滞,因为种皮限制外界 O_2 进入种子,于是进入无氧呼吸。前两个阶段种子呼吸产生的 CO_2 大大超过 O_2 的消耗。当胚根长出,鲜重又增加时,呼吸作用又急速加快,O_2 的消耗高于 CO_2 的释放速率(图 4-3)。

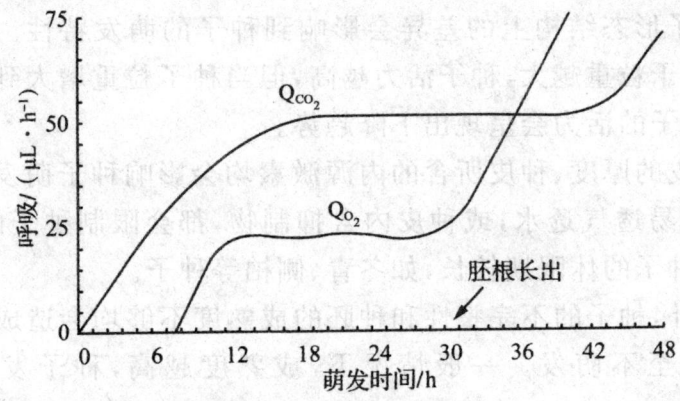

图 4-3　种子萌发过程中呼吸速率的变化

(4) 植物内源激素的变化

种子的内源激素在种子的萌发过程中发挥调节作用。主要参与调节的激素包括生长素、细胞分裂素、赤霉素和脱落酸(图 4-4)。

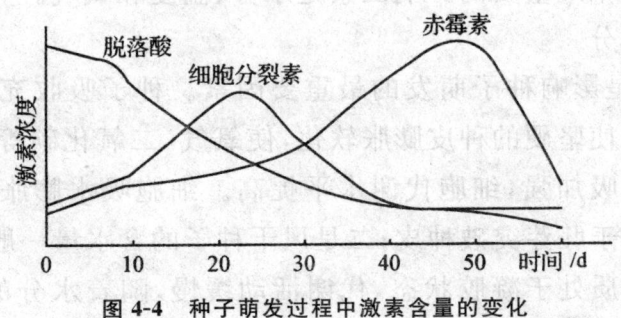

图 4-4　种子萌发过程中激素含量的变化

4.1.3 种子萌发的条件

植物的种子能否萌发、发育成新个体,不仅种子本身要具有良好的发芽力以及已解除休眠期准备进入生长发育阶段,而且需要适宜的环境条件,主要包括充足的水分、适宜的温度和足够的氧气。

1. 影响种子萌发的内在因素

种子形态结构上的差异会影响到种子的萌发特性。一般认为,种子干粒重越大,种子活力越高,但当种子粒重增大到一定程度时,种子的活力会呈现出下降趋势。

种皮的厚度、种皮所含的内源激素均会影响种子萌发。种皮坚硬,不易透气透水,或种皮内含抑制物,都会限制种子的萌发,而这类种子的休眠期较长,如冬青、侧柏等种子。

此外,种子的不完整性和种胚的成熟度不够均会造成种子难萌发,甚至不萌发。一般情况下,成熟度越高,种子发芽率就越高。

2. 影响种子萌发的环境因素

有生命力的种子必须在适宜的环境条件下才能够萌发:通常影响种子萌发的环境因素包括水分、温度、氧气、光照、土壤、生物等方面,其中最重要的影响因素是水分、温度和氧气。

(1) 水分

水分是影响种子萌发的最重要因素。种子吸收充足的水分后,一是可使坚硬的种皮膨胀软化,使氧气、二氧化碳等物质易透过种皮,呼吸加强,细胞代谢水平提高。细胞吸水膨胀产生的压力,也有利于胚芽突破种皮;二是风干种子的含水量一般为5%～13%,原生质处于凝胶状态,代谢活动缓慢,随着水分的增加,原生质从凝胶状态转变为溶胶状态,种子内部的激素及酶系统也从钝化状态变为活化状态,促进了储藏物质的转化与运输[1];三是可促进分解产物运送到正在生长的幼苗中,为代谢和细胞分裂等活动提供养分和能源。因此,充足的水分是植物种子萌发的必要且重要的条件。

植物不同,其种子的组分不同,吸水能力也不一样。一般来说,林木种子的萌发速率均随含水量和湿度的降低而降低。含水量在25%以上有利于热带植物种子的萌发,但在高温条件下,由于失水过多,含水量越高的种子萌发率反而越低。

(2)温度

种子萌发时需在各种酶的催化作用下进行,而酶的作用受温度影响。所以,温度对种子的萌发具有重要的生理作用。一般来说,温度对种子的萌发具有最低温度、最适温度及最高温度三基点,最低温度和最高温度是种子萌发的两个极限温度,在最低温度时,种子能萌发,但所需时间长,发芽不整齐,易烂种;低于最低温或高于最高温均不能使种子萌发。了解植物种子萌发的最适温度,对于确定播种期具有重要参考价值。

不同原产地或不同种类的植物,其种子萌发的最适温度也不一样。大部分植物种子最适萌发温度为15℃~25℃。一般原产于北方的植物(如小麦),种子萌发时所需温度较低;而原产于南方的植物(如水稻),种子萌发时所需温度则较高。

(3)氧气

种子的萌发需要足够的氧气。种子吸水后呼吸作用增强,需氧量加大。一般植物种子要求其周围空气中含氧量在10%以上才能正常萌发,而如大豆、花生等含油类种子萌发时需氧更多。土壤空气含氧量在5%以下时大多数种子不能萌发。土壤水分过多或不良的土壤结构使土壤空隙减少,通气不良,从而影响种子的萌发和根系的生长。

---

[1] 贾东坡,冯林剑. 植物与植物生理[M]. 重庆:重庆大学出版社,2015.

(4) 光

光不是所有种子萌发都必需的条件,大多数栽培植物的种子萌发是不需要光的。但有些种子萌发时必须有光,称为需光种子,如月见草、烟草、沙葱和拟南芥等。有些种子只能在暗处才能萌发,光照会抑制其萌发过程,这些种子称为需暗种子,如茄子、番茄。而大多数作物的种子萌发对光照不敏感,有光无光都可进行,称为中光种子。

4.2 植物生长的细胞学基础

4.2.1 细胞分裂期

在植物体内总是保留一部分不分化的细胞,这些细胞始终保持分裂能力,如位于茎尖、根尖以及形成层等分生组织中具有分裂能力的细胞,称为分生细胞。分生细胞体积较小,近于圆形,细胞壁薄,原生质丰富,细胞核大,没有液泡;具有旺盛的呼吸作用和物质合成能力,特别是合成蛋白质的能力很强。随着旺盛的合成作用,原生质的量和细胞体积不断增大,当体积达到一定限度时,细胞核和细胞质便一分为二,形成两个新细胞。新细胞达到一定大小后,又开始新的分裂。在细胞分裂期,细胞不断进行分裂,细胞数目不断增加,但细胞体积变化不大。

分生细胞从一次分裂结束至下一次分裂结束所经历的过程称为细胞周期(cell cycle),包括分裂间期和有丝分裂期(图4-5)。分裂间期可分为 DNA 复制前期(G_1 期)、DNA 复制期(S 期)和 DNA 复制完成到有丝分裂开始之前的 G_2 期。有丝分裂期(M 期)可分为前期、中期、后期和末期等。

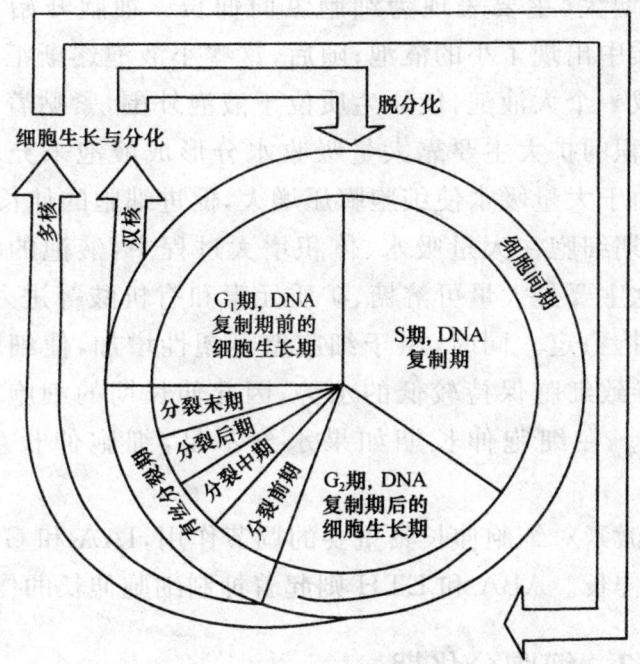

图 4-5　植物细胞周期示意图

处于分生期的细胞其代谢的显著特点是核酸和蛋白质大量合成,尤其是 DNA 含量的变化最大。在分裂间期的初期,细胞核的 DNA 含量就开始缓慢增加,高出正常二倍体(diploid)的含量,当进入分裂间期的中期时,核内的染色质为四倍体或更多,即所谓的多倍体(polyploid)。到细胞分裂的中期以后,因为细胞核分裂为两个子细胞核,所以每个细胞核的 DNA 含量又显著下降,分裂完成后子细胞的 DNA 含量又恢复到正常二倍体的水平。

高等植物细胞周期的长短,因不同物种而异,一般为 10～30h。例如,蚕豆根尖的细胞周期在 19℃下为 19.3h,鸭趾草根尖的细胞周期在 21℃下为 17h。细胞周期受许多因素的影响,如豌豆根尖细胞在 15℃下为 25.55h,在 30℃下则缩短为 14.39h。

4.2.2　细胞伸长期

分生组织分裂出来的细胞,小部分继续进行分裂活动,大部分则停止分裂,过渡到细胞伸长阶段。伸长期的最大特点是细胞体积迅速增大,主要表现为细胞纵向伸长。细胞开始伸长生长时,原生质中出现了小的液泡;随后,这些小液泡逐渐汇合在细胞中央,形成一个大液泡,使原生质位于液泡外围,紧贴着细胞壁的内侧。体积的扩大主要靠大量吸收水分形成液泡来充填内部空间,同时由于大量吸水使细胞膨压增大,促进细胞的伸长。

伸长期细胞在大量吸水、体积增大过程中,液泡的渗透势变化不大,这主要是大量可溶糖、矿质元素和有机酸等进入液泡,使渗透势保持稳定。同时,由于细胞壁可塑性增加,使细胞压力势降低,也导致细胞保持较低的水势,因此伸长期的细胞有较强的吸水能力。在细胞伸长期如果水分不足,细胞伸长生长就会减慢。

植物激素对细胞伸长具重要的调节作用,IAA 和 GA 能明显促进细胞伸长。ABA 和 ETH 则起着抑制细胞伸长的作用。

4.2.3 细胞分化期

进入分化期的细胞在形态、结构与生理功能等方面发生明显变化,因而形成了执行不同功能的各种组织细胞。分化可在器官、组织和细胞水平上表现出来:种子植物上下有茎和根的分化;茎又有叶和侧芽的分化;进入生殖期顶端又有花芽的分化;各种器官中有不同组织的分化;各种组织中又有不同种类细胞的分化。正是由于细胞的分化导致形成了薄壁组织、输导组织、机械组织、保护组织等,进而形成营养器官和生殖器官。

分化是细胞在形态结构、内部代谢和生理功能上区别于原分生细胞的过程。

1. 细胞的全能性与分化

植物细胞的全能性(totipotency)是指任何一个具有核的活细胞都含有发育成一个完整植株的全部基因,在适宜的条件下,能发育成一个完整的植株。

一个具有全能性的细胞的分化,是其基因在一定的时间和一定的空间选择性表达的结果。高等生物的细胞在某一特定时间和空间,其 DNA 只有 5%~10% 被利用。因此,分化是在特定的时间和特定的空间,通过基因的选择性转录而引起特异性蛋白质的合成,导致了不同的性状形成和形态建成。

2. 极性与分化

极性(polarity)是指植物器官、组织、细胞在形态学、生化组成及生理特性上的差异,由于极性的存在,使细胞发生不均等分裂现象。例如,受精卵的不均等分裂形成大小不等的细胞,小的发育成胚,大的发育成胚柄;禾本科植物气孔形成时,叶表皮细胞形成不均等分裂,大的为表皮细胞,小的形成气孔保卫母细胞,接着均等分裂形成两个保卫细胞。

另外,各种环境条件,如光照梯度、温度梯度甚至电势梯度的影响,也会改变细胞极性,影响其分化。对墨角藻卵的研究结果表明,跨越细胞的离子流、Ca^{2+} 梯度以及肌动蛋白微丝与极性建立有一定的联系,如图 4-6 所示,受精卵受来自环境的不对称刺激(单侧光)而极化。细胞内的 Ca^{2+} 在照光的一侧流出,介质中的 Ca^{2+} 从背光的一侧流入。同时肌动蛋白组装的微纤丝以及大量的线粒体、高尔基体、核糖体等细胞器都聚集在背光一侧,细胞核向背光一侧移动。这样,Ca^{2+} 梯度和微丝聚集使细胞产生的极性被固定,最终引起不均等的细胞分裂,假根细胞在顶端分化出来。

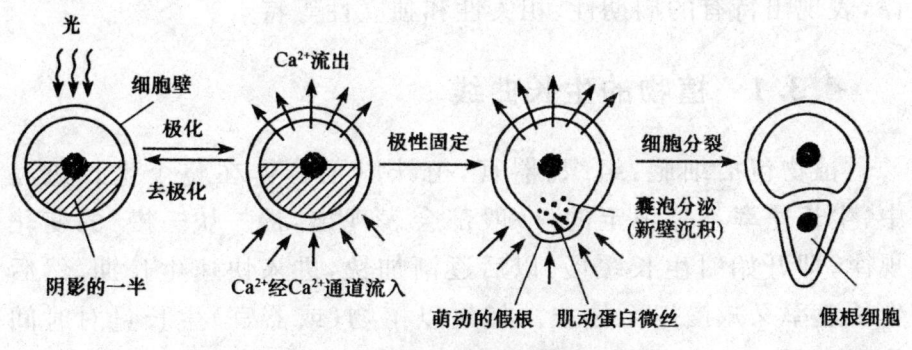

图 4-6 墨角藻极性建立的过程

细胞极性是细胞不均等分裂的基础。不均等分裂(asymmetric division)又称为分化分裂(formative division),是指细胞分裂产生的两个子细胞在形态或生理生化上具有不同的性质,从而具有不同的发育方向。如果细胞分裂产生的两个子细胞具有相同的性质,如愈伤组织中胚性分生细胞数目的增加,种子发育时胚乳细胞数目的增加等,这种分裂称为增殖分裂(proliferative division)。

极性一旦建立就很难逆转,可表现在植物整体、器官、组织、细胞等各个水平上。树木的茎段在扦插时,总是形态学下端长根,形态学上端长芽,即使颠倒过来也是如此。

细胞的分裂、伸长与分化三个时期是个连续过程,不可能截然分开,没有明显的界限,常相互重叠。但是,在自然条件下,细胞的三个时期不可逆转,而且环境条件能够影响三个时期。例如,水分充足,可延长伸长期而推迟分化期;如果缺水,可缩短伸长期而提前分化期。在弱光高湿条件下,有利于细胞伸长而不利于细胞分化;在强光低湿的条件下,不利于细胞伸长而有利于细胞分化。

4.3 植物生长与生长分析

植物的整体、器官或组织在生长过程中常常遵循一定的规律,表现出特有的周期性、相关性和独立性等特点。

4.3.1 植物的生长曲线

植物包括细胞、组织、器官、植株以至群体在整个生长过程中,生长速率不是恒定的,一般都会表现出"慢—快—慢"的变化规律,即开始时生长缓慢,以后逐渐加快,进入快速生长期,然后生长速率又减慢以至停止。如果以植物(或器官)生长量对时间作图,可得到植物的生长曲线(growth curve)。而且不管用质量、表面积、高度、细胞数量甚至是蛋白质量,它们的增长曲线都呈

"S"形；如以增长量变化（生长速率）来表示，生长曲线则为一条抛物线。如以玉米的株高对生长时间作图，得到的生长曲线呈 S 形；若以生长速率对生长时间作图，得到的生长速率曲线呈抛物线形（图 4-7）。

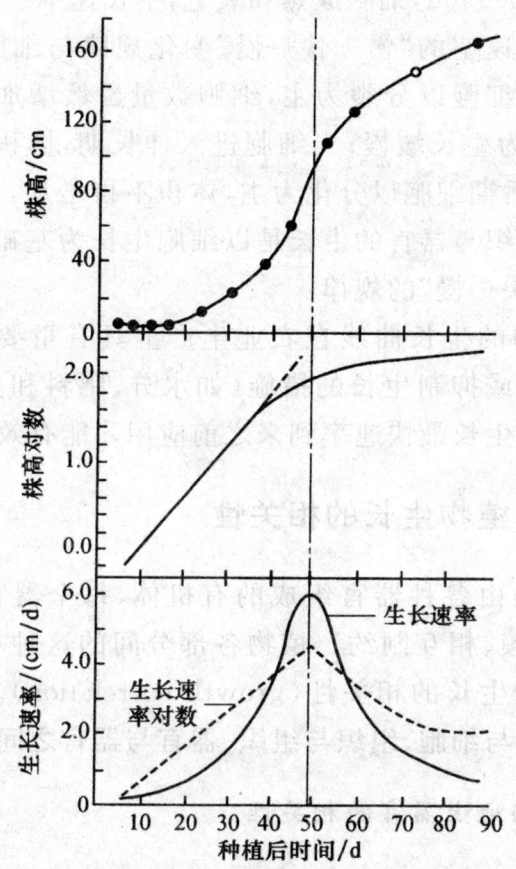

图 4-7　玉米株高及生长速率曲线

由图 4-7 可见，这条"S"形生长曲线可细分为 4 个时期。

(1) 生长停滞期

图中的 0~18d，细胞处于分裂时期和原生质积累期，生长比较缓慢。

(2) 对数生长期

图中的 18~45d，细胞体积随时间而成对数增大，细胞越多，生长越快。

(3) 直线生长期

图中的 45~55d,生长继续以恒定的速率(最高速率)进行。

(4) 衰老期

图中的 55~90d,细胞成熟和衰老,生长速率下降。

植物生长速率的"慢—快—慢"变化规律与细胞生长规律有关。生长初期细胞以分裂为主,细胞数量虽然增加较多,但体积小,因此表现为生长缓慢;当细胞进入伸长期,体积迅速增大,所以生长迅速;后期细胞以分化为主,体积不再增加,生长缓慢以至停止。植物组织与器官的生长是以细胞生长为基础,因此也表现出生长"慢—快—慢"的规律。

了解植物的生长曲线在农业生产上具有重要的实践意义。一切促进生长或抑制生长的措施(如水分、肥料和生长调节剂的应用),必须在生长最快速率到来之前应用才能有效。

4.3.2 植物生长的相关性

植物体是由各种器官组成的有机体,每个器官间既相互独立,又相互依赖、相互制约。植物各部分间的这种相互制约与协调的关系称为生长的相关性(growth correlation)。相关现象广泛存在于细胞与细胞、组织与组织、器官与器官之间。

1. 地下与地上器官的相关性

植物地下部分和地上部分主要表现为相互依赖、相互促进的关系。生产上常用"根深叶茂""树大根深"形象生动地说明根与冠之间的关系。以水分、矿质营养和激素为双向纽带,植物地上部分与地下部分有机地联系到一起(图 4-8)。

地上部与地下部的生长还存在相互制约的一面,主要表现在它们对水分和营养的竞争上。这种竞争关系可从根冠比(R/T)的变化上反映出来。根冠比是指地下部根系总重量与地上部茎叶等总重量的比值。影响植物根冠比的因素较多,主要有土壤水分状况、光照条件、矿质营养供应情况、温度、栽培措施等。

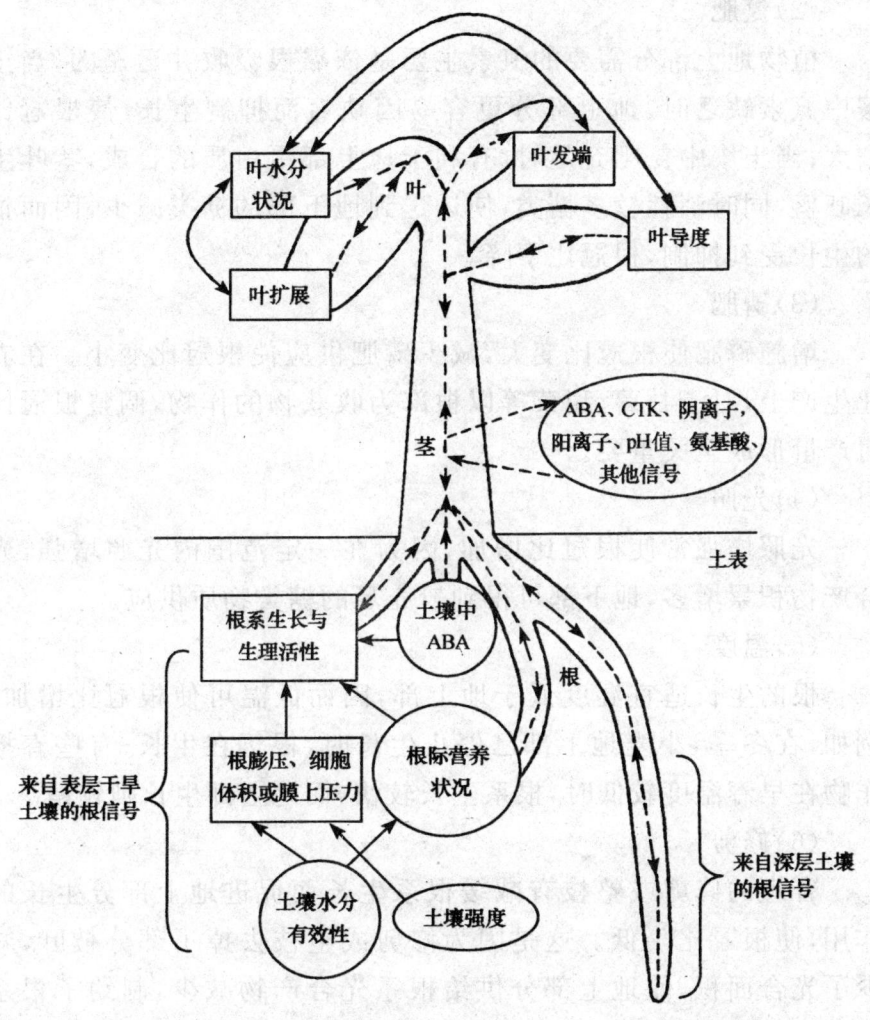

图 4-8　土壤干旱时根中化学信号的产生以及根冠间的通信[①]

(1) 土壤水分

土壤水分缺乏对地上部的影响远大于对地下部的影响。这是因为根生活在土壤中容易得到水分,而地上部分的水分是要靠根来供应的,缺水时地上部分更难得到水分,生长容易受到抑制,致使根的相对重量增加而地上部分的相对重量减少,根冠比

---

① 张立军,刘新. 植物生理学[M]. 2版. 北京:科学出版社,2011.

增加。

（2）氮肥

植物地上部分需要的氮素主要是依靠根吸收并运送的，当土壤中氮素缺乏时，地上部分更容易因缺氮而抑制生长，使根冠比增大；当土壤中氮肥充足时，有利于地上部蛋白质的合成，茎叶生长旺盛，同时消耗较多糖类，使运送到地下部的糖类减少，因而根的生长受到抑制，根冠比下降。

（3）磷肥

增施磷肥使根冠比变大，减少磷肥供应使根冠比变小。在农业生产上，对于甘薯、甜菜等以根部为收获物的作物，调整根冠比对产量形成至关重要。

（4）光照

光照增强常使根冠比增加，因为在一定范围内光照增强，光合产物积累增多，地下部可得到较充足的糖类物质供应。

（5）温度

根的生长适宜温度低于地上部，因而低温可使根冠比增加。例如，在冬季，小麦地上部已停止生长时，根仍在生长；有些春播作物在早春温度较低时，根系生长较快，而地上部生长则较慢。

（6）修剪

合理的修剪或整枝有减缓根系生长而促进地上部分生长的作用，使根冠比降低。这是因为修剪或整枝去掉了部分枝叶，减少了光合面积，使地上部分供给根系光合产物减少，制约了根系的生长。而地上部分从根系得到的水分、矿质营养却相应地增加了，加上修剪后又刺激了侧枝和侧芽的生长。所以，修剪促进了地上部分的生长，抑制了地下部分的生长，修剪越重，表现越明显。

2. 主茎和侧枝的相关性

植物的顶芽长出主茎，侧芽长出分枝，通常主茎生长快，而侧枝和侧芽生长较慢或潜伏不长，如果剪去顶芽，侧芽则迅速生长，这表明顶芽的存在对侧芽的生长有抑制作用。植物的顶端在生长上占优势并抑制侧枝生长的现象叫顶端优势（apical dominance）。顶端优势现象普遍存在于植物界，但各种植物表现不尽相同。草本植物如向日葵、玉米、高粱、烟草、黄麻等顶端优势很强，只有主茎顶端被切除，邻近的侧枝才加速生长（图 4-9）。而木本植物中松柏类植物的塔形和柳树的丛生状态是由于距离顶端越近的侧枝受顶芽的抑制越强，而距顶端越远的侧枝受顶芽的抑制越弱，整个植株呈宝塔形。在植物的地下部分也可观察到主根抑制侧根生长的现象。

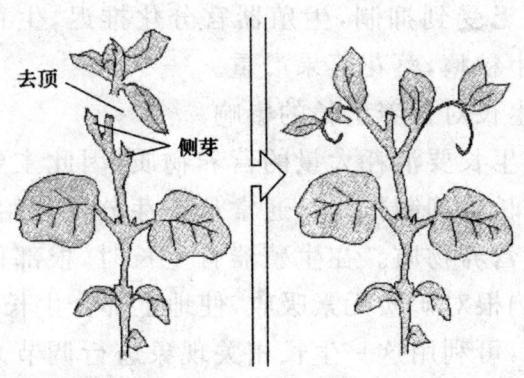

图 4-9　棉花顶端存在对侧芽的抑制现象

农林业生产上，常用消除或维持顶端优势的方法控制作物、果树和花木的生长，以达到增产和控制花木株形的目的。如松、杉等用材树需要高大笔直的茎干，因而要保持顶端优势；麻类、烟草、玉米、甘蔗、高粱等作物，也要保持顶端优势。有时则需要打破顶端优势，促进侧枝的发育。如果树的修剪整形、棉花的摘心整枝、番茄的打顶等。有时也可利用植物生长调节剂代替打顶，如三碘苯甲酸处理大豆，可解除顶端优势，增加分枝，促进开花结荚。

3. 营养生长和生殖生长的相关性

营养生长（vegetative growth）与生殖生长（reproductive growth）是植物生长发育过程中两个不同的阶段，两者之间既相互依赖，又相互制约。

(1) 营养生长对生殖生长的影响

营养生长与生殖生长表现为既促进又抑制的关系。植物的营养生长进行到一定阶段必然要进入生殖生长阶段，因此营养生长是植物生殖生长的基础，生殖生长所需要的养料大部分是由营养器官所提供的。没有健壮的营养器官，生殖器官就不可能获得足够的养分。

但如果营养生长过于旺盛，如发生徒长现象时，营养器官吸收和制造的营养物质大部分用于营养体的生长，会使生殖生长因营养物质的缺乏受到抑制，生殖器官分化推迟，生育缓慢或花芽分化不良，果小粒瘪，落花落果严重。

(2) 生殖生长对营养生长的影响

由于生殖生长要消耗大量的营养物质，因此主要表现为生殖生长对营养生长的抑制作用。通常从花芽分化开始，生殖器官就消耗营养体的营养物质。在生殖器官生长时，根部得到的糖分减少，以至于影响根对矿质元素吸收，使地上部分生长也受到影响。

在生产上，可利用这一生长相关现象进行调节来达到人们的目的。如以营养器官为收获物的作物，通过加强肥水管理，促进营养生长；采取摘除花序等措施，抑制生殖生长，以获得高产。对于以果实和种子为收获物的经济林，可通过各种管理措施，协调好营养生长和生殖生长的关系，如整形修剪、适时适度地疏花疏果，以获得稳产、高产。生产实践中总结出的"满树花、半树果，半树花、满树果"就是这个道理。

4.3.3 植物生长的周期性

植物的生长速率随昼夜和季节发生有规律性的变化，这种现象叫作植物生长的周期性(growth periodicity)，可分为昼夜周期性和季节周期性。

1. 生长的昼夜周期性

地球自转引起昼夜交替，导致影响生长的主要外界因素——

光照、温度、水分发生昼夜的变化,因此植物生长呈现出昼夜的周期性,一般是白天生长慢、夜间生长快。这种植物的生长速率随昼夜变化而发生的有规律的周期性变化,称为生长的昼夜周期性。白天,光照强,温度高,相对湿度较低,植物蒸腾作用强烈,往往引起水分亏缺,生长速度减慢;同时,光本身对生长有抑制作用,因此白天植物生长减慢。夜间由于温度低,相对湿度高,蒸腾作用减弱,植物体内水分相对充足,细胞分裂和延伸生长顺利进行。加上没有光的抑制作用,所以夜间生长快。

在一定的季节和地域,植物也表现出白天生长快、夜间生长慢的现象。在温带和寒带的早春夜间,若低温的抑制作用超过黑暗的有利条件时,松树高生长速度的高峰会移至白天出现。在一些高纬度地区,即使是夏季也会因为夜间温度过低抑制生长,表现出白天生长快的现象。

2. 生长的季节周期性

地球公转引起日照长度季节性变化,植物在一年中其生长随季节变化而表现出的有规律的周期性变化叫作生长的季节周期性。除了受不同季节的温度、光照、水分等环境条件的影响外,还受植物内部生长节律的影响。植物通过长期适应原产地的季节变化,已形成植物的遗传本性(内因)。生长的季节周期性是由于季节的变化影响植物的代谢强度而引起的,其中季节变化引起植物内源激素种类和含量变化是主要原因。

4.3.4 环境因素对植物生长的影响

影响植物生长的环境因素有光照、温度、水分、氧气、重力和机械刺激等,其中光照、温度和水分是主要因素。

1. 光照

光对植物生长的影响有间接影响和直接影响两个方面。

光对植物生长的间接影响,主要是通过影响光合作用来影响植物生长的物质基础。因此光照好，光合产物多，生长的物质基础充足，促进生长。

光对植物生长的直接影响表现为光抑制生长，促进组织和细胞的分化，是植物形态建成的必需条件。植物只要有充足的有机营养物，在黑暗中也能生长，而且生长速率比在光下还快，但形态很不正常，表现出特有的黄化现象（etiolation）：植株呈黄色；叶片潜伏不生长；茎过度伸长；顶芽不伸直，呈弯钩状；机械组织不发达（图4-10）。

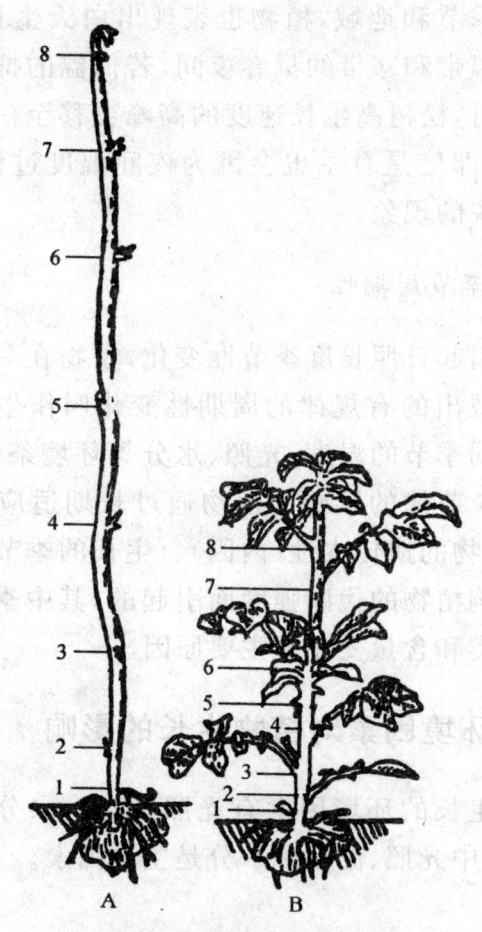

图4-10　光对马铃薯幼苗的影响
A. 黑暗中生长的幼苗；B. 光下生长的幼苗；
1～8为茎上节的顺序

2. 温度

植物的生长是体内各个生理过程协调进行的综合表现,植物本身属于变温生物,其一系列的生理生化活动均受温度的影响,因此,植物只有在一定的温度下才能够生长。一般情况下,低于0℃时,停止生长;高于0℃时,缓慢生长,随着温度上升,生长逐渐加快,20℃~30℃时,生长速率最快,温度继续升高生长减缓,如果再升高温度,生长将会停止。因此温度对生长的影响也存在着"三基点"现象,即最低温度、最高温度和最适温度,超过这个界限,它的生长发育、开花、结果和其他一切生命活动都会受到影响。

应当指出,在生长最适温度下,虽然植物生长很快,但因消耗有机物质多,植株细长柔弱,不健壮。所以,通常将生长最快的温度称为生理最适温度,而把植物生长健壮的温度称为协调最适温度,协调最适温度比生理最适温度要低。

了解温度对植物生长的影响,对指导农业、园艺、林业等生产实践有重要的意义。如在温室栽培中,可以通过调节昼夜温度的变化,使栽种的作物正常生长发育,提高产量和质量。

3. 水分

植物的生长对水分供应最敏感,不论是细胞的伸长还是分化,都需要足够的水分,尤其是细胞伸长需要较多的水分。同时,水分还影响体内各种代谢活动而间接影响生长。植物生长旺盛时期也是植物需水量最多的时期,如玉米、小麦、水稻、高粱等禾谷类作物,在拔节和抽穗期间,主要靠各节间细胞的伸长和扩张生长来增加植株高度,此时需要水分较多,如果严重缺水,不仅植株生长矮小,整体光合面积大大减小,而且影响抽穗,导致严重减产。此外,植物蒸腾作用、光合作用和呼吸作用的强弱也与水分盈缺有关。

在水分供应充足的条件下,植物生长很快,茎叶柔嫩,机械组织和保护组织不发达,植株的抗逆能力大大降低,易受低温、干旱和病虫的伤害。同时小麦等禾谷类作物,易后期倒伏,棉花易招致徒长,引起蕾铃脱落。因此,在作物苗期适当控制水分,是培育壮苗的重要手段之一。

4. 其他因素

(1)矿质营养

植物的生长需要多种矿质元素,每种矿质元素都有其独特的生理功能,缺乏它们,植物体内物质代谢就会遭受破坏,生长受阻。对作物苗期生长影响最大的矿质元素有氮、磷、钾和锌。因为苗期是作物迅速生长的时期,充足的氮素是大量合成蛋白质等原生质结构成分所必需的;足够的磷、钾元素是保证光合产物制造、运转并转化为纤维素等细胞壁成分所必需的;锌能促进生长素的合成,故可促进植株生长。

(2)机械刺激

植物的生长还受到机械刺激的调节。例如,给番茄幼苗支架、摇动等,均使幼苗的高度降低,节间变短,根冠比增大;人为碰撞摩擦甜瓜幼苗和果实,会使株高降低、叶片变小和果实早熟;迎风面的树冠枝条数量较少,长得粗短;拔节期小麦受到机械刺激,茎秆矮壮,抗倒伏能力增强。田间生长的植株比温室的植株矮壮的原因之一,就是受到风、雨等机械刺激较多的结果。

(3)生物因子

植物个体的生长与它生长在一起的植物和其他生物密不可分。在寄生情况下,寄生物能引起植物的不正常生长,甚至能杀伤杀死或抑制寄主植物的生长。此外,根瘤菌与豆类植物属于共生关系,共生双方的生长均得到促进。

生物体还可以通过改善生态环境来影响另一生物体。主要表现在相互竞争和相生相克两方面。生物体之间的竞争主要是指对生长环境因素中光、肥、水等的竞争。而相生相克(又称他感作用),是生物体通过分泌化学物质来促进或抑制周围植物的生长。这些化学物质主要是直链醇、脂肪酸、肉桂酸、生物碱等,对植物生理代谢及生长发育均能产生一定的影响。

4.4 光敏色素与植物的光形态建成

影响植物生长的诸多环境因素中,光的影响最为显著。光不仅通过植物光合作用影响生长的物质基础,而且也是植物整个生长发育过程的调节信号。这种依赖光调节和控制的植物生长、分化及发育的过程,称为植物的光形态建成(photomorphogenesis)。

目前,所知植物的光受体(photoreceptor)包括三类:①接收红光和远红光信号的光敏色素(phytochrome);②接收蓝光和330~390nm近紫外光的蓝光/紫外光 A 受体(blue/UV-A receptor);③接收280~320nm紫外光的紫外光 B 受体(UV-B receptor)。

4.4.1 光敏色素

1952年,Garner 和 Allard 报道了莴苣种子萌发的试验结果:红光促进种子萌发,而远红光可逆转红光的作用,当反复照射红光和远红光时,种子是否萌发则取决于最后一次照射的是红光还是远红光(表4-1)。1959年,Bulter 等用双波长分光光度计检测到黄化玉米幼苗体内存在一种可同时吸收红光和远红光且可互相转化的色素,经提取发现是一种色素蛋白。1960年,他们将这种色素蛋白命名为光敏色素(phytochrome)。

表 4-1 红光、远红光对莴苣种子萌发的影响

处理	种子萌发率/%
D	8
R	98
R+FR	54
R+FR+R	100
R+FR+R+FR	43

续表

处理	种子萌发率/%
R+FR+R+FR+R	99
R+FR+R+FR+R+FR	54
R+FR+R+FR+R+FR+R	98

1. 光敏素的光学和生物化学性质

光敏色素是一种易溶于水的浅蓝色的色素蛋白,由发色团(chromophore)和蛋白质(脱辅基蛋白,apoprotein)两部分组成。其脱辅基蛋白由核基因编码,在胞质中合成;发色团在质体中合成后,运出到胞质中,两者自动装配成光敏色素蛋白。光敏色素发色团是一个开链的四吡咯环结构化合物,分子质量约为612kDa;光敏色素的脱辅基蛋白单体分子质量为120~127kDa。光敏素在植物体内有两种存在形式:一种是红光吸收型(red light-absorbing form,Pr),最大吸收波长为660nm;另一种是远红光吸收型(far-red light-absorbing form,Pfr),最大吸收波长为730nm(图4-11)。

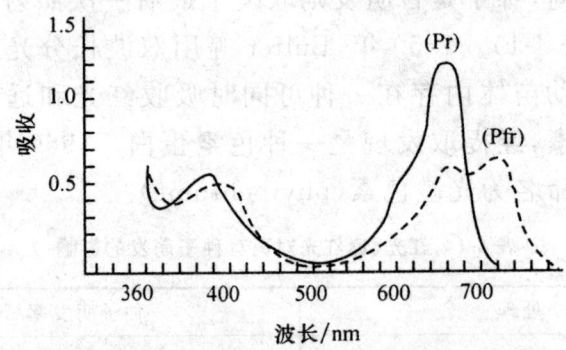

图4-11 黄化幼苗中提取的光敏素的吸收光谱

Pr是生理失活型,经660nm的红光照射后可转变为生理激活型的Pfr;Pfr经730nm的远红光照射或在黑暗中又可逐步转变为Pr。Pfr型是具有生理活性的形式,其一旦形成,即和某些物质(X)反应,生成[Pfr·X]复合物,经过一系列信号放大过程,产生一系列的生理反应。Pfr 除吸收远红光后可转变成 Pr 型外，还可以在黑暗中逐渐转变成 Pr 型，即发生暗逆转，部分 Pfr 还会不断地代谢破坏。综上所述，植物体内生理活跃型光敏色素水平由合成速率、两种形式的互相转换速率、Pfr 的暗逆转和降解速率等决定，如图 4-12 所示。

```
         600mm
  Pr  ←─────→  Pfr  ──[X]──→ [Pfr·X] ──→ 生理反应
        730mm         ↘
         ↑             破坏
         暗逆转
```

图 4-12　光敏色素代谢和光转换

Pr 和 Pfr 相互转换时，生色基团和脱辅基蛋白也发生构象变化，这是由于生色基团吸收相应波长的光后吡咯环 D 的 C_{15} 和 C_{16} 之间的双键旋转，进行顺反异构化，导致 4 个吡咯环构象发生变化，同时带动蛋白质构象变化（图 4-13）。

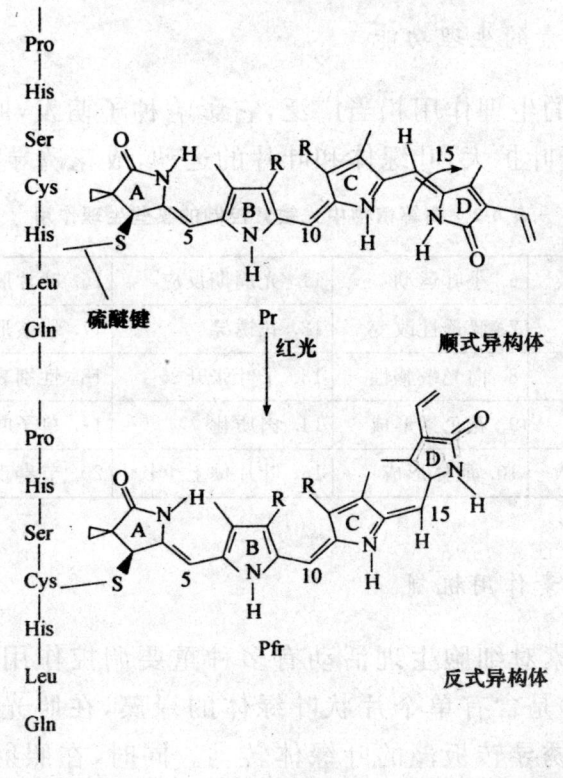

图 4-13　光敏素 Pr 和 Pfr 生色基团的可能结构及相互转变

2. 光敏素在细胞和组织中的分布

光敏素广泛存在于藻类、苔藓、地衣、蕨类、裸子植物和被子植物中，在高等植物中的各个器官均有分布。黄化幼苗中光敏素含量高，通常比绿色幼苗多 20～100 倍。禾本科植物的胚芽鞘尖端、黄化豌豆幼苗的弯钩、各种植物的分生组织和根尖等部分的光敏素含量较多。一般来说，蛋白质含量丰富的分生组织中含有较多的光敏素。

光敏素在细胞中与亚细胞膜（如质膜、核膜、粗面内质网和线粒体膜等）结合而存在。

光敏素生色基团的生物合成是在黑暗条件下、在质体中合成的，合成过程类似于脱植基叶绿素的合成过程。生色基团在质体中合成后被运输到胞质中，与脱辅基蛋白装配成光敏素。

3. 光敏素的生理功能

光敏素的生理作用相当广泛，它影响种子萌发，叶片、叶柄和茎的伸长，子叶扩大，叶绿体和叶片的运动，成花诱导等（表 4-2）。

表 4-2　高等植物中光敏素控制的某些生理作用

1. 种子萌发	6. 小叶运动	11. 光周期反应	16. 叶片脱落
2. 弯钩张开	7. 膜透性改变	12. 花诱导	17. 块茎形成
3. 节间延长	8. 向光敏感性	13. 子叶张开	18. 性别表现
4. 根原基起始	9. 花色素形成	14. 肉质化	19. 单子叶植物叶片展开
5. 叶分化与扩大	10. 质体形成	15. 叶片偏上生长	20. 节奏现象

4. 光敏素作用机制

光敏色素对细胞生理活动有多种重要调控作用。如转板藻（*Mougeotia*）是含有单个片状叶绿体的绿藻，在照光的 60s 内即可观察到光诱导转板藻的叶绿体转动。同时，在照射红光的 30s 后，3min 内可检测到在转板藻体内 Ca^{2+} 上积累速度增加 2～10

倍,这个效应可被红光后立即照射 30s 远红光所完全逆转。有关光敏素调节叶绿体运动,人们提出了转板藻受光照射后到引起生理反应所经历的信号转导途径:红光→Pfr 增多→跨膜 Ca^{2+} 流动→细胞质中 Ca^{2+} 增加→钙调蛋白活化→肌球蛋白轻链激酶活化→肌动蛋白收缩运动→叶绿体转动(图 4-14)。

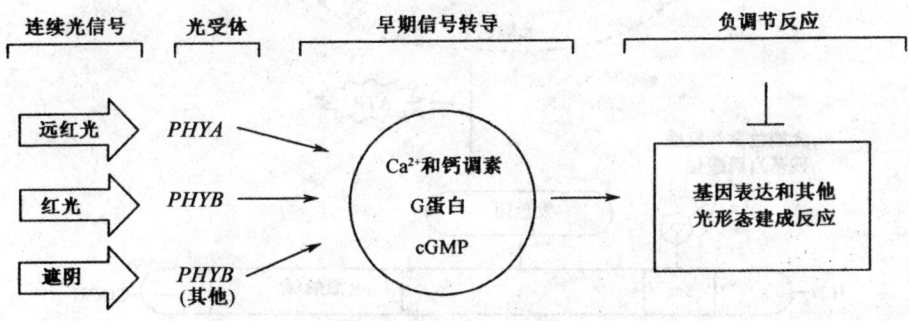

图 4-14 介入光形态建成中的信号转导过程示意图

光信号被适当的光敏色素光受体接收后,活化某一信号转导途径,可能包括 Ca^{2+} 和 CaM、G 蛋白及 cGMP。早期的信号转导诱导转录因子活化,克服 COP 和 DET 蛋白对光敏色素反应基因的负调节(光敏色素是光调节自磷酸化的苏氨酸/丝氨酸激酶)。红光使其残基磷酸化,而后再使其他蛋白质发生磷酸化而活化(图 4-15),进而启动或抑制胞质或核内的正、负调控因子(如 *PKS*1、*NDPK*2、*PAPP*5 等)的基因表达。

5. 光敏素蛋白基因

黑暗中大量形成的 PⅠ是由 *PHYA* 基因编码的,而 PⅡ是由 *PHYB*、*PHYC*、*PHYD*、*PHYE* 基因编码的。不同基因编码的光敏色素在不同光条件下行使特定的功能,如 *PHYA* 主要在远红光控制幼苗下胚轴的伸长生长中起作用;而 *PHYB* 主要在红光抑制幼苗下胚轴生长中起作用。

光敏素的生色基团是在黑暗条件下、在质体中合成的,然后被运输到细胞质中,与 *PHY* 编码的脱辅基蛋白装配成光敏素(图 4-16)。

▶植物生命活动规律及其机理研究

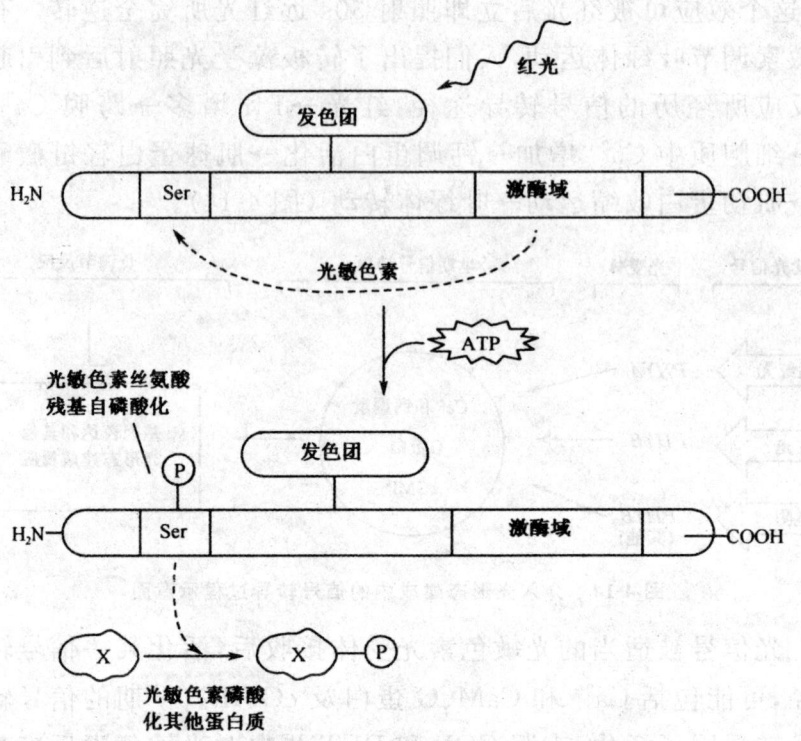

图 4-15 光敏素的激酶性质

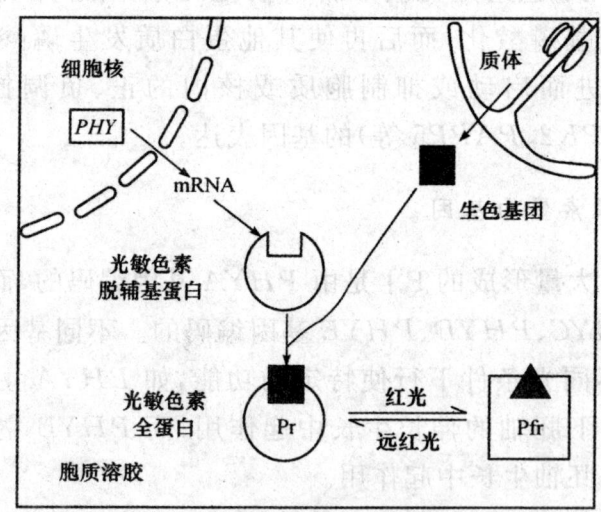

图 4-16 光敏素生色基团与脱辅基蛋白的合成与组装

4.4.2 植物的蓝光、紫外光反应

植物界存在的第二类光形态建成反应是 400~500nm 的蓝光和 330~390nm 的近紫外光所调节的反应。高等植物对蓝光的反应包括对下胚轴伸长的抑制、植物的向光性反应、气孔运动、细胞内叶绿体运动、趋光性、叶绿素和类胡萝卜素等色素的生物合成、刺激呼吸代谢、离子吸收、影响跨膜电位、基因表达的活化等。蓝光反应的作用光谱具有一个典型的特征,即在 400~500nm 波长范围有一特殊的"三指"峰(图 4-17)。

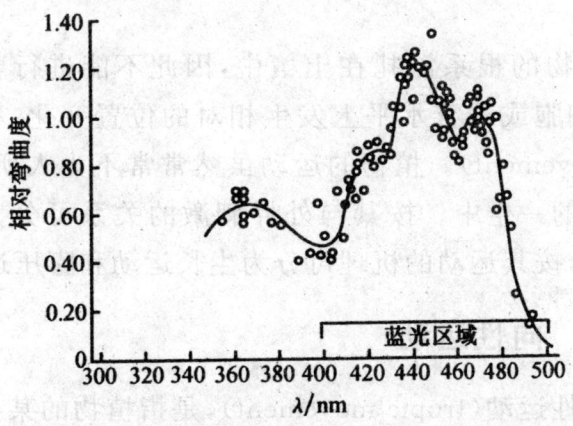

图 4-17 蓝光引起燕麦芽鞘向光性的作用光谱[①]

已知有两类蛋白作为植物蓝光反应的受体。一类是含 FAD 的黄素蛋白——隐花色素(cryptochrome),具有蛋白激酶活性。已知拟南芥编码隐花色素蛋白的基因是 $CRY1$ 和 $CRY2$,$CRY1$ 主要介入茎伸长反应和内源节奏反应,$CRY2$ 参与子叶扩张等其他反应,两者都与光敏色素交叉作用,介入成花诱导。另一类是参与植物向光性反应和叶绿体运动的向光素(phototropin),其发色团为黄素单核苷酸(FMN),具蓝光诱导的蛋白激酶性质,拟南芥中至少有两个基因 $PHOT1$ 和 $PHOT2$ 编码该蛋白。蓝光刺激气孔开放,隐花色素、向光素、光敏色素和保卫细胞中的玉米黄

---

① 张立军,刘新.植物生理学[M].2版.北京:科学出版社,2011.

素循环都与气孔运动的蓝光反应有关。

紫外光-B反应是细胞吸收280~320nm波长的紫外光(UV-B)引起的光形态建成反应。UV-B对植物生长发育和代谢都有影响,引起植物的叶面积减小、植株矮化、作物产量下降、色素合成等变化,但目前对这类反应的光受体性质尚不清楚。UV-B可诱导一些植物类黄酮、花色素苷的合成,这可能是抵御紫外线伤害的一种途径。

4.5 植物的运动

高等植物的根系深扎在土壤中,因此不能进行整体自由移动,但可在细胞或器官水平上发生相对的位置变化,称为植物运动(plant movement)。植物的运动虽然常常不为人所觉察,但却贯穿于植物的一生中。按其与外界刺激的关系可分为向性运动和感性运动,按其运动的机理可分为生长运动和膨压运动。

4.5.1 向性运动

所谓向性运动(tropic movement),是指植物的某些器官由于受到外界环境中单方向的刺激而产生的运动,属于生长性运动。

植物的向性运动是生长引起的、不可逆运动,包括三个步骤:第一步是刺激的感受,植物体中感受器接受环境中单方面的刺激;第二步是刺激的传导,感受器接受的刺激转换成一种信号,继而把信号传递到产生运动的器官;第三步是运动反应,生长器官接收信号后,发生不均等的生长,表现出向性运动。

1. 向光性

植物感受单方向光信号刺激而发生弯曲生长的现象,称为向光性。植物各器官的向光性有正向光性(如茎、叶等向着有光方向生长)、负向光性(器官生长背离光射来的方向)和横向光性(器官保持与光照方向垂直)之分。向光性在植物生活中具有重要意义,也是植物生态适应性反应,形成叶片嵌合(leaf mosaics)使叶片尽量处于吸收光能的最适位置,以充分接受太阳光能,进行光合作用。某些生长旺盛的植物如向日葵、棉花等,它们的叶片能随着太阳的运动而转动。

早在1880年,Darwin就描述了许多向光性现象:一些单子叶植物的胚芽鞘向照光的方向弯曲生长。

20世纪20年代,Cholodny和Went提出植物向光性机制,即Cholodny-Went模型。他们认为,接受单向光信号的部位是胚芽鞘尖端。如图4-18所示,切下玉米胚芽鞘尖端,放置在琼脂块上,在黑暗和照光条件下,尖端合成的生长素向琼脂块中均匀扩散(A,B);如果用薄云母片将胚芽鞘分隔成两半,给予单向光照射,扩散到两半琼脂块中的生长素含量一样(C);但如果仅将胚芽鞘部分分开,则经单向光照射后,背光侧生长素含量高于向光侧(D),即在胚芽鞘尖端发生了单向光刺激的生长素侧向分布。

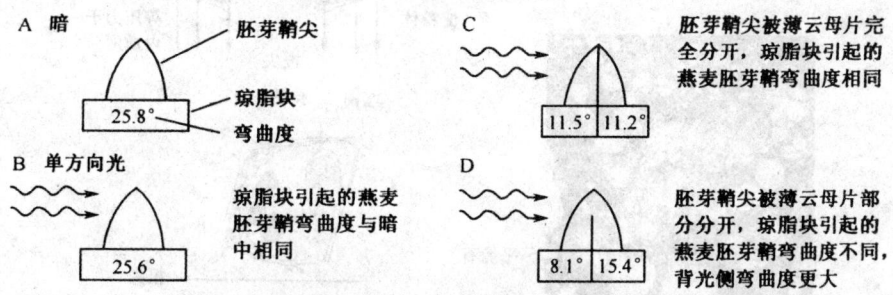

图4-18 单方向光引起玉米胚芽鞘生长素侧向再分布

但在20世纪70年代后,有人用生物测定和现代物理化学方法重复了Went的实验,生物测定法的结果和Went类似,而物理化学方法得到的结果显示背光和向光两侧的生长素含量没有明显的差异。由此,人们对Cholodny-Went模型提出质疑,进一步以燕麦胚芽鞘、绿色的向日葵下胚轴、小萝卜下胚轴等单双子叶植物为材料进行实验,对琼脂块中的物质进行分析。结果显示,在单方向光照射后,IAA在两侧的含量并无大的差异,但向光侧和背光侧中一些抑制物质的含量不同,如在向日葵下胚轴中,向光侧含有较多的黄质醛,萝卜苗中有萝卜宁等物质抑制了向光侧的生长。双子叶植物的向光性反应可能有不同的机制。

近年来的研究证明,向光素(phototropin)是向光性反应的光受体。向光素是一种与质膜相关的蛋白激酶,蓝光刺激向光素的活性,吸收蓝光后发生自磷酸化。蓝光活化激酶活性的作用光谱与向光性反应的作用光谱相一致。

2. 向重力性

生长在地球上的植物,总是受到地心引力的影响。植物感受重力的刺激,在重力方向上发生生长反应的现象,称为向重力性(gravitropism),有时也称为"向地性"。感受重力的部位限于生长的某些部位,如根冠、茎端10mm的幼嫩部位、禾本科植物的节间等。

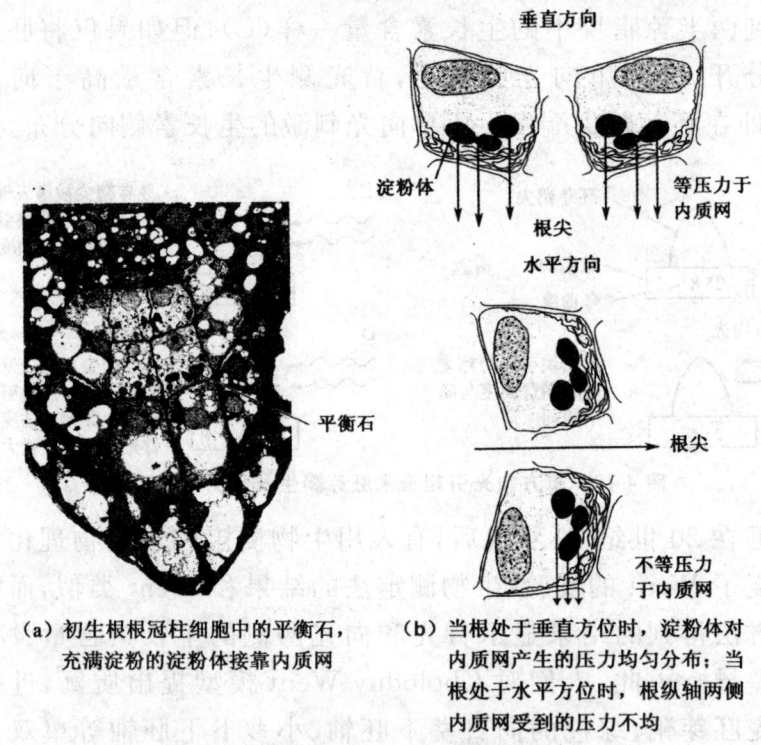

(a) 初生根根冠柱细胞中的平衡石,充满淀粉的淀粉体接靠内质网　(b) 当根处于垂直方位时,淀粉体对内质网产生的压力均匀分布;当根处于水平方位时,根纵轴两侧内质网受到的压力不均

图 4-19　植物根平衡石对重力的感受

现在认为,植物中感受重力的是平衡石(statolith)。研究发现,植物器官中的淀粉体(amyloplast)具有平衡石的作用,当器官位置改变时,淀粉体将沿重力的方向"沉降"至与重力垂直的一侧,这一

过程将对原生质体造成一定的压力,并作为一种刺激被细胞所感受。根部的根冠细胞、茎部的维管束周围 1~2 层细胞(即淀粉鞘)或髓部薄壁细胞中都存在大量的淀粉体,起平衡石的作用(图 4-19)。

由于感受重力的部位是根冠,而发生不均匀弯曲生长的部位是根的伸长区,因此,在根冠感受重力和生长反应之间存在有信号的传递,但至今其分子机制仍不是十分清楚。由于 Ca^{2+} 是许多信号转导途径中的胞内信使,推测在根的向重力性反应中,Ca^{2+} 也起第二信使作用。当玉米根冠用 Ca^{2+} 的螯合剂 EGTA 处理后,根对重力失去敏感性,再提供 Ca^{2+},则恢复向重力性;如果阻止 Ca^{2+} 在根中的移动,则根失去向重力性;将含 Ca^{2+} 的琼脂块靠近根尖的一侧,则根向这一侧弯曲(图 4-20)。

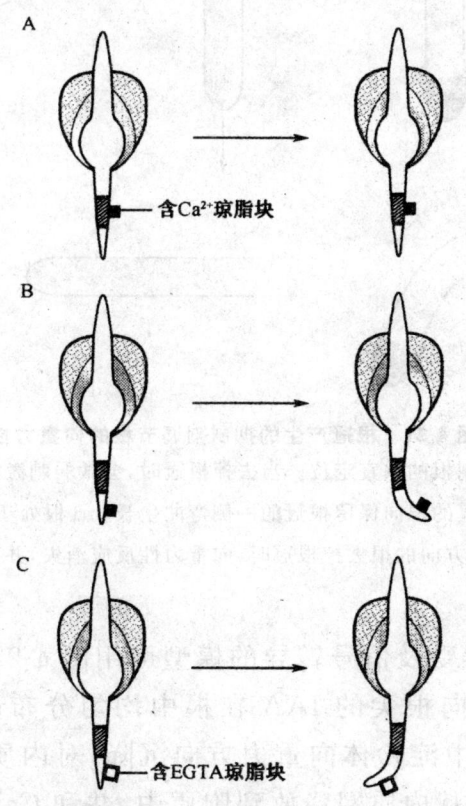

图 4-20 玉米初生根生长对钙的反应

图中,A 将含 Ca^{2+} 琼脂块置根伸长区一侧,根不发生弯曲;B 将含 Ca^{2+} 琼脂块置根尖一侧,根向这一侧弯曲;C 将含 EGTA 琼脂块置根尖一侧,根向对侧弯曲。

研究表明,根冠产生根生长的抑制剂(图 4-21)。因为根冠中能合成 ABA,因此早期认为,当根水平放置时,根冠合成的 ABA 向下侧积累,从而抑制根下侧的生长,表现出向重力反应。但后来的研究结果证明,ABA 只在很高浓度下才能抑制根的生长,用 ABA 生物合成抑制剂抑制根中 ABA 的合成后,根仍然有向重力反应;不能合成 ABA 的玉米突变体幼苗仍具有向重力反应。可见,ABA 在根的向重力反应中不是主要的调控物质。

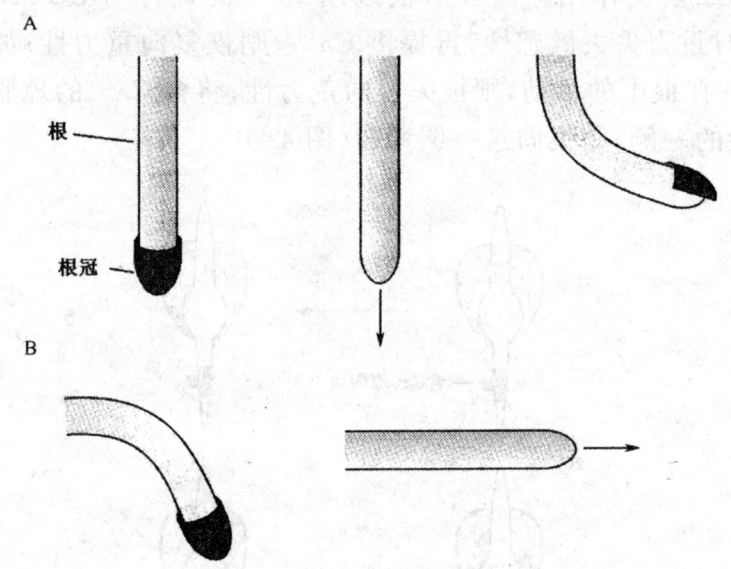

图 4-21　根冠产生的抑制剂调节根的向重力性

图中,A 根冠控制根的垂直定位。当去掉根冠时,会微弱刺激根的伸长生长。去掉一半根冠时,引起垂直的根向保留根冠的一侧弯曲生长。B 根处于水平方向时,发生向重力性弯曲。当水平方向的根去掉根冠时,向重力性反应消失,并且根的伸长生长受到微弱刺激。

根对重力感受及信号转导的模型可用图 4-22 表示。根直立生长时,茎尖运向根尖的 IAA 在根中均匀分布;当根转到水平时,根冠柱细胞中淀粉体向重力方向沉降,对内质网产生不同的压力,刺激 Ca^{2+} 从内质网释放到胞质中,并和 CaM 结合,激活质膜 ATPase,使 Ca^{2+} 和 IAA 不均匀分布,下侧积累超最适浓度的 IAA 抑制根下侧的生长,引起根的向下弯曲。

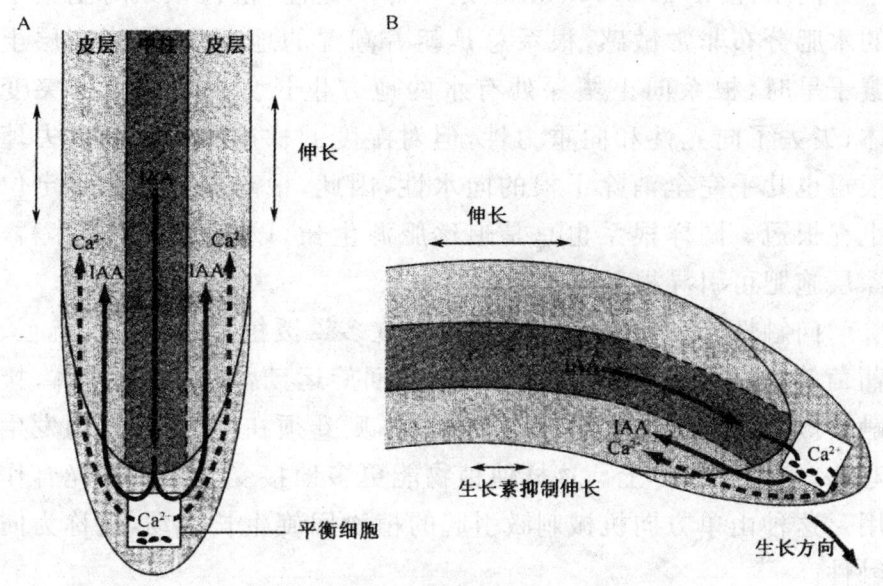

图 4-22 根的向重力性生长模型

上图中，A 根直立生长时，由茎部运向根尖的 IAA 在根中均匀分布；B 当根从垂直方向转到水平方向时，淀粉体向重力方向沉降，刺激 Ca^{2+} 从内质网释放到胞质中，使 Ca^{2+} 和 IAA 不均匀分布，下侧积累超过最适浓度的 IAA 抑制根下侧的生长，引起根的向下弯曲。

植物的向重力性具有重要的生物学意义。当种子播种到土中，不管胚的方位如何，总是根向下长、茎向上长。禾谷类作物倒伏后，茎节向上弯曲，可恢复直立生长。

3. 向化性、向水性和向触性

植物的根系具有总是朝着土壤中养分较多的地方生长的特性。花粉管的伸长生长总是朝着胚珠的方向进行，被认为是由于受到胚珠细胞分泌的化学物质所引起。这种由于某些化学物质在植物体内外分布不均匀所引起的向性生长，被称为向化性（chemotropism）。向化性在指导作物栽培中具有重要意义。生产上采用深耕施肥，就是为了使根向深处生长，从而可以吸收更多营养。种植香蕉时，可以采用以肥引芽的措施，把香蕉引到人们希望它生长的地方出芽生长。

向水性(hydrotropism)也是一种向化性,植物根系对土壤中的水肥分布非常敏感,根系总是朝着潮湿的地方生长,当表层土壤干旱时,根系向土壤深处有水的地方生长。一种豌豆的突变体,失去了向光性和向重力性,但对湿度的梯度却有反应。去掉根冠也几乎完全消除了根的向水性,因此,根对湿度的感受定位也在根冠。同样根系也总是追逐肥源生长,以获得更多的养料,深层施肥可引导根系向土壤深层生长。

向触性(thigmotropism)常见于许多攀援植物,如丝瓜、豌豆、葡萄等,它们的卷须一边生长,一边回旋运动,一旦触及物体,接触一侧生长较慢,而另一侧生长较快,则卷须在 5～10min 内发生弯曲,缠绕在物体上。这样使植物能更多地接受阳光进行光合作用。这种由单方向机械刺激引起的植物回旋生长运动,被称为向触性。

4.5.2 感性运动

植物的感性运动(nastic movement)也是对环境刺激的反应,属于膨压运动(turgor movement),但也有生长运动。按照刺激的性质可分为感震性(seismonasty)、感夜性(nyctinasty)和感温性(thermonasty)。

1. 感震性

感震性(seismonasty)是由于机械刺激而引起的植物运动。含羞草在感受震动刺激几秒钟内,复叶叶柄下垂,小叶合拢。经过一定时间,整个植物又可以恢复原状。刺激含羞草的复叶时,发生动作的部位是叶柄基部下的叶褥,期间必定要经过一定距离的信号传递,到达复叶叶柄基部叶褥,引起叶褥细胞膨压变化,导致复叶运动。叶褥的上部与下部细胞结构不同,上部的细胞壁较下部细胞壁厚,并且下部细胞的间隙比上部细胞的大。当受到机械刺激时,下部细胞的透性很快加大,细胞内的水分排入细胞间隙,细胞膨压下降,复叶叶柄下垂(图 4-23)。小叶的运动过程与此相同,只不过小叶叶褥的结构与复叶的叶褥结构正好相反,所以当受到机械刺激时,小叶即成对地合拢起来。食虫植物的触毛对机械震动产生的捕虫运动是一种反应速度更快的感震性运动。

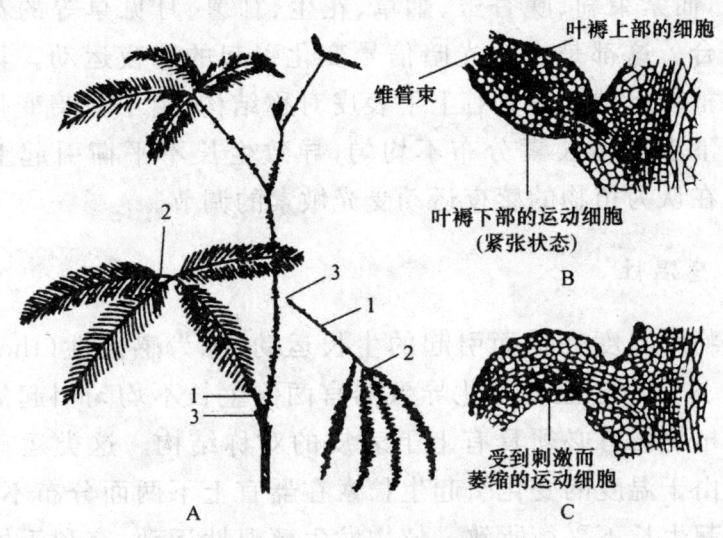

图 4-23 含羞草的感震性运动
A. 含羞草的叶序结构;B. 未受刺激时叶褥的结构;C. 受刺激后叶片下垂的叶褥细胞
1. 总叶柄;2. 小叶柄;3. 叶褥

2. 感夜性

许多植物的叶片和花的开合受昼夜变化的影响,这种昼夜光暗变化引起的运动称为感夜性运动(nyctinasty)。感夜性是由环境光暗信号和植物内源生物钟相互作用所控制的。

豆科植物大豆、花生、合欢、四季豆、含羞草等的叶片白天水平展开,夜晚合拢或下垂,这种开合运动是由于叶柄基部叶枕细胞随着光暗变化而发生周期性膨压变化所引起的,这种由细胞膨压变化而导致的运动又称为膨压运动(turgor movement)。通过解剖结构,叶枕上部细胞的细胞壁较厚,而下部的细胞壁较薄。在白昼,叶片合成许多生长素,主要运输到叶柄的下半侧,K^+ 和 Cl^- 也运输到生长素浓度高的部位,水分就进入叶枕下部细胞,细胞膨压增大,导致叶片高挺;在黑夜,生长素运输减少,K^+ 和 Cl^-

也从叶枕下部细胞渗出,水分流出,细胞膨压降低,组织疲软,而叶枕上部细胞保持膨胀状态,叶片下垂。

酢浆草、睡莲、蒲公英的花以及一些菊科植物的花序也是昼开夜闭,而紫茉莉、晚香玉、烟草、花生、甘薯、月见草等的花则是夜开昼合。这都是由于光暗信号变化引起的感夜运动。具有感夜性的植物运动器官具有上下表皮对称结构,由于光暗变化引起器官上下表面生长素分布不均匀,导致生长不平衡引起上下运动。现在认为植物的感夜运动受光敏素的调节。

3. 感温性

植物因温度变化而引起的生长运动,称为感温性(thermonasty)。这是由于温度变化导致器官两侧生长不均匀引起的。感温性的植物器官必须具有上下表皮的对称结构。这类运动的产生也是由于温度的变化引起生长素在器官上下两面分布不均匀,从而引起生长不平衡所致。植物发生感温性运动,有利于植物在适宜的温度下进行授粉,并且保护花器官免受不良环境的影响。

例如,郁金香和番红花的花,通常在白天温度升高时,适于花瓣的内侧生长,而外侧生长很少,花朵开放;夜晚温度降低时,花瓣外侧生长而使花闭合,花朵随每天内外侧的昼夜生长而逐渐增大。适合的温差为 10℃ 左右。光对其影响很小,主要是花瓣上、下表面对温度的反应不同而引起的差异生长。

4.5.3　近似昼夜节奏——生物钟

20 世纪 30 年代,德国的 E. Bunning 和 K. Sterrn 用记纹鼓记录了菜豆叶片昼夜运动的现象,称这种有规律的变化为生物钟(biological clock)。后来发现,在黑暗中或在连续弱光下,叶片开合的节奏周期不是准确的 24h,而是 20~28h,因此,又称为近似昼夜节奏(circadian rhythm)。

近似昼夜节奏具有的主要特征是可诱导性。在连续光照或连续黑暗条件下和恒温条件下,菜豆等植物的叶片就眠运动可维持几个昼夜的周期性,连续运转几周后振幅逐渐减弱至消失;如果给予光信号或改变温度等,就可重新启动节奏;如果缩短或延长环境周期,植物的节奏也会发生相位移动,和新的周期同步(图 4-24)。近似昼夜节奏所具有的这种特征使植物的生命活动与环境条件相适应。

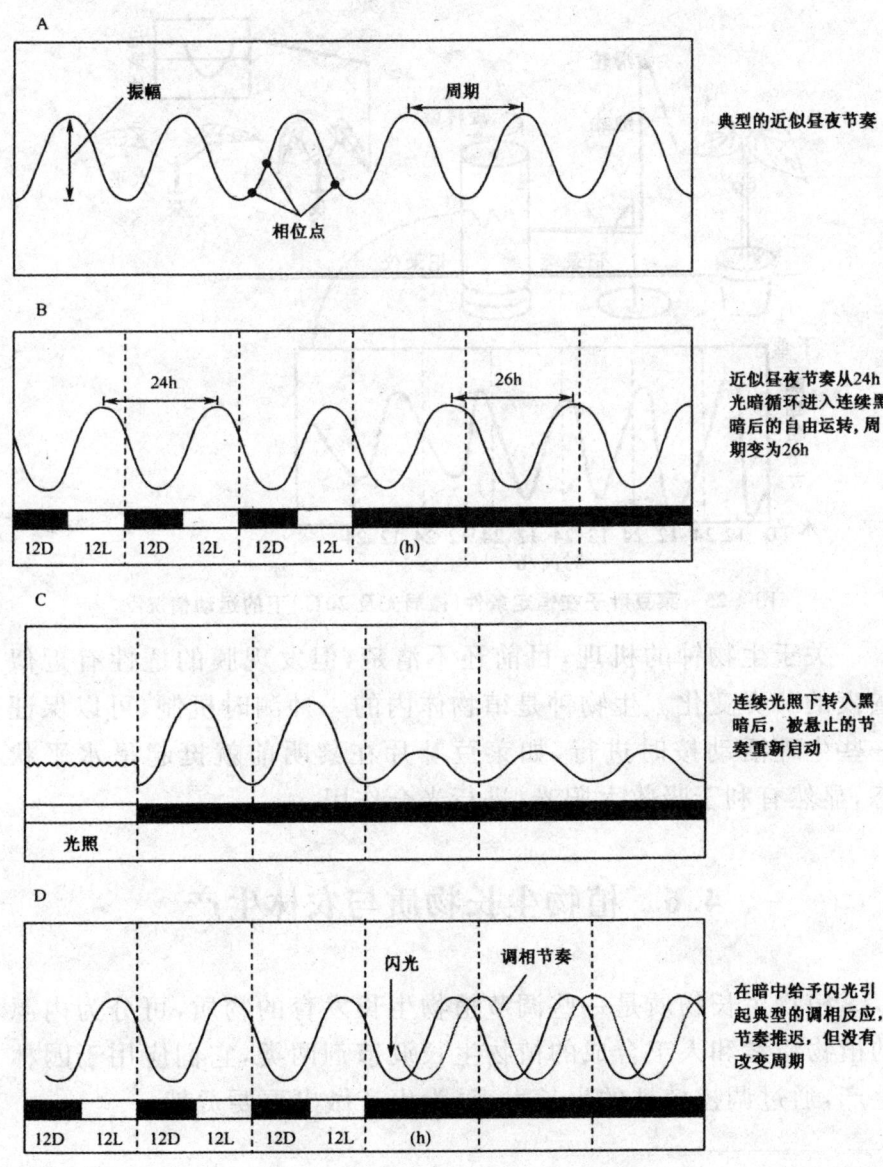

图 4-24　近似昼夜节奏的某些特征

菜豆叶片的运动就是一种近似昼夜节奏。在白天,菜豆叶片呈水平方向排列,夜晚则呈下垂状态,这种周期性的运动在连续光照或连续黑暗以及恒温的条件下仍能持续进行,而且运动的周期约为27h(图4-25)。此外,气孔的开闭、蒸腾速率的变化、膜的透性等也具有近似昼夜节奏的特性。

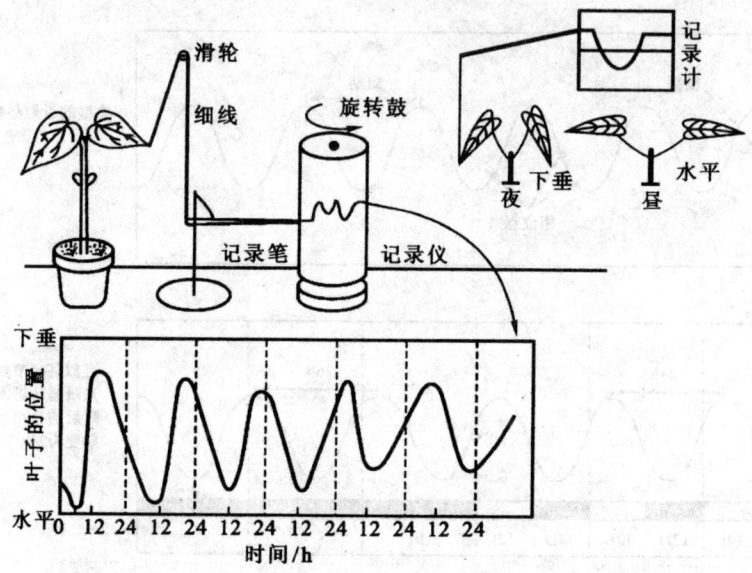

图4-25 菜豆叶子在恒定条件(微弱光及20℃)下的运动情况①

关于生物钟的机理,目前还不清楚,但发现膜的透性有近似昼夜的节奏变化。生物钟是植物体内的一种测时机制,可以保证一些生理活动按时进行,如菜豆叶片在黎明前就挺起呈水平状态,显然有利于吸收太阳光,进行光合作用。

4.6 植物生长物质与农林生产

植物生长物质是一些调节植物生长发育的物质,可分为内源的植物激素和人工合成的植物生长调节剂两类,它们应用于园林生产,通过调控植株的生长发育,为生产做出重要贡献。

---

① 李合生. 现代植物生理学[M]. 3版. 北京:高等教育出版社,2012.

截至目前,国际公认的植物激素有五大类:生长素类、赤霉素类(GAs)、细胞分裂素类(CTKs)、乙烯(ETH)和脱落酸(ABA)。近年来发现的植物激素还包括油菜素甾体类、茉莉酸类、水杨酸类、多胺类和多肽类等。

植物生长调节剂主要包括生长促进剂、生长抑制剂和生长延缓剂等。常见的植物生长调节剂有 α-萘乙酸、吲哚丙酸、乙烯利、6-苄基腺嘌呤等,现已广泛用于农业、林业生产,在打破休眠、控制株形、提高植物抗性、提早成熟、提高产量品质以及产生无籽果实等方面有明显作用。

4.6.1 植物激素

1. 生长素类

(1) 生长素的种类

吲哚乙酸(IAA)是植物体内最常见也是最主要的生长素类物质,除了 IAA 以外,植物体内还有其他常见的植物生长素类物质,如苯乙酸(PAA)、4-氯-3-吲哚乙酸(4-Cl-IAA)、吲哚丁酸(IBA)(图 4-26)。

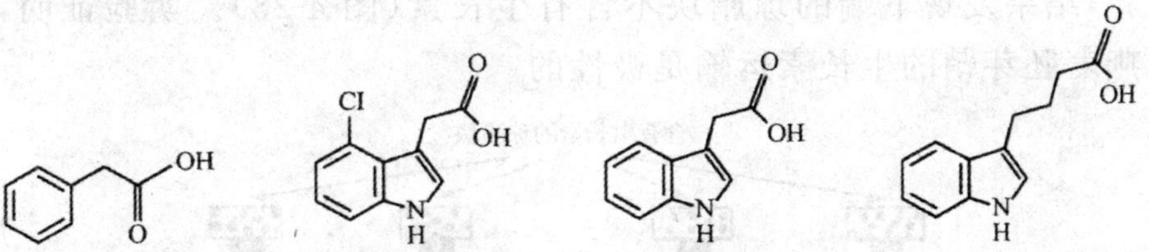

苯乙酸　　　4-氯-3-吲哚乙酸　　吲哚乙酸　　　吲哚丁酸
(PAA)　　　　(IBA)　　　　　　(IAA)　　　　(4-Cl-IAA)

图 4-26　几种植物生长素

(2) 生长素的合成与分布

生长素在高等植物体的根、茎、叶、花、果实、种子以及胚芽鞘等器官和组织中均有分布,但含量甚微,一般为 10~100 ng/g FW。图 4-27 表明生长素在燕麦黄化幼苗中的分布状况。从图中可以看出,生长素从胚芽鞘尖端到基部含量逐渐降低,同样,从根尖到基部含量逐渐下降。但是,根尖的生长素含量却低于胚芽鞘尖端。

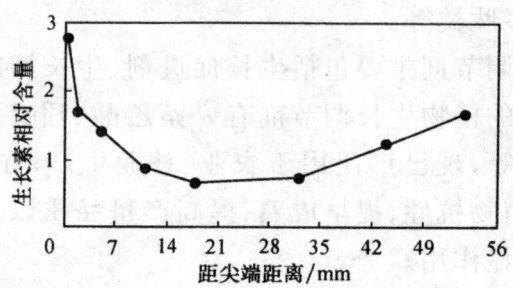

图 4-27　黄化燕麦幼苗中生长素的分布

植物体内的生长素类物质主要合成部位为叶原基、嫩叶、顶芽、根尖和正在发育的种子,其合成的前体为色氨酸。

(3) 生长素的运输

生长素在植物体内的运输主要为极性运输,即生长素只能从植物体的形态学上端向下端运输,而不能反向运输。将燕麦胚芽鞘的尾头切去,将含有生长素的琼脂块置于上端,而不含有生长素的琼脂块置于下端,过一段时间后,发现下端的琼脂块中含有生长素;若将胚芽鞘倒置过来,把形态学的下端向上,做同样的实验,结果发现下端的琼脂块不含有生长素(图 4-28)。实验证明,燕麦胚芽鞘的生长素运输是极性的。

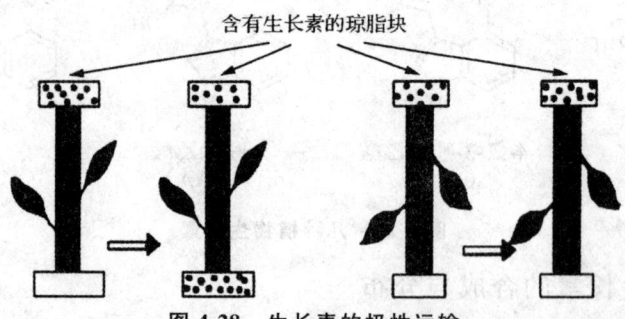

图 4-28　生长素的极性运输

生长素的极性运输是一种主动运输的过程,需要消耗能量。因此,在缺乏氧气或存在呼吸毒物(氰化物,2,4-二硝基苯酚)等状况下会严重抑制生长素的运输。

影响植物体内生长素特异性分布关键的一类蛋白质是 PIN 极性输出载体,其功能是将生长素主动转运出细胞。PIN 蛋白包含跨膜区域,能够在膜到细胞内的囊泡之间转移。PIN 蛋白能够极性地定位于膜上的特定位置,这种极性聚集与生长素的运输方向有关。例如,拟南芥 PIN 3 蛋白在受到重力刺激后,可在短时间内改变其分布位置,调节生长素的极性运输,引起生长素的梯度分布,从而导致器官差异生长。

(4) 生长素的生理作用

① 促进伸长生长。

适宜浓度的生长素对芽、茎、根细胞的伸长有明显的促进作用,从而达到营养器官伸长的效果。如图 4-29 所示,根对 IAA 最敏感,极低的浓度就可促进根生长,最适浓度为 $10^{-10}\,mol\cdot L^{-1}$;茎对 IAA 的敏感程度比根低,最适浓度为 $10^{-5}\,mol\cdot L^{-1}$;芽的敏感程度处于茎与根之间,最适浓度约为 $10^{-8}\,mol\cdot L^{-1}$。

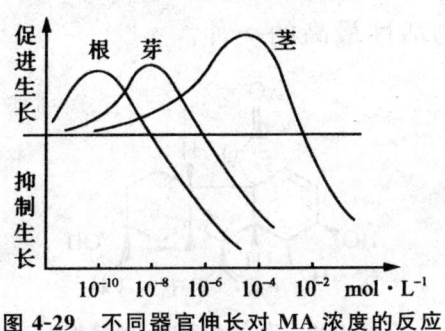

图 4-29　不同器官伸长对 MA 浓度的反应

② 促进器官和组织分化。

生长素与细胞分裂素配合能引起细胞分裂,从而诱导植物组织脱分化,产生愈伤组织,再进一步分化出不同器官和组织。植物组织培养和扦插时用生长素类物质处理可促进生根。用 50~100 $mol\cdot L^{-1}$ 的 IAA、NAA 或 ABT(生根粉)处理葡萄、月季、山荆子等扦插枝条,可显著提高插条的生根成活率。

③ 其他效应。

促进雌花形成:黄瓜等瓜类作物在花芽分化期施用生长素类

物质,能产生增加雌花的效应。

诱导单性结实:生物素及其化合物可以诱导番茄、茄子、青椒、黄瓜、西葫芦、南瓜、茄瓜、无花果、桩果、沙田柚、醋栗、番石榴、油梨和黑刺莓等的单性结实。

促进凤梨科开花:多数情况下IAA抑制花的形成,但IAA能强烈促进菠萝等凤梨科植物开花。

此外,生长素具有促进光合产物的运输、保持顶端优势、抑制花朵脱落、抑制块根形成和叶片衰老等作用。

2. 赤霉素类

(1)赤霉素的种类

赤霉素(GA)是广泛存在的一类植物激素。其化学结构属于二萜类酸,基本结构是由含有20个碳原子构成的赤霉素烷,有4个环(图4-30)。各类赤霉素都含有羧基,故赤霉素类物质均呈酸性。赤霉素种类很多,现已发现126种天然赤霉素,GA右下角的数字代表该赤霉素发现的先后顺序。市售的赤霉素主要是赤霉酸(GA3),是生物活性最高的一种。

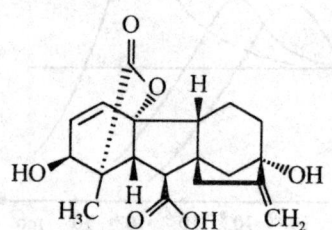

图4-30 赤霉素烷的分子结构

(2)赤霉素的合成与分布

赤霉素广泛存在于高等植物的组织和器官中,但在生殖器官(发育的果实和种子)和旺盛生长的部位(茎尖和根尖)含量较高、活性强;而在休眠器官(休眠的马铃薯块茎等)中含量极低,活性弱。一般情况下,高等植物每克鲜重植物材料含赤霉素1~1000 ng,果实和种子(尤其是未成熟的种子)中赤霉素含量高达每克鲜重3~4 μg。植物在不同发育时期赤霉素的种类、数目和状态也有差异。

（3）赤霉素的运输和合成部位

赤霉素在植物体内双向运输，没有极性。嫩叶合成的赤霉素通过韧皮部的筛管向下运输，而根部产生的赤霉素沿木质部导管向上运输。

赤霉素在植物体内的合成部位主要是正在发育的种子和果实、正在伸长的茎端和根部。

（4）赤霉素的生理作用

①促进茎叶伸长生长。

$50mg \cdot L^{-1}$的赤霉素能明显改善郁金香的切花品质，使花葶长度、花苞大小和单株面积都有所增长。

生产上应用赤霉素促进蔬菜、麻类、牧草和茶等营养体的生长，以达到高产的目的。

②促进抽薹和开花。

赤霉素可代替长日照诱导长日植物在短日条件下开花。对于二年生植物，如不经过低温阶段，则呈莲座状态不开花，而赤霉素可代替低温使其当年抽薹开花。

赤霉素对于雌雄异株的植物，能促进雄花分化，如双子叶植物大麻、菠菜、黄瓜等，用赤霉素处理有利于雄花的形成。

③打破休眠。

赤霉素可有效打破休眠，促进种子萌发。同时赤霉素也能破除树木和马铃薯的芽休眠，使其很快发芽。

④诱导α-淀粉酶的合成。

用赤霉素处理萌动未发芽的大麦种子，可促进糊粉层细胞形成α-淀粉酶，从而使胚乳中的糖类物质分解，用于发酵生产啤酒。

⑤诱导形成无籽果实。

赤霉素可促进某些植物单性结实。一般在葡萄盛花前7～14d，用25～200mg·L^{-1}的赤霉素喷或蘸花序，为促进无核果实的发育膨大，在花后10～20d再处理一次，可获得商品性无籽果实。赤霉素也可有效诱导番茄、茄瓜、苹果、梨、越橘、山楂、猕猴桃及甜橙的单性结实。

此外,赤霉素具有促进果实发育、诱导花芽分化、抑制衰老和促进坐果率等作用。

3. 细胞分裂素

(1)细胞分裂素的种类

细胞分裂素(CTK)是一类调节细胞分裂的激素。它是腺嘌呤的一种衍生物。天然存在的细胞分裂素可分为游离型细胞分裂素和结合型细胞分裂素两大类。游离型细胞分裂素共有20多种,如玉米素、玉米素核苷、二氢玉米素和异戊烯基腺嘌呤等。其中1963年由澳大利亚Letham在甜玉米未成熟种子中所提取的玉米素是分布最广泛的一类细胞分裂素。结合型细胞分裂素有异戊烯基腺苷、甲硫基玉米素等(图4-31)。

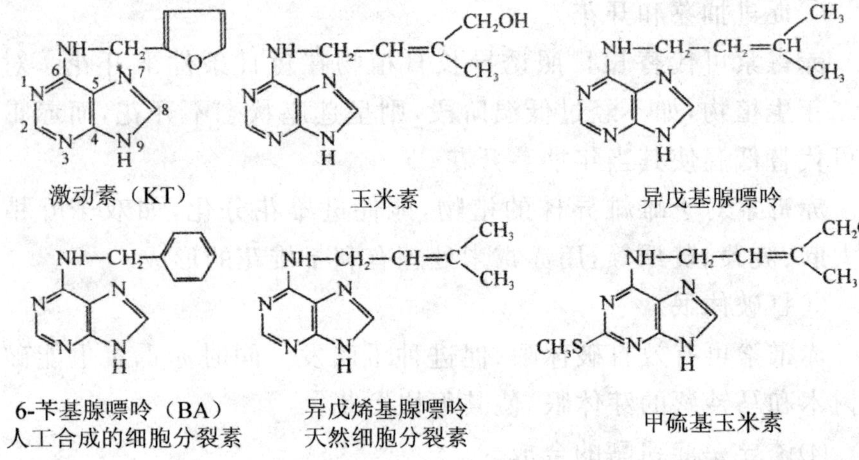

图 4-31 几种常见的细胞分裂素

(2)细胞分裂素的合成与分布

一般认为,细胞分裂素在植物体的根尖合成。但随着研究的深入,根尖并不是唯一的细胞分裂素合成部位,如茎尖、未成熟的种子和发育着的果实均是细胞分裂素的合成部位。

细胞分裂素普遍存在于高等植物中,在藻类植物、细菌类和真菌类中也有分布。在高等植物中,细胞分裂素主要分布在细胞分裂的部位,如茎尖分生组织、未成熟种子和生长着的果实等部位。一般来说,每克鲜重植物材料含 1~1 000ng 细胞分裂素。

(3)细胞分裂素的运输

细胞分裂素在植物体内的运输为非极性,主要是在根尖合成处由木质部蒸腾流运输到地上部分。

(4)细胞分裂素的生理作用

①促进细胞分裂和扩大。

细胞分裂素不仅促进细胞分裂,而且能诱导细胞体积扩大,这有别于生长素的作用。

②促进芽的分化。

当细胞分裂素与生长素浓度的比值高时,可诱导芽的形成;反之,则有促进生根的趋势。

③抑制作用。

抑制不定根和侧根形成,特别是延迟叶片衰老,是细胞分裂素特有的作用。

此外,细胞分裂素还具有促进侧芽发育、解除顶端优势、扩大叶片、使气孔张开、提高产量等作用。

4. 脱落酸

脱落酸(ABA)是一类抑制生长发育的植物激素,分子结构式如图 4-32 所示。

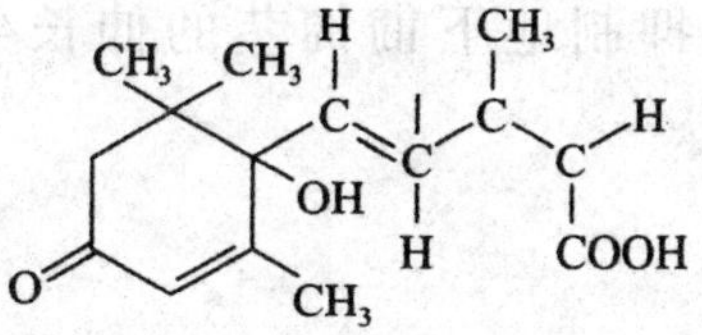

图 4-32 脱落酸的结构

(1)脱落酸的合成与分布

植物体中根、茎、叶、果实和种子都可以合成脱落酸。一般情况下,每克鲜重植物材料含 10~50ng 脱落酸。

(2)脱落酸的运输

脱落酸在木质部和韧皮部均可运输,大多数是在韧皮部运输。用放射性 ABA 饲喂叶片，发现它可以向上和向下运输。在根部合成的 ABA 则通过木质部运到地上部分。脱落酸主要以游离态的形式运输，小部分以脱落酸糖苷形式运输。脱落酸在植物体的运输速度很快。

(3) 脱落酸的生理作用

① 促进脱落。

近年来的实验证明，决定植物器官脱落的内源激素主要是乙烯，脱落酸通过增加乙烯的生成，从而间接地促进叶片等器官的脱落。

② 促进气孔关闭。

干旱条件下，脱落酸能够通过影响保卫细胞的膨压，促进气孔关闭，以控制水分的散失。

③ 增加抗逆性。

ABA 又被称为胁迫激素、应激激素。逆境条件下能使植株体内 ABA 含量迅速增加，从而调节植物的生理生化变化，提高抗逆性。

④ 促进休眠。

施用外源 ABA 时，可使旺盛生长的枝条停止生长而进入休眠。

⑤ 抑制作用。

ABA 能抑制植物生长，也能抑制种子的发芽。

此外，脱落酸还抑制地下匍匐茎的伸长生长，促进马铃薯等的块茎形成。

5. 乙烯

乙烯（ETH）是一种非常独特的植物激素。它是一种挥发性气体，其化学结构为 $CH_2=CH_2$。

(1) 乙烯的合成与分布

在高等植物的所有部位，如叶、茎、根、花、果实、种子及幼苗在一定条件下都会产生乙烯。在逆境条件下，如干旱、水涝和机械损伤等不利因素，都能诱导乙烯的合成。

在植物的各种组织和器官中均广泛存在着乙烯,特别是在种子萌发、果实后熟、叶片脱落和花衰老等阶段产生的乙烯最多。乙烯在植物体内含量非常少,成熟组织释放乙烯量一般为 $0.01\sim 10\mathrm{nl}\cdot \mathrm{g}^{-1}\cdot \mathrm{h}^{-1}$。

(2)乙烯的运输和合成部位

乙烯是一种挥发性气体,易在植物体内移动,其运输属于被动扩散型。

(3)乙烯的生理作用

①改变植物的生长习性。

乙烯改变植物生长习性主要表现出特有"三重反应",即抑制茎的伸长生长、促进茎或根的横向增粗及茎的横向生长。同时乙烯还能使叶柄向下弯曲成水平方向,严重时叶柄下垂(图 4-33)。

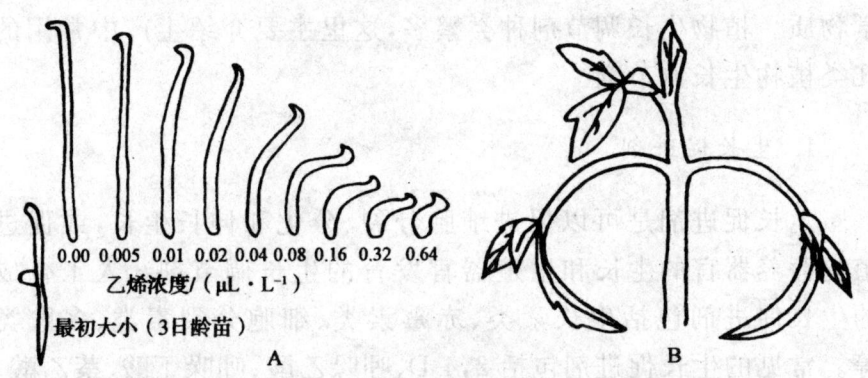

图 4-33 乙烯的"三重反应"和偏上生长
A. 不同乙烯浓度下黄化豌豆幼苗的生长状态;B. $10\mu\mathrm{L}\cdot \mathrm{L}^{-1}$乙烯处理 4h 后番茄苗的形态

②促进果实成熟。

催熟是乙烯最主要和最显著的效应,用乙烯释放剂——乙烯利溶液浸泡不同的水果能显著促进其成熟。

③促进衰老和脱落。

乙烯是促进叶片脱落的主要激素。在果树栽培中,为防止大小年现象,常常采用乙烯利疏花疏果。

④抑制作用。

乙烯能抑制某些植物开花、生长素的转运、茎和根的伸长生长。

⑤促进某些植物的开花与雌花分化。

与生长素一样,乙烯促进菠萝开花,可使杧果的幼树提早进入开花期;可诱导瓜类作物的雌花分化。例如,黄瓜、南瓜苗期(1~4叶期)用适当浓度的乙烯处理,可增加雌花数目,并降低雌花着生节位,提高早结瓜率,增加产量。

此外,乙烯还可诱导插枝不定根的形成,促进次生物质(如橡胶树的乳胶)的分泌、促进开花和雌花分化、打破顶端优势等生理作用。

4.6.2 植物生长调节剂

植物生长调节剂是人工合成的具有类似天然激素活性的化学物质。植物生长调节剂种类繁多,这里主要介绍生产中常用的几类植物生长调节剂。

1. 生长促进剂

生长促进剂是可以促进细胞分裂、分化和伸长生长,或促进植物营养器官的生长和生殖器官发育的生长调节剂。人工合成的生长促进剂包括生长素类、赤霉素类、细胞分裂素类、多胺类等。常见的生长促进剂包括2,4-D、吲哚乙酸、吲哚丁酸、萘乙酸、激动素等。

(1) 2,4-D

化学名称为2,4-二氯苯氧乙酸,分子式为$C_8H_6O_3Cl_2$。纯品2,4-D为无色无味的晶体,一般为白色或略带褐色的粉末状。可溶于乙醇、丙酮等大多数有机溶剂,但难溶于水、苯和石油。为了方便使用,生产上通常都将2,4-D加工成易溶于水的铵盐或钠盐。

2,4-D浓度在15~25mg·kg^{-1}范围内可诱导愈伤组织形成,促进植物生长,防止落花落果,诱导单性结实。而高浓度的2,4-D被广泛应用于杀除杂草、疏花疏果。此外,2,4-D还可用于水果和切花的保鲜,延缓衰老。

(2)萘乙酸

简称 NAA,化学式为 $C_{12}H_{10}O_2$。纯的 NAA 为白色针状或粉末状晶体,无任何气味,不溶于水。而生产上为黄褐色,易溶于热水和酒精的粉末,对人畜无害。

萘乙酸常用于促进扦插生根、提高产量、防止脱落等,如用 $5\sim10\text{mg}\cdot\text{kg}^{-1}$ 萘乙酸溶液处理插条 $6\sim12\text{h}$,可明显提高生根率。此外,NAA 也可用于疏花疏果、提高植物抗性等方面。

2. 生长抑制剂

生长抑制剂是一类抑制顶端分生组织生长,使植物失去顶端优势,植物形态发生很大变化的物质。施用赤霉素不可逆转此抑制作用。常用的生长抑制剂有三碘苯甲酸(TIBA)、整形素、青鲜素(MH)等。

(1)三碘苯甲酸

又称为抗生长素,化学式为 $C_7H_3O_2I_3$,纯品为白色粉末,不溶于水,可溶于乙醇、丙酮、乙醚等有机溶液。而商品为黄色或浅褐色溶液或含 98% 三碘甲苯酸的粉剂,低毒,应避免与皮肤和眼睛接触。

TIBA 用于抑制植物顶端生长,使植株矮化,促进侧芽和分蘖生长。如:高浓度 TIBA 抑制生长,可用于防止大豆倒伏;低浓度促进生根;在适当浓度条件下,促进其花芽分化,提高结实率,增加产量。

(2)整形素

又名氯甲丹、形态素,化学式为 $C_{15}H_{11}ClO_3$,无色结晶,难溶于水。整形素可使植物矮化,促进侧芽生长,抑制种子萌发,也常用于盆景造型。整形素还抑制种子发芽,抑制甘蓝和莴苣抽薹,促进结球。其作用机理是抑制生长素的极性运输和拮抗赤霉素。此外,整形素还有使植物不受地心引力与光照影响的特性。

(3)青鲜素(MH)

又称马来酰肼,化学式为 $C_4H_4O_2N_2$。MH 可用于防止马铃薯块茎、洋葱、大蒜、萝卜等贮藏期间抽芽，并有抑制作物生长、延长开花的作用。也可用作除草剂或用于烟草的化学摘心。

3. 生长延缓剂

生长延缓剂是指抑制植物亚顶端分生组织生长的生长调节剂,能抑制节间伸长而不抑制顶芽生长,这种抑制作用是可逆的。可施用赤霉素将此抑制作用解除。常用的生长延缓剂有多效唑、矮壮素、B9、助壮素等。

(1) 多效唑(PP_{333})

多效唑是 20 世纪 80 年代研制成功的三唑类生长延缓剂,是 GA 的抑制剂。PP_{333} 化学式为 $C_{15}H_{20}N_3OCl$,纯品为白色晶体,不溶于水,易溶于丙酮、甲醇等有机溶剂,通常与农药一起施用。PP_{333} 通常用于植株的矮化,促进侧枝或分蘖生长,使幼树提早开花,并能促进增产。此外,PP_{333} 还有增强植株的抗逆性、培育健壮组培苗等作用。

(2) 矮壮素(CCC)

化学式为 $C_5H_{13}C_{12}N$,是胆碱的衍生物,纯品为白色棱状结晶,有鱼腥味,易溶于水,不溶于乙醇、乙醚等有机溶剂,吸湿性强,遇碱分解,不可与碱性农药混用。农业生产中主要用于大麦、水稻等农作物植株矮化,防止倒伏。此外,矮壮素还可用于抑制棉花枝条的徒长,从而达到增产的目的。

国产 CCC 为 40% 或 50% 的棕色水剂。CCC 在许多方面表现出与赤霉素相反的作用。例如,赤霉素使节间伸长,植株长高,茎秆细弱,叶色变浅;而 CCC 则使节间变粗,茎秆粗壮,叶色变深。CCC 的作用机理是阻碍赤霉素的生物合成,抑制贝壳杉烯之后的转变过程,生产上多用于小麦和棉花。

(3) B9

又叫比久,化学式为 $C_5H_{12}N_2O_3$,纯品为白色结晶,易挥发,微臭。B9 抑制生长素的运输和赤霉素的合成,其生理作用主要是促进花芽分化,提高坐果率,促进果实着色。

(4)缩节胺(Pix)

又名助壮素和皮克斯等,化学名称为1,1-二甲基哌啶翁氯化物。产品为结晶粉,溶于水,与CCC相似。生产上主要用于控制棉花徒长,使其节间缩短,叶片变小,并减少蕾铃脱落,从而增加产量。

4. 其他植物生长调节剂

(1)乙烯利

简称CERA,化学式为$C_2H_6ClO_3P$,纯品为白色针状结晶,商品为淡棕色液体,易溶于水、甲醇、丙酮、乙二醇、丙二醇,不溶于石油醚。其生理效应与乙烯相同,是优质高效植物生长调节剂。在生产上主要用于打破植物休眠,促进植物矮化,促进果实成熟,疏花疏果,诱导黄瓜雌花形成等。

(2)ABT生根粉

一种具有国际先进水平的广谱、高效、复合型的植物生长调节剂。广泛应用于林、农生产中,效果明显。ABT生根粉最主要的作用是促进扦插苗生根、提高生根率,此外还可以提高种子的发芽率、促进植物生长、增强植物抗逆性以及提高作物产量等。

第5章 植物的成花与生殖机理

高等植物的开花对植物和人类都十分重要。开花是高等植物生活周期中的一个质变过程,是植物个体发育的中心环节,是物种延续的有效方式。在农业生产上,人们利用植物开花结实这个有性繁殖过程,获得各种果实、种子等产品。从而满足人类生活和生产需要。研究高等植物的生殖和开花过程,阐明其调控机制,无论在理论上还是在应用上都具有重要意义。

5.1 幼年期与花熟状态

植物开花之前必须达到的生理状态称为花熟状态(ripeness to flower state)。植物在达到花熟状态之前的生长阶段称为幼年期(juvenile phase)。

幼年期是植物从种子萌发到花熟状态以前的生长阶段,在此期间任何处理都不能诱导开花。

高等植物幼年期的长短因植物种类不同而差异很大。一般来说,草本植物的幼年期较短,只需几天或几周,如油菜、牵牛花发芽后 2~3d、甘蓝发芽后约 11 周内是幼年期;还有的草本植物根本或几乎没有幼年期,如花生种子在休眠芽中已出现了花序原基,随着植株的生长,花芽也分化完成。没有幼年期的植物在刚发芽之后,只要在适当的外界条件下就可以分化出花芽。

木本植物的幼年期因植物种类而异,短的只有几年,长的可达几十年,如紫薇、月季等的幼年期只有 1 年,桃、李、杏等 3~5

年,银杏等的幼年期则长达 20~30 年;往往木本植物在完成幼年期以后要经历一个"始花"阶段,完成一系列生理生化过程后,才进入"成熟态"植株的开花阶段(即木本植物的阶段转换),一些木本植物一旦成熟可持续年年开花,而有些木本植物并不机械地重复开花结实的季节周期性;大多数木本植物的幼年期较长,几年到几十年不等(表 5-1),由民谚"桃三杏四梨五年,核桃、白果公孙见"可见树木幼年期之长。

表 5-1 树木幼年期长度的变化[①]

树种	幼年期/年	树种	幼年期/年
茶树	5	欧洲松、油松、毛桦	5~10
柑橘	5~7	梨	3~7
甜橙	6~7	北美黄杉	15~20
苹果	7.5	挪威云杉	20~25
华北落叶松	7~8	山毛榉	30~40

植物完成幼年期的营养生长阶段,进入花熟状态以后,其茎尖分生组织就具有感受适宜环境刺激的能力而被诱导成花,花芽分化就是植物由营养生长转入生殖生长的标志。

5.2 植物春化特性及春化作用机理

5.2.1 植物春化特性

低温诱导植物开花的作用称为春化作用。冬性植物适时开花必须经过一段时间的低温诱导。

1. 春化作用的条件

植物通过春化作用一般需要经历一定时间的低温、足够的氧

---

① 蔡庆生. 植物生理学[M]. 北京:中国农业大学出版社,2014.

气和养分,如果植物以萌动的种子形式通过春化作用,需要一定的含水量。如冬小麦已萌动的种子,含水量低于40%,就不能通过春化作用。干种子对低温没有反应,因此,植物不能以干种子形式通过春化。

(1)低温

低温是春化作用的主要条件。有效温度的范围和低温持续的时间随植物的种类和品种而不同。对大多数要求低温的植物来说,1℃~2℃是最有效的春化温度,但只要有足够的时间,在-3℃~10℃范围内都有效。各类植物通过春化要求低温条件的时间长短也有所不同,在一定的期限内春化的效应随低温处理时间的延长而增加(图5-1和图5-2)。如禾谷类植物的春化温度可低至-6℃,而热带植物橄榄的春化温度则高达10℃~13℃。春化时间由数天到20~30d不等[①]。

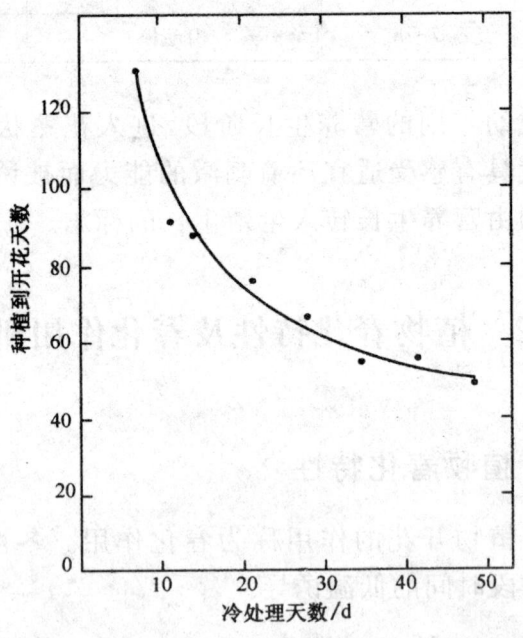

图5-1 冬黑麦种子低温处理时间对开花的影响

---

① 蔡永萍. 植物生理学[M]. 北京:中国农业大学出版社,2008.

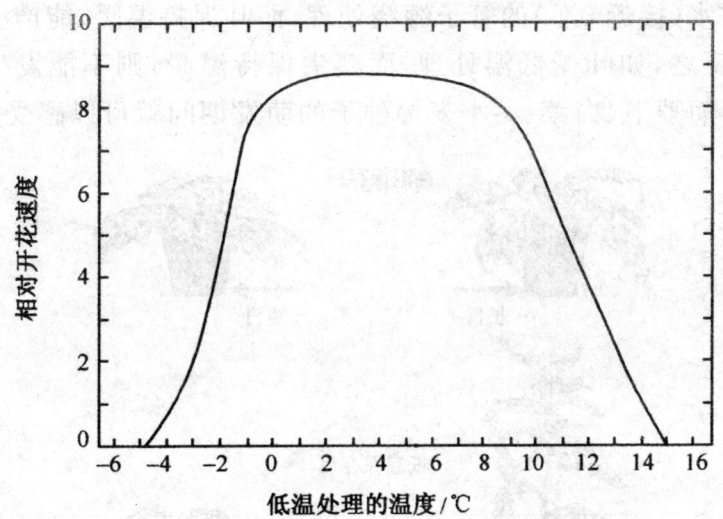

图 5-2 冬黑麦相对开花反应与春化期间温度的影响

(2)氧气、水分、营养和光照

由于春化作用是活跃的代谢过程,除了需要一定时间的低温外,还需要有充足的氧气、适量的水分和作为呼吸底物的糖分。干燥的种子不能通过春化,植物在缺氧条件下不能完成春化。若将小麦胚在室温下萌发至体内糖分耗尽,然后再进行低温诱导,这样的离体胚就不起春化反应,添加2%的蔗糖后,离体胚就能感受低温而接受春化。

此外,许多植物在感受低温后,还需经过长日照诱导才能开花。如天仙子植株,在较高温度下不能开花,经低温春化后放在短日照下,也不能开花,只有经低温春化后再处于长日照条件下的植株才能抽薹开花(图 5-3)。

2. 感受春化作用的时期和部位

不同植物感受低温的时期有明显差异,大多数植物感受低温的时期为苗期和种子萌发期。

植物春化作用感受低温的部位主要是茎尖端的生长点,也可以是萌发的种子的胚。例如,月见草要在长出 6~7 片叶后,才能感受低温的诱导。栽植于温室中的芹菜、甜菜、菊花等的茎尖用通有冰水(接近 0℃)的管子缠绕处理,而叶保持温暖,能产生春化效果;反之,如叶受低温处理,而茎尖保持温暖,则不能发生春化作用。而萝卜、白菜、冬小麦等种子的萌发期间就可以感受低温。

图 5-3　莲座植物天仙子抽薹开花对温度和日照的反应

3. 去春化作用和再春化作用

植物的春化是可以解除的。在植物春化过程结束之前,如将植物放到较高的生长温度下,低温的效果被减弱或消除,这种现象称去春化作用(devernalization)或解除春化。一般解除春化的温度为 25℃～40℃,如冬小麦在 30℃以上 3～5d 即可解除春化。大多数去春化的植物返回到低温下,又可重新进行春化,这种现象称再春化现象(revernalization)。对于解除春化现象的本质,可以归纳为如图 5-4 所示的假说模式。

4. 春化效应的传递

低温诱导植物成花物质——"春化素"在某些植物中可以传递。如将已通过春化作用的二年生天仙子枝条,嫁接到另一株未经过春化的天仙子枝条上,可使后者开花,甜菜、甘蓝、胡萝卜也有类似的效应。显然,"春化素"可能存在并可在植株间传导,但目前还没有从植物体中分离得到"春化素"。在另一些植物中春化效应却不能传递,如将已经通过春化作用的菊花植株与未春化的植株嫁接,未春化植株不开花。

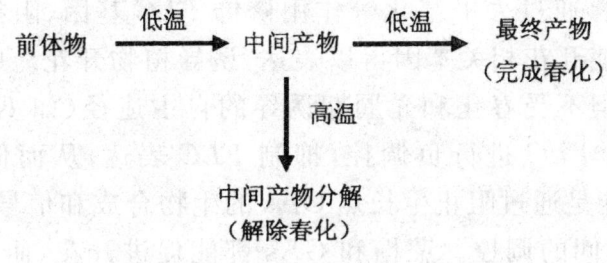

图 5-4　春化作用和再春化作用

5.2.2　春化作用的机理

任何形态建成,都是以生化反应为基础的,花原基的分化,也一定以相应的生化反应为基础。值得注意的是,春化作用需要的生化反应是一种特殊的生化反应,它进行的条件是低温,这与一般的生化反应不同。春化作用后,质膜透性增大,淀粉水解酶等与呼吸作用有关的酶活性提高,呼吸作用加强。同时,植物的蒸腾作用增强,细胞持水力下降,水分代谢加快,根系吸收阳离子的能力增强,叶绿素含量增多,光合作用增强,积累干物质的速度也随之提高,核酸和蛋白质的合成量增强。如冬小麦在低温处理的初期,呼吸代谢增强,随着低温的延续,冬小麦胚的 RNA 周转速率加快,特别是 mRNA,蛋白质的合成速率加快,而且有新的 mRNA 和新的蛋白质产生。

1998 年,Finnegan 等发现拟南芥经一定时间的低温处理后,其 DNA 的甲基化水平大大降低,使营养生长向生殖生长转变。由此可知,春化作用诱导一些特异基因的活化、转录和翻译,从而导致一系列生理生化代谢过程的改变,最终进入花芽分化、开花结实。

在诱导植物开花过程中,有一个重要的开花抑制因子(flowering repressor)——*FLC*(flowering locus C),对开花起到关键的调控作用,相当于开花控制的机关(图 5-5)。在没有春化等诱导条件下，FLC基因正常表达，处于活化状态，维持植物的营养生长，不开花；当FLC基因受到抑制时，植物才能开花。在低温处理下，春化相关基因VRN1、VRN2被诱导表达，产生VRN1和VRN2蛋白，通过去甲基化等作用修饰FLC基因，阻抑FLC基因的表达，使开花相关基因得以表达，诱导植物开花。此外，还有参与开花、但不受春化和光周期诱导的自主途径（如FCA/FY），它们通过对FLC进行负调控，抑制FLC表达，从而促进开花。FLC也可能是通过阻止生长点GAs的生物合成和信号传递而实现对开花时间的调控。蔗糖和GAs都能促进开花，而且对LFY促进子的表达水平的提高具有协同作用。另外，蔗糖也许在自主开花途径中具有降低FLC表达的作用。因此，春化过程可能是低温诱导条件下开花基因不断解阻遏而得到表达的过程。

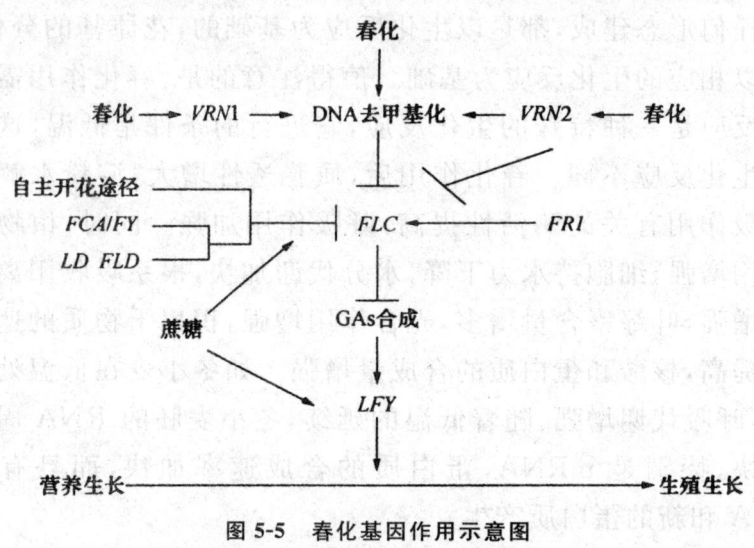

图5-5　春化基因作用示意图
(→表示促进作用；⊥表示抑制作用)

5.2.3　春化作用在农业上的应用

1. 指导引种

由于我国各地区气温条件不同，不同地区起源的物种或品种对低温的要求不同,在引种时首先要考虑所引品种的春化特性。例如冬小麦北种南引,由于南方气温偏高,不能满足其对低温的要求,冬小麦只长根、茎、叶,不开花结果。南种北引时,要防止冬季遭受冻害和提早完成春化。

2. 人工春化,加速成花

农业生产中对萌动种子进行低温春化处理早有应用。将萌动种子置于罐中,密封后将其埋入土中,一定时间后取出作为补种使用,称为"闷罐法"。"闷罐法"很早就用于春天补种冬小麦;春小麦经低温处理后,可早熟 5~10d,既可避免不良气候(如干热风)的影响,又有利于后季作物的生长。在冬性作物的育种过程中,进行人工春化处理,可在一年培育 3~4 代冬性作物,加速育种进程。

3. 控制花期

在蔬菜生长中可用解除春化作用的方法抑制开花,如越冬储藏的洋葱鳞茎在春季种植前用高温处理,可防止其生长期抽薹开花,提高鳞茎的产量。在花卉生产中,用低温预先处理,可使秋播的一、二年生改为春播,当年开花。例如,低温处理百合、水仙、石竹、郁金香等可调控花期。

5.3 光周期及其诱导植物成花的分子调控机理

5.3.1 光周期现象

光周期(photoperiod)是自然界一天中白昼和黑夜的相对长度。除赤道地区每天的夜长和日长终年不变,以及南北极地有半年均为白天,另半年均为黑夜之外,地球上处于极地与赤道之间的地带,每天的日长和夜长随季节而变化(图 5-6)。以北半球为例,日照在夏至(21—22/6)最长,冬至(22—23/12)最短,春分(21—22/3)和秋分(22—23/9)各为12h,年复一年,植物体长期处于一年四季日长的规律变化中,产生了对日长的适应反应,通过感受日长和夜长的季节性变化,在一年中的特定时间段内,完成其生长发育的特定反应。这种植物生长发育对光周期发生反应的现象称为光周期现象。其中研究得比较多的是植物成花的光周期现象。

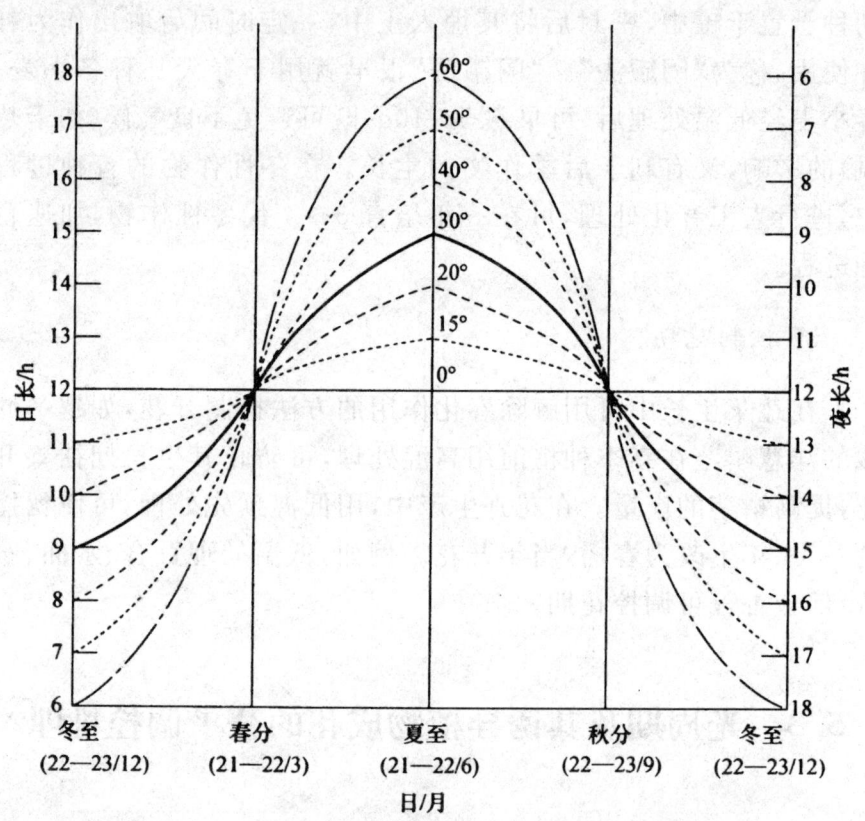

图5-6 北半球不同纬度地区昼夜长度的季节性变化
北纬20°:海口;北纬31°:上海;北纬40°:北京;北纬50°:黑河

1. 光周期现象的发现

早在1941年,Tournois就发现了蛇麻草和大麻的开花受到日照长度的控制(图5-7)。从1920年开始,美国园艺学家Garner

和 Allard 对日照长短与开花的关系进行了广泛研究,发现了植物的光周期现象。

(a) 在冬季自然日照（短日照）条件下的植株,开花

(b) 在冬季自然日照加上人工日照（长日照）的植株,不开花

图 5-7　美洲烟草的开花试验

2. 植物对光周期反应的类型

根据植物对光周期的反应不同,可将植物分为 3 大类[①]。

(1) 短日植物(SDP,Short-day plant)

指在 24h 昼夜周期中,日照必须短于一定时数才能开花、开花被短日促进的植物。如果在特定时期适当缩短短日植物生长环境的光期或延长暗期,则可诱导提前开花;相反,如果延长光期、缩短暗期,植物会延迟开花或不开花。短日植物包括水稻、大豆、玉米、牵牛花、紫苏、大麻等。

(2) 长日植物(LDP,Long-day plant)

指在 24h 昼夜周期中,日照必须长于一定时数才能开花、开花被长日促进的植物。长日植物包括麦类、油菜、菠菜、甘蓝、萝卜、甜菜、天仙子、白芥、莴苣等(表 5-2)。

必须强调,短日植物开花所需的日照长度不一定短于长日植物所需的日照长度,定义某植物为短日植物还是长日植物取决于它们对临界日长的反应。临界日长(critical day length)指在昼夜

---

① 顾立新,崔爱萍. 植物与植物生理[M]北京:中国林业出版社,2015.

周期中诱导短日植物开花所需的最长日照长度或诱导长日植物开花所需的最短日照长度。在光周期诱导期,处在短于临界日长下的短日植物和处在长于临界日长下的长日植物可以被诱导开花,反之则不能开花。

表 5-2 一些长日植物和短日植物的临界日长

长日植物	24h 周期中临界日长/h	短日植物	24h 周期中临界日长/h
木槿	12	落地生根	12
冬小麦	12	菊花	15
甘蔗	12.5	黄花波斯菊	14
天仙子	11.5	二色金光菊	10
红叶紫苏	约 14	高凉菜	12
蝎子掌	13	大豆	
菠菜	13	早熟种	17
白芥菜	14	中熟种	15
甜菜	13~14	晚熟种	13~14
大麦	10~14	苍耳	15.5
燕麦	9	美洲烟草	14
毒麦	11	一品红	12.5
拟南芥	13	裂叶牵牛	14~15

(3) 日中性植物(DNP, day-neutral plant)

指开花对日照长度没有严格要求、只要它的生活周期达到花熟状态,在任何日照条件下都可以开花的植物,如番茄、四季豆、菜豆、黄瓜、茄子、辣椒、凤仙花、君子兰等。

3. 诱导开花的临界日长

试验表明,对光周期敏感的植物对日照长度的要求都有一定的临界值,植物成花所需的极限日照长度,称为临界日长(critical daylength)。植物对不同日长的开花反应如图 5-8 所示。

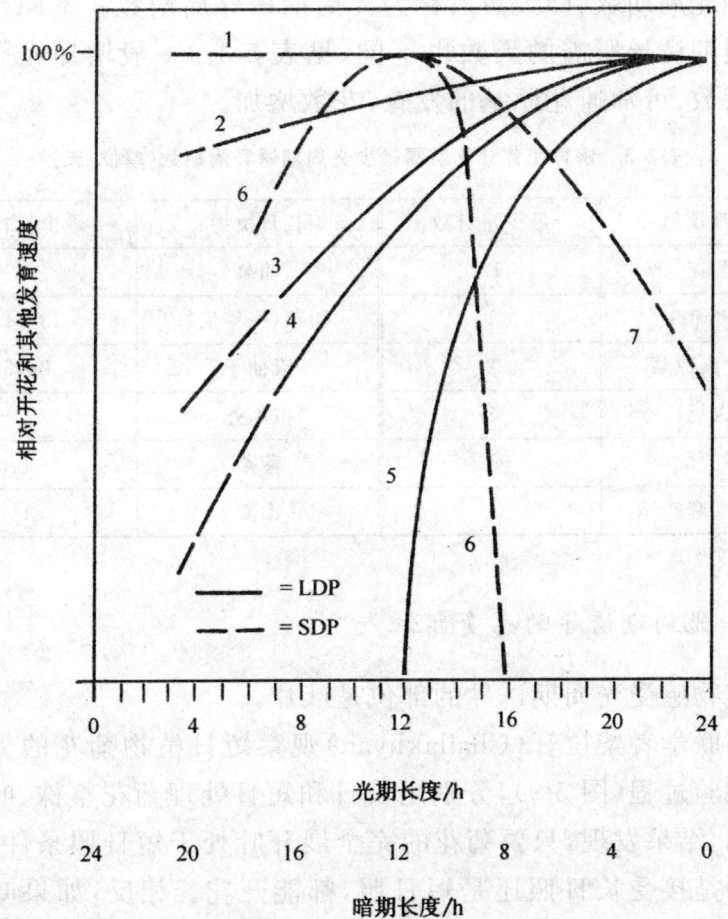

图 5-8 对不同日长的开花反应

1 为日中性植物:在任何日长下有相同的开花反应;2、3、4 为相对长日植物:延长日长,从量上促进开花;5 为绝对长日植物:如天仙子在日长 12h 以上才开花;6 为绝对短日植物:如苍耳在日长短于 15.7h,暗期长于 8.3h 才开花;但如日照短于 5h,苍耳也不能开花;7 为相对短日植物:在任何日长下可开花,短日照更有利于开花

5.3.2 光周期诱导植物开花的分子调控机理

1. 光周期诱导

对光周期敏感的植物来说,在其达到生理年龄时,对其进行合适的光周期处理后,即便将其置于不适宜的光周期下,仍能保持刺激从而开花,这就叫作光周期诱导。诱导植物成花所需要的

适宜的光周期数(即天数),称为光周期诱导周期数。不同植物通过光周期诱导所需的天数也不同,见表 5-3。一般增加光周期诱导的天数,可加速花原基的发育,花数增加。

表 5-3 诱导花芽分化所需最少光周期诱导周期数(单位:天)

短日植物	最少短日数	长日植物	最少长日数
菊花	12	油菜	1
裂叶牵牛	1	甜菜(一年生)	13～15
厚叶高凉菜	2	天仙子	2～3
大豆	3	拟南芥	4
苍耳	1	菠菜	1
大麻	4	毒麦	1

2. 光周期诱导的感受部位

植物感受光周期诱导的部位是叶片。

苏联学者柴拉轩(Chailakhyan)观察短日植物菊花的光周期处理试验过程(图 5-9),分别用长日和短日处理菊花整株、叶片和茎顶端,结果发现,只要菊花的完全展开叶处于短日照条件下,不论顶端是接受长日照还是短日照,都能开花。相反,如果叶片处于长日照下,生长点虽然接受短日照却不能开花。甚至离体叶片经短日诱导后嫁接到处于长日下的植株上,也可诱导开花。得出结论:菊花感受光周期刺激的部位主要是叶片。推论:尽管发生光周期反应的部位是植物的生长点,短日植物的开花与否决定于叶片接受日照的条件,而茎的顶端对日照长短并不敏感。

3. 光周期诱导的时期

通常植株长到一定生理年龄后,叶片才能接受光周期的诱导,如苍耳在叶龄为四或五时,才能感受日照。一般植株年龄越大,通过光周期诱导的时间越短。叶片对光周期的敏感性与叶片的发育程度有关,刚刚充分展开的叶片对光周期诱导最敏感,幼叶和老叶的敏感性降低。

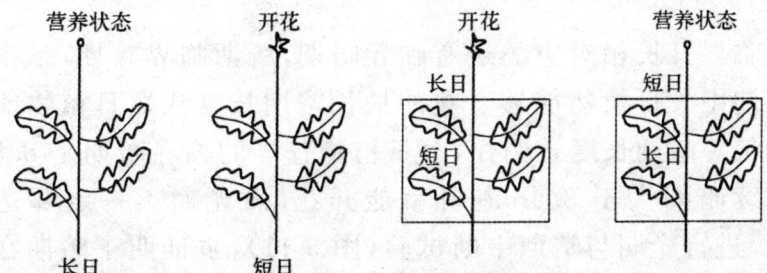

图 5-9　叶片和营养芽的光周期处理对菊花开花的影响

4. 光周期刺激的传递

20 世纪 30 年代,柴拉轩用嫁接试验证实了光周期刺激的传递:将 5 株苍耳嫁接在一起,只要把一株上的一个叶片置放适宜的光周期(短日照)下进行诱导,其他植株即使处于不适宜的光周期(长日照)下,最后所有植株都能开花(图 5-10)。证实叶片在感受光周期刺激后,产生开花刺激物,并且开花刺激物可以在不同植株间进行传递并发挥作用。将短日植物高凉菜和长日植物八宝嫁接在一起,不管在长日照下,还是短日照下,两种植物都能开花,这说明不同光周期反应类型的植物所产生的开花刺激物的性质可能相同。人们把这种开花刺激物质称为"开花素"。从光周期诱导效应可以传递这方面看,光周期诱导的作用是产生"开花素"。

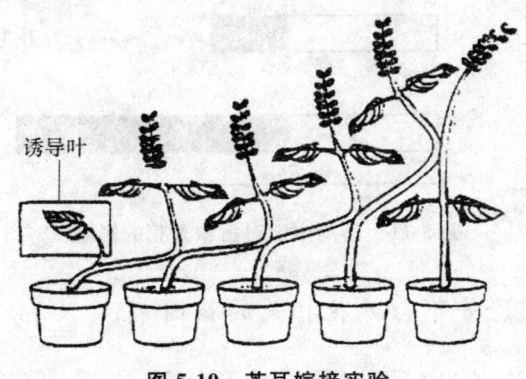

图 5-10　苍耳嫁接实验

5. 暗期在光周期诱导中的作用

与临界日长相对应的还有临界暗期,所谓临界暗期,是指在昼夜周期中长日植物能够开花的最长暗期长度或短日植物能够开花的最短暗期长度。例如,短日植物苍耳的临界暗期是8.5h,只要连续暗期大于8.5h苍耳就能开花,而光期不一定要达到15.5h。进行光期与暗期中断试验(图5-11),也证明了暗期在光周期诱导中的决定作用。由此可知,短日植物即"长夜植物",长日植物即"短夜植物"。虽然暗期对植物成花反应起着决定性作用,但光期也是不可缺少的条件,因为花的发育需要光合作用提供足够的营养物质。

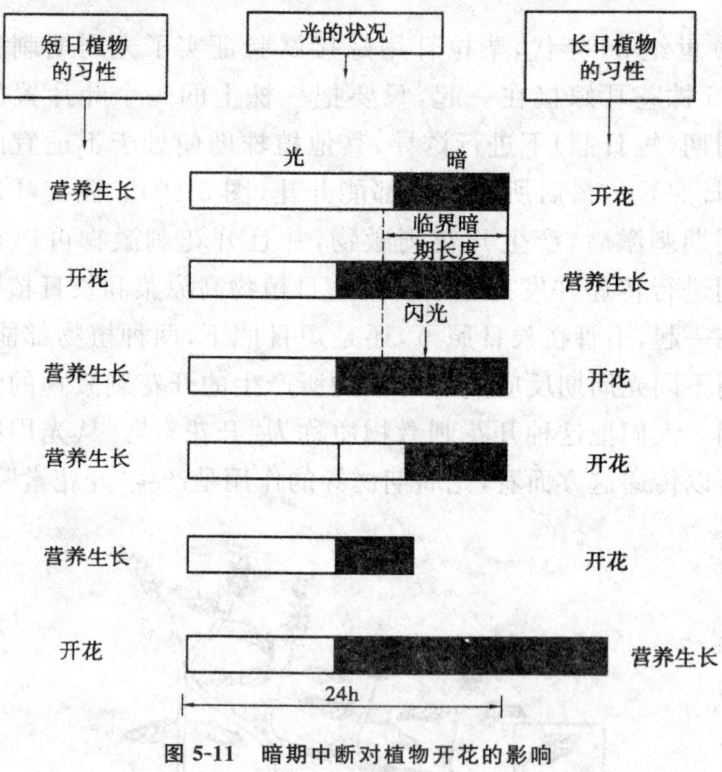

图5-11 暗期中断对植物开花的影响

6. 光周期诱导下与开花相关的基因

光周期反应的生理过程既受环境诱导,又受遗传基因调控

(图 5-12)。在合适的光周期下,植物通过光敏色素(*PHYA*、*PHYB*、*PHYD*、*PHYE*)和隐花色素(*Cry*1、2)感受光信号,在生物钟的参与下,调节开花过程的一个重要基因 *CO*(*CONSTANS*)表达,再由 *CO* 诱导其他基因的表达,如 *LFY*、*FT*、*AP*1 等基因,最终引起花芽分化。其中,GA 对某些开花相关基因(如 *LFY* 等)的表达有明显的促进作用。

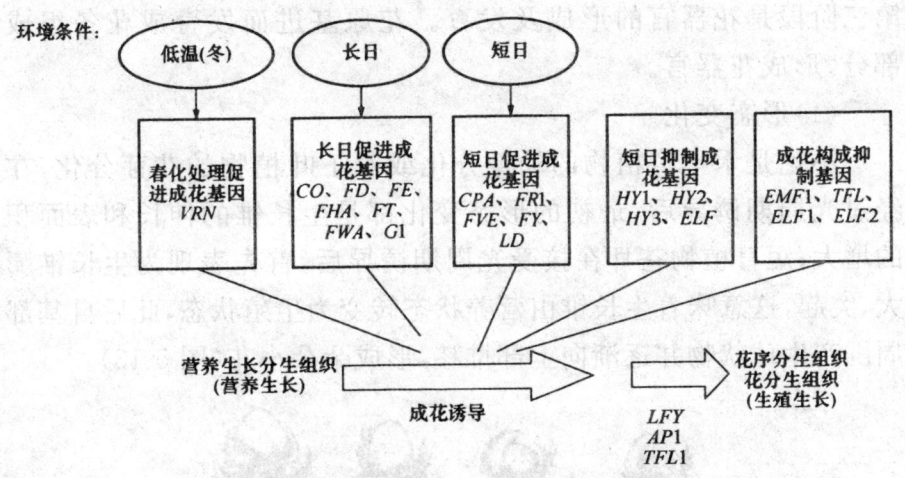

图 5-12　利用拟南芥突变体建立的植物成花的分子机制模式

5.4　花芽分化及性别分化

5.4.1　花芽分化

1. 花芽分化的概念

经过成花诱导之后,植物茎顶端发生成花反应,其显著标志是茎顶端分生组织的形态及生理生化过程都发生了一系列的变化,由营养生长锥转变成生殖生长锥,发生花芽分化。

植物由营养生长到生殖生长的转折点是花芽分化。花芽分化是一个高度复杂的生理生化和形态发生过程,是植物体内各种因素共同作用、相互协调的结果。花芽分化是指生长点由叶芽的生理和组织状态转变为花芽的生理和组织状态的过程,此过程可分为3个阶段:第一阶段是成花决定(或成花诱导)。植物感受外界环境信号(如光周期、春化作用等)及自身产生的开花信号,内部生理发生有利于生殖生长的转化,由营养生长转向生殖生长。第二阶段是形成花原基。茎尖端的分生组织形成花器官原基。第三阶段是花器官的形成及发育。花原基进而发育成花各组成部分,形成花器官。

(1) 形态变化

不论是禾本科植物的幼穗分化或双子叶植物的花芽分化,在经过光周期诱导后,最初的形态变化都是生长锥的伸长和表面积的增大;短日植物苍耳在接受光周期诱导后,首先表现为生长锥膨大、突起,这意味着生长锥由营养状态转变为生殖状态,此后自基部周围产生球状物并逐渐向上部推移,形成朵朵小花(图 5-13)。

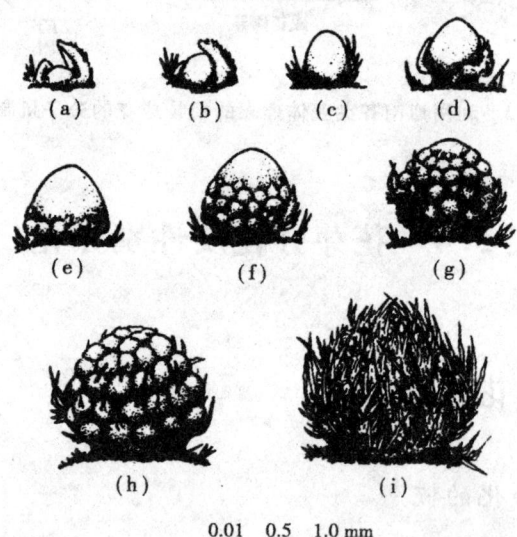

图 5-13 苍耳接受短日诱导后生长锥的变化
(a)营养阶段;(b)~(i)苍耳接受短日照诱导后生长锥的变化过程

(2) 生理生化变化

在生长锥分化成花芽的过程中,其内部也发生了一系列的生理生化变化。花芽开始分化时,生长锥中可溶性糖含量增加,细胞的代谢水平明显提高。例如,水稻幼穗分化时,葡萄糖、果糖和蔗糖的含量均增加,其中蔗糖含量在花器官分化后一直继续上升。在花芽分化前,生长锥中的多糖积累增加,开始分化时逐渐减少,但分化后幼穗里的多糖又再次增加。

在花器官分化时,氨基酸和蛋白质的含量均增加。前者不仅含量增加,而且种类也增多。日本牵牛在花芽分化时,其分生组织中的内质网和核糖体增多,这可能是为了适应分化时蛋白质合成的需要。这也表明某些基因的有序表达参与了花器官的分化和形成。

2. 影响花芽分化的因素

植物的花芽分化、开花除了受自身遗传基因的控制之外,还受外界环境条件的影响。例如光、温度、水分、矿质营养、淀粉、蛋白质、核酸、激素和植物生长调节剂等均会影响植物的成花。

(1) 光

光不仅提供光合作用所需的能量,还通过光强、光质、光周期来影响植物生长发育。在植物完成光周期诱导的基础上,花器开始分化后,自然光照时间越长、光照强度越大,形成的有机物越多、对开花越有利,成花数量越多、质量越高。如栽种在荫蔽地段的月季、碧桃不开花,栽种在荫蔽地段的葡萄花芽分化少。不同植物对开花要求的最低光照强度也不同,阴生植物比阳生植物开花的最低光照强度要低一些。但是多数栽培植物属于阳生植物,这些植物在稍高于最低光照强度时,花的数量少,以后随光照强度的增大而花芽增多;在光照强度较高时,光则不再成为开花的限制因素。

(2) 温度

对于需要春化诱导的植物,苗期低温可促进花芽分化。如低温可促进芥蓝花芽分化,随着温度的升高,花芽分化逐渐推迟,分化时的叶位也逐渐升高。

一般来说,低温抑制生殖器官的形成和发育,主要是通过影响植物的光合作用，控制植物体内的一系列物质与能量的合成转化而起作用。花芽分化一般随温度升高而加快，如水稻遇到17℃以下的低温，花粉母细胞发育受影响，不能正常分裂，绒毡层细胞肥大，不能为花粉粒供应充足的养分，形成不育花粉。金边瑞香植株在20℃～25℃环境中可以完成花芽分化的各个过程，植株在10℃～18℃环境中一直处于营养生长状态而不进行花芽分化。甜樱桃在昼夜温度为(24±2)℃/(14±2)℃条件下，花芽分化时间短，不同花序之间发育比较整齐，单花发育需45d左右；在昼夜温度为(17±2)℃/(5±2)℃条件下，花芽分化时间长，不同花之间差别很大，单花发育需75d。

(3) 水分

雌雄蕊分化期和花粉母细胞及胚囊母细胞减数分裂期，对水分特别敏感，是需水临界期。此期如果土壤水分不足，花器的发育延缓，成花量减少；如果土壤水分过多，枝叶生长就会过于旺盛，花芽分化量相对减少。例如，栽种在高湿条件下的葡萄花芽分化质量下降。但是某些植物，如荔枝、苹果等果树在花器官发生前或发生初期，适量地控制水分，造成短期的干旱，可提高果树的C/N值，有利于花芽的发生和发育。

(4) 矿质营养

不同种类的矿质营养对花芽分化的影响程度不同。如钾肥对大花蕙兰花芽分化影响最大，氮肥次之，磷肥最小。众所周知，氮肥有利于营养生长，是生殖生长的基础，但氮肥过多，又会引起枝叶徒长，消耗过多的光合产物而抑制花芽分化；磷钾可促进光合产物的转化和运输，促进花芽分化，磷，特别是有机磷在花芽分化中起着重要作用。例如，在苹果花芽分化开始前，花芽枝中核蛋白显著高于叶芽枝。生产上，应氮、磷、钾肥及微量元素合理搭配施用，保证花芽分化对矿质营养的需求。除氮、磷、钾外，其他矿质元素也参与调控花芽分化过程。如在柑橘花芽分化期前喷施硼、锌、钼、镁、钙等营养元素，能够促进成花，增加结果母枝的数量。而缺矿物质元素常不利于花芽分化，如缺锌时，苹果、梨花芽分化减少。

(5) 营养状况

植物成花过程,还需要营养物质如糖类、蛋白质等,以供应花器官形成时对养分的需要。但根据碳氮比(C/N)假说,决定开花的因素不是这些物质的绝对量,而是其相对比例,高的 C/N 是植株完成花芽形态分化的重要条件之一。例如,经过春化处理后,萝卜在整个花芽分化期内生长点及叶片 C/N 逐渐增大,在现蕾期生长点的 C/N 达到最高。利用环剥、环割、弯枝等措施能使处理部位以上的枝条内糖类含量提高,C/N 值大,促进这些部位花芽分化,提高坐果率;而当过多地施用氮肥时,C/N 值减小,枝条徒长,形成花芽减少。碳氮比理论使农业生产中的许多现象都能获得比较满意的解释,但短日植物在短日照条件下成花加速,而它们体内 C/N 却不一定增加,这与理论不一致。显然,碳氮比假说不能很好地解释植物成花诱导的本质,但碳氮比理论对农业生产实践有一定的指导意义,即通过控制肥水的措施来调节植物体内的 C/N 值,从而适当调节营养生长和生殖生长。

(6) 植物生长物质

研究表明,植物成花过程,不仅受环境因素和营养物质如糖类、蛋白质、核酸的影响,同时花芽分化还受内源激素的调控。外施生长调节物质也同样影响花芽的分化和花器官的发育。已知的 5 大类植物激素对植物的成花都有一定作用。

植物激素、有机酸、多胺等,都影响植物的成花过程,且在不同植物中表现出来的效应也不同,它们对植物成花的影响机制尚不明确。

生产上还可通过外施植物生长延缓剂如 CCC、PP_{333} 等,达到调节生长的目的。例如,外施生长延缓剂能阻碍长日植物菠菜抽薹,却并不影响其成花。

5.4.2 植物的性别分化

高等植物中也存在着与动物类似的性别特性,即有雌性和雄性之分。与动物相比,植物的性别有许多不同,首先,动物通常是雌雄异体的,雌雄个体间在许多方面存在明显的第二性特征差异。而在植物中,雌雄性别间一般无明显的第二性特征差异,性别的差别主要表现在花的性器官上,即雄蕊和雌蕊。另外,高等动物的生殖器官是在胚胎发生与发育时期形成雏形,性别分化已确定,在后期发育中虽然会受环境和生理条件的影响,但一般不会发生性别的根本改变;而植物的生殖器官是在个体发育后期才完成性别表达(sex expression)的,因此,其性别分化极易受环境因素或化学物质的影响,具有不稳定性。高等植物性别分化(sex differentiation)还具有多样性,自然界中存在许多不同性别类型的植物。

不少有经济价值的植物都有性别问题,如银杏、千年桐、番木瓜以及留种用的大麻、菠菜等,需要大量的雌株;而以纤维为收获对象的大麻,则以雄株为优,其纤维的拉力较强。即使是对于雌雄同株的瓜类,在生产中也往往希望增加雌花的数量,以便收获更多的果实。因此,如何在早期鉴别植物尤其是那些雌雄异株的木本植物的性别,是生产中迫切需要解决的实际问题,很早就被人们所重视和研究。

1. 植物性别的类型

大多数植物的花具有雄蕊和雌蕊,这种花叫两性花[①]。在自然界中也有部分植物的花缺少雄蕊或者雌蕊,这种只有雄蕊或者雌蕊的花叫雄花或者雌花,统称为单性花。典型的单性花的雄蕊或者雌蕊严重退化,如南瓜雌花的雄蕊退化,没有形成有功能的雄蕊;相对应地雄花的雌蕊退化,形成没有功能的雌蕊。就植物整体而言,产生典型两性花的植物叫雌雄同花同株植物(hermaphrodite),如拟南芥。同一植株能产生雌、雄典型单性花的植物叫雌雄异花同株植物(monoecious plant),如玉米(图 5-14)和许多葫芦科植物。如果在同一种植物中,有的植株只产生雄花,

---

① 王宝山. 植物生理学[M]. 北京:科学出版社,2007.

有的只产生雌花,这种植物叫雌雄异花异株植物(dioecious plant),如白麦瓶草(*Silene alba* 或 *Melandriun alba*)等。此外,自然界中还存在许多具有介于上述典型性别类型之间的中间性别类型和更复杂的植物性别差异(表 5-4),如在某些同株异花植物种中,除了有仅开雄花的雄性系和仅开雌花的雌性系外,还有既开雄花又开两性花的雄花与两性花同株植物和既开雌花也开两性花的雌花与两性花同株植物。

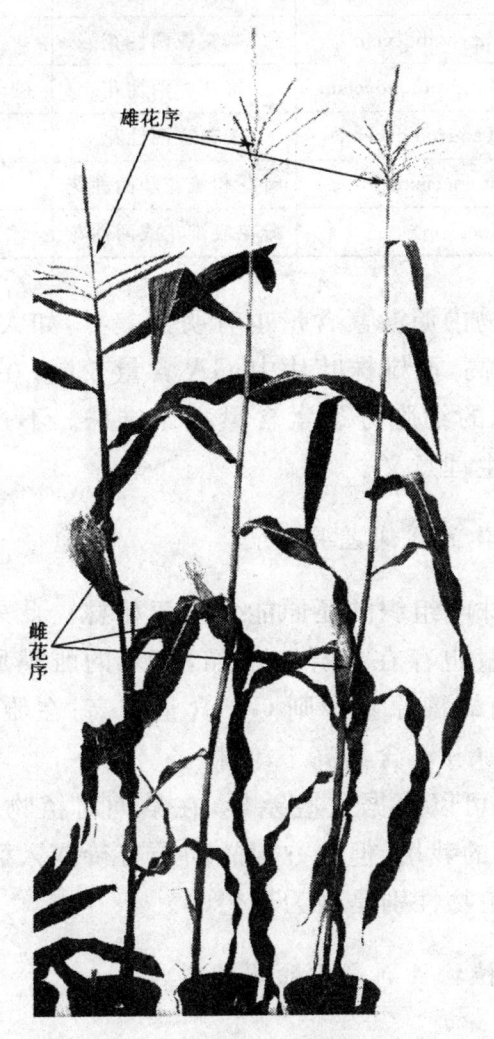

图 5-14 雌雄异花同株植物——玉米

如箭头所指,雄花序长在顶部,而雌花序长在茎秆中部的节上(即叶腋处)

表 5-4　高等植物性别表现的主要类型

性别表现类型	同一植株上可能形成的花型	代表植物举例
雌雄同株同花型(hermaphroditism)	两性花	小麦,番茄,拟南芥
雌雄同株异花型(monoecism)	雄花和雌花	玉米,黄瓜,白麦瓶草
雌雄异株型(dioecism)	雄花或雌花	菠菜,大麻,杨,柳
雌花两性花同株型(gynomonoecism)	雌花和两性花	金盏菊,灰绿藜
雌花两性花异株型(gynodioecism)	雌花或两性花	小蓟
雄花两性花同株型(andromonoecism)	雄花和两性花	硬毛茄,槭树,元宝枫
雄花两性花异株型(androdioecism)	雄花或两性花	柿树
三性花同株型(trimonoecism)	雌花和雄花和两性花	番木瓜
三性花异株型(tridioecism)	雌花或雄花或两性花	番木瓜

雌雄株植物内源激素含量也有明显差异,如大麻雌株叶片中的 IAA 含量较高,而雄株叶片中 GA 含量较高;在雌雄异株的野生葡萄中,雌株的细胞分裂素含量高于雄株。不过,目前还不了解这些差异的生理意义。

2. 雌雄个体的代谢差异

千年桐雌株叶组织的还原能力大于雄株。此外,雌雄株间内源植物激素含量也存在差异。例如,玉米的雌穗原基中 IAA 水平相对较高,而雄穗原基中则 GA 含量较高;在雌雄异株的野生葡萄中,雌株中 CTK 含量高于雄株。

在生产中,可以根据这些差异,在早期对植物的性别加以鉴定,进行有目的的栽培,但这方面的问题有待深入研究,如果能从种子就鉴定出植物性别是最为理想的。

3. 环境对植物性别分化的影响

(1)光周期

一般来说,短日照促进短日植物多开雌花,长日植物多开雄花;而长日照则促使长日植物多开雌花,短日植物多开雄花。如菠菜在经过长日诱导后,给以短日照处理,在雌株上可以形成雄花;玉米在光周期诱导后,继续处于短日条件下,可在雄花序上形成一个发育良好的小雌穗。

(2) 营养因素

土壤中氮肥和水分充足时,一般促进雌花的分化;而土壤氮少且干旱时,则促进雄花分化。在一些雌雄异株植物中,C/N 比低时,提高雌花的分化数目。

(3) 温度

特别是夜间温度,影响植物性别分化。如较低的夜温促进南瓜雌花的分化。

(4) 植物激素

生长素和乙烯可促进黄瓜雌花的分化,而赤霉素则促进雄花的分化。对于丝瓜、瓠瓜也是如此。因此,生产中使用的三碘苯甲酸和马来酰肼可抑制黄瓜雌花的分化,而抗赤霉素的矮壮素抑制雄花的分化。细胞分裂素也具有促进雌花分化的作用。

此外,伤害也影响植株性别分化,如番木瓜雄株伤根或折伤地上部分,新产生的全是雌株;黄瓜断茎后长出的新枝也全开雌花。这可能与植物受伤后产生较多乙烯有关。

4. 性别分化调控的遗传与生理机制

(1) 性别决定的遗传控制

不同性别类型的决定作用具有不同的遗传调控机制。总的来说,可以归纳成两大类型:一类是植物染色体组中具有明显可以分辨出来的与性别决定作用相关的染色体,即性染色体(sexual chromosome);另一类是没有明显可辨的性染色体,与性别决定作用相关的基因分散在染色体组中的染色体上。

具有明显性决定染色体的性别决定机制常见于雌雄异株植物中。这类植物的基因组中通常存在两种性别决定基因:一种是在被称之为 X 或 Y 染色体上性别决定的关键基因;另一种为与性别决定基因相互作用,以保证相应的性器官正常发育,而使异性器官败育的基本性基因。有的植物和动物的形式相同,雄性个体有异配型(XY)染色体,而雌性个体有同配型(XX)染色体,如白麦瓶草的染色体组是 XX 型时,这种植株只产生雌性单性花,为雌株;如果其染色体组型为 XY(图 5-15),这种植株只产生雄花,为雄性植物,说明 Y 染色体上带有决定雄性花发育的关键基因。

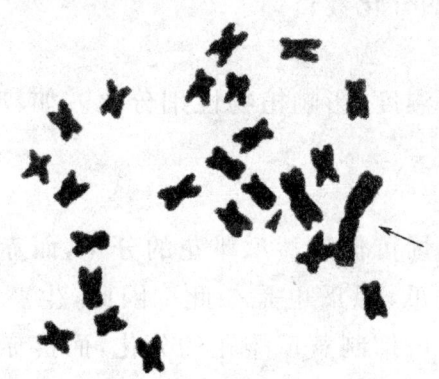

图 5-15 雄性白麦瓶草(*Silene latifolia*)的染色体组($2n=24$)
(箭头指示的为 X 染色体,箭杆指示的为 Y 染色体,其他的为常染色体)

(2)性别表达的激素调控

植物内源激素参与了性别表达的调控。据报道,不同性别植株或性器官内源植物激素含量有所不同(表 5-5)。玉米矮生型突变体比野生型有较低的 GA 水平,造成雌穗中雄蕊发育。

表 5-5 不同性别植株或性器官内源植物激素含量比较

植物激素	植物种类	器官	相对含量比较
生长素	黄瓜(*Cucumis sativus*)	茎尖	雌株＞雌雄同株
	芦笋(*Asparagus officinalis*)	幼花	雄株＞雌株
细胞分裂素	芦笋(*Asparagus officinalis*)		雄株＞雌株
	山靛(*Mercurialis annua*)		雌株＞雄株

续表

植物激素	植物种类	器官	相对含量比较
赤霉素	玉米（Zea mays）	花序	雌花序＞雄花序
	黄瓜（Cucumis sativus）	幼雄芽	雌雄同株＞雄株
脱落酸	大麻（Cannabis sativus）	叶片、花序	雌株＞雄株
	黄瓜（Cucumis sativus）	叶片、茎端	雌株＞雌雄同株
乙烯	黄瓜（Cucumis sativus）	花芽	雌花芽＞雄花芽

在不同植物中，激素在分子水平上的作用机制具有很大的差别。如赤霉素在玉米中起雌化作用，而在黄瓜中却起雄化作用，而且外施生长物质和内源激素的作用也不尽相同。首先应了解植物性别分化过程中内源激素水平变化的规律及其作用机制，才能更有效地进行人工控制。

5.5 授粉和受精生理

5.5.1 授粉受精过程

花发育成熟时，萼片和花瓣向外展开，露出了雄蕊和雌蕊。同时，雄蕊上的花药药室裂开，散发出成熟的花粉粒。花粉粒经各种不同的途径，如由花药直接与雌蕊柱头接触，或是通过风吹，或是动物的携带，把花粉粒传递到雌蕊的柱头上，这个花粉传递到柱头的过程就叫授粉（pollination）。授粉有很多种形式，花朵不开放即授粉叫闭花授粉；花粉粒授到同一朵花的柱头上叫自花授粉；相对应地，花粉授到不同花的柱头上叫异花授粉。其他有通过风传送花粉的风媒授粉，或通过昆虫来授粉的虫媒授粉等。

受精（fertilization）是雄配子把雄配子（即精细胞）输送到雌配子体中与雌配子结合的过程。整个过程是从花粉粒落到雌蕊的柱头上后开始，花粉粒与柱头细胞相互作用，如果它们是亲和的,花粉粒即从柱头细胞吸水膨胀,萌发出花粉管,花粉管进入柱头组织,经由花粉管通道向胚珠方向伸长,最后进入胚珠内部,把两个精细胞释放到胚囊中,进行双受精作用(double fertilization)。双受精就是花粉管带来的两个精细胞,一个与胚囊中的卵细胞结合形成合子,另一个与中心细胞核结合,所形成的合子发育成胚胎,而受精后的中心细胞发育成胚乳。卵子和精子都是单倍体细胞,因此精细胞与卵细胞的结合形成的合子为二倍体,使植物生命周期循环回复到二倍体世代。在胚囊形成发育的过程中,中心细胞的细胞核是由两个单倍体的极核融合而成的二倍体细胞核,与精细胞核结合后形成了三倍体的细胞核,因此,植物的胚乳细胞的基因组是三倍体。

受精过程的几个重要环节包括:花粉粒与柱头细胞相互识别、花粉管的萌发与极性生长、花粉管被准确地引导到胚珠内的雌配子体中、精细胞与卵细胞及中心细胞核的识别与融合。

5.5.2 花粉和柱头的活力

1. 花粉的生活力

花粉(pollen)是花粉粒(pollen grain)的总称,花粉粒由花粉母细胞减数分裂后形成。花粉粒通常有两层壁,外壁蛋白来源于孢子体的绒毡层,是花粉与雌蕊组织发生相互识别的物质,与受精亲和性有联系,特称"识别蛋白"(图5-16)。内壁蛋白由花粉本身的细胞合成。

植物花粉生活力的大小不仅影响作物的受精效率和籽粒产量,而且在杂交育种过程中,若遇亲本花期不遇,则需要先采集花粉,以贮藏备用,因此,花粉生活力的强弱就显得尤为重要。

在自然条件下,各种植物花粉的生活力差异很大。果树花粉的生活力能维持较长时间,如梨、苹果可保持70~210d,向日葵可保持一年;一般作物花粉的生活力较短,水稻约为几分钟,小麦约为数小时,玉米1~2d。在杂交育种中,如果亲本花期不育,就必须将花粉收集起来备用。因此,了解花粉的生活力及贮藏的条件是很重要的。花粉的生活力一般与外界环境条件有关。在高温条件下,花粉很容易丧失生活力,如棉花开花时,遇到40℃以上的高温,花粉粒就不能萌发。极其干旱或者特别潮湿的情况下,花粉也容易丧失生活力。一般来说,相对湿度为6%~40%的情况下,贮藏花粉最好。但禾本科花粉要求40%以上相对湿度。低温可降低花粉的代谢强度,延长贮藏期。花粉可忍受-20℃甚至-20℃以下的低温。一般花粉贮藏的最适温度是1℃~5℃,干燥、低温、增加二氧化碳和减少氧气,有利于保持花粉的活性。

 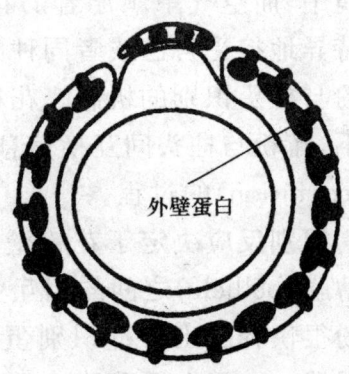

(a) 具有一个萌发孔的花粉粒的内壁蛋白定位　　(b) 同一种花粉的外壁蛋白定位

图 5-16　花粉内壁蛋白和外壁蛋白

2. 柱头的生活力

柱头的授粉能力和持续时间长短与柱头的生活力有关。柱头的生活力一般能持续一个时期,比花粉的寿命要长一些。在一般情况下,开花后的柱头就具有授粉能力,以后加强,达到高峰后下降,最后丧失授粉能力。例如,水稻柱头的生活力为6~7d,以开花当天授粉的花粉萌发率及结实率为最高。小麦柱头在麦穗从叶鞘抽出2~5h就有授粉能力,抽穗后第3天结实率最高,通常可维持9d,但第6天以后结实力明显下降。玉米花柱(即花丝)长度达穗长一半时柱头就有授粉能力,花丝抽齐后1~5d授粉能力最强,6～7d后开始下降,第9天则急剧下降[①]。

5.5.3 花粉与柱头细胞的相互识别

在自然条件下,柱头能接受多种植物的花粉,但不是所有落到柱头上的花粉都能正常萌发。花粉落在雌蕊柱头上能否正常萌发并导致受精,决定于双方的亲和性,即花粉和雌蕊组织之间的"认可"或"拒绝"的"识别"反应。

植物开花后,雌蕊上接受花粉的柱头组织暴露在一个开放的环境中,而空气中飘浮着的花粉粒都有可能落到柱头上,为了保证特异地接受自己或者同种的花粉,植物进化发展出了一套控制花粉与柱头识别的机制。花粉粒落在柱头上后,在这种机制的控制下,花粉与柱头间互换信息,产生双向的信号传递,即相互识别(recognition)的过程。

识别反应决定于花粉壁蛋白质和柱头乳突细胞表面的蛋白质薄膜(pellicle)之间的相互关系。当种内花粉落到柱头表面后,花粉很快释放出外壁识别蛋白,扩散进入柱头表面,与柱头表层感受器——蛋白质薄膜中所含有的识别糖蛋白相互作用。如果双方是亲和的,花粉管尖端产生能溶解柱头薄膜下角质层的酶,使花粉管穿过花柱而伸长,直至受精。若花粉释放的外壁识别蛋白与柱头表面的识别糖蛋白不亲和,柱头的乳突细胞立即产生胼胝质(callose,化学成分是 β-1,3-葡聚糖),阻碍花粉管穿入,而且花粉管尖端也被胼胝质封闭,使受精失败(图 5-17)。

花粉粒与柱头细胞间的识别过程大致可分为吸附和水合两个环节。也有人认为,花粉粒与柱头上的识别应该有三个环节,即在花粉粒吸附到柱头上后,花粉粒表面与柱头表面之间会发生共价交联作用。花粉粒之所以能黏附在柱头上,一方面是柱头表面有许多乳头突起可以让花粉粒停靠;另一方面是由于柱头表皮细胞中的内质网分泌出的分泌物,通过质膜、细胞壁达到角质层

---

① 张立军,刘新. 植物生理学[M]. 2版. 北京:科学出版社,2011.

的外面,形成一层膜,这种分泌物的成分主要是油状的十五烷酸、1,2-羟基硬脂酸、亚麻酸等脂肪酸构成的油脂,对花粉粒有非常强的黏着作用。柱头表面细胞和花粉粒表面的一些组分,如脂类物质、蔗糖、葡萄糖和果糖以及硼酸等对花粉粒的水合很重要。通过基因突变降低脂类物质的合成会导致亲和的花粉粒在柱头上不能水合和萌发。不过,花粉粒在培养基上培养时并不需要添加脂类物质花粉粒也能吸胀萌发,说明柱头细胞与花粉粒的相互作用主要是启动花粉粒的水合作用,从而进一步激发花粉的萌发。

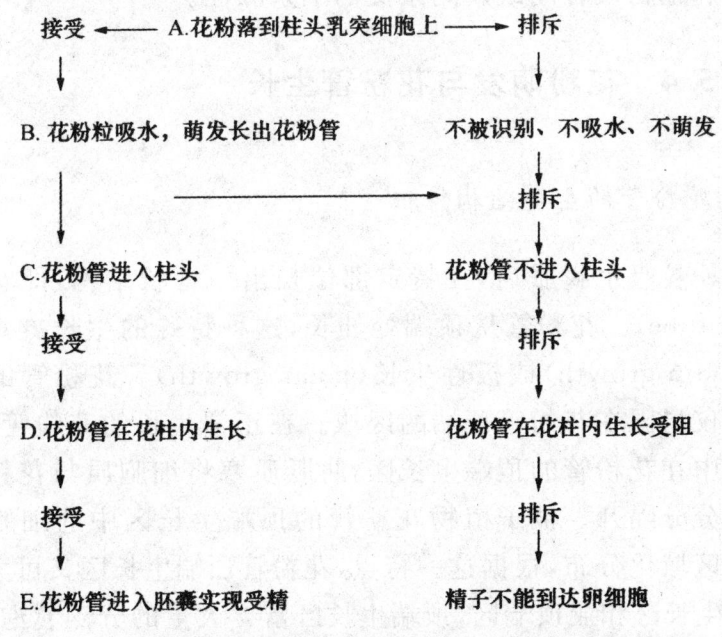

图 5-17 受精过程中,亲和时花粉的活动及不亲和时的各种障碍

花粉和柱头相互识别作用,是植物在长期进化过程中形成的,它保证了物种的稳定、繁衍与进化。然而在育种实践中,常常要克服花粉与雌蕊组织之间的不亲和性,从而达到远缘杂交的目的。通常采用下列几种措施克服杂交或自交不亲和性。

(1)花粉蒙导法

即在授不亲和花粉的同时,混入一些杀死的但保持识别蛋白的亲和花粉,从而蒙骗柱头,达到受精的目的。例如,加拿大杨(*Populus deltoides*)与银白杨(*Populus alba*)进行种间杂交,本是不亲和的,但在银白杨花粉中混入经射线杀死的加拿大杨花粉,然后再给加拿大杨授粉,则可得到15%的结实率。

(2)蕾期授粉法

即在雌蕊组织尚未成熟、不亲和因子尚未定型的情况下授粉,以克服不亲和性。

(3)离体培养

利用胚珠、子房等的离体培养,进行试管授精,可克服原来自交不亲和植物及种间或属间杂交的不亲和性。

5.5.4 花粉萌发与花粉管生长

1. 花粉管的主要结构特征

花粉粒吸水膨胀后,在特定部位长出一管状结构,即花粉管(pollen tube)。花粉管从顶端处伸长,这种特殊的生长方式叫顶端生长(tip growth)或极性生长(polar growth)。花粉管的顶端生长仅仅局限在花粉管顶端的区域。在正常生长的花粉管中,细胞质集中在花粉管的顶端生长区,胼胝质塞将细胞质与花粉管的其他部分分隔开。被子植物花粉管的顶端生长区中的细胞器呈典型的区域化分布,根据这一特点,花粉管顶端生长区又可大致分为顶端生长区和亚顶端区,顶端生长区富含大量的分泌囊泡,但几乎没有其他的细胞器;其后的亚顶端区的细胞质中则含有丰富的线粒体、网状高尔基体、内质网和小泡等各种细胞器(图5-18)。被子植物花粉管细胞质中这种特殊的分布模式,被认为是花粉管顶端生长的必备条件。花粉管顶端生长依赖于高尔基体囊泡运动到其顶端的正向胞吐作用,它是通过囊泡发生锚定和融合的细胞内层区位点的选择和建立而开始的。

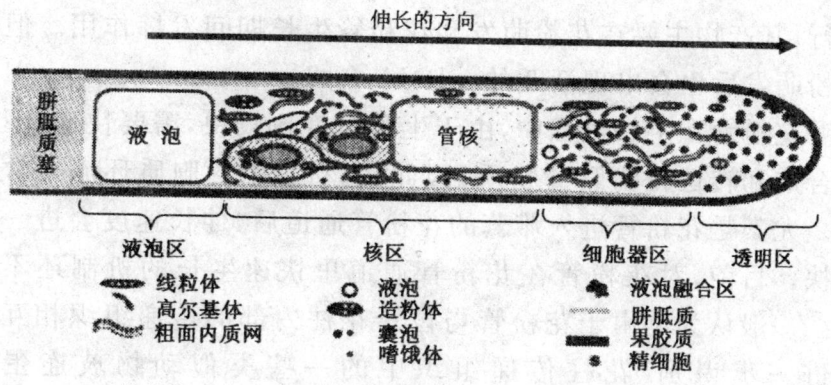

图 5-18 花粉管顶端区域的结构示意图

2. 花粉萌发

花粉落在柱头上,经过识别之后,在适宜条件下,花粉粒开始从柱头的分泌物中吸取水分,发生水合作用,使其内部压力增大,花粉粒的内壁从外壁上的萌发孔向外突出形成细长的花粉管,这个过程称为花粉的萌发。

落在柱头上的花粉萌发时间因植物种类而异。例如,水稻、高粱和甘蔗等的时间很短,几乎是在授粉后立即萌发;玉米需5min;有些作物所需时间较长,甜菜为2h,棉花为1~4h,甘蓝为2~4h。

3. 花粉管生长生理

多数植物的花粉粒落到柱头上后,如果是亲和的则很快萌发,花粉管的生长速率也很高。如玉米花粉落到柱头上,5min内即萌发,在24~36h内就可伸长达50cm。在花粉萌发时,蛋白质合成迅速启动,但一般认为在萌发和花粉管生长早期合成蛋白质所需的mRNA多是在花粉发育时已合成并储存于花粉粒中的。例如,在烟草花粉管中合成的69kDa和66kDa多肽就是由成熟花粉粒中储存的mRNA在花粉管生长时翻译形成的糖蛋白。玉米中分离到的花粉特异基因 *Zml3* 是在小孢子有丝分裂后出现

mRNA,在花药开裂时开始翻译蛋白质,在花粉管生长期间继续进行,其产物主要在花粉萌发和花粉管生长期间发挥作用。但在花粉萌发后也会出现活跃的 mRNA 合成。

花粉管在生长过程中,由于生长速度比较快,需要快速、不断地合成和转运花粉管壁物质,因此,花粉管中的胞质环流异常活跃。尤其是花粉管进入雌蕊的花粉管通道后,伸长速度会进一步加快。目前,对花粉管在花粉管通道里快速生长的机制还不清楚。一般认为是由于花粉管与位于花柱内部的传递组织相互作用进一步识别,花柱传递组织中的一些类似动物玻连蛋白(vitronectin)的蛋白质分子可能协助花粉管生长,雌蕊花粉管通道中的胞外基质也为花粉管生长提供营养。此外,如 Ca^{2+} 对花粉管的萌发和生长都有刺激作用,生长素、一些低分子质量的蛋白质和黄酮醇等也有助于花粉管的生长。

花粉管的生长是由一系列的基因精密调控的。目前,已发现了一些与花粉管生长相关的基因,这些基因在功能上可以归纳为 4 大类型,即参与花粉管细胞壁合成与修饰的酶蛋白基因、小 G 蛋白基因、参与细胞内运输的蛋白基因和第二信使信号转导的基因。

4. 花粉管的定向生长

花粉管必须经过一段距离才能到达雌配子体(图 5-19),而且花粉管在体内伸长是定向的,并且一个胚珠只能接纳一条花粉管,只有一条花粉管被引导到一个胚珠进入胚囊。花粉管被引导进入胚囊分为两步:首先花粉管被引导到胚座(也叫胚柄),这个过程叫胚座导向(funicular guidance);第二步是花粉管被吸引到珠孔,这个过程叫珠孔导向(micropylar guidance)。目前对胚座导向的分子机制了解得还很少,有实验显示雌蕊中胚座表面存在的 γ-氨基丁酸(GABA)在胚座表面的浓度呈梯度分布与胚座导向密切相关,但还不了解其作用的分子机制。

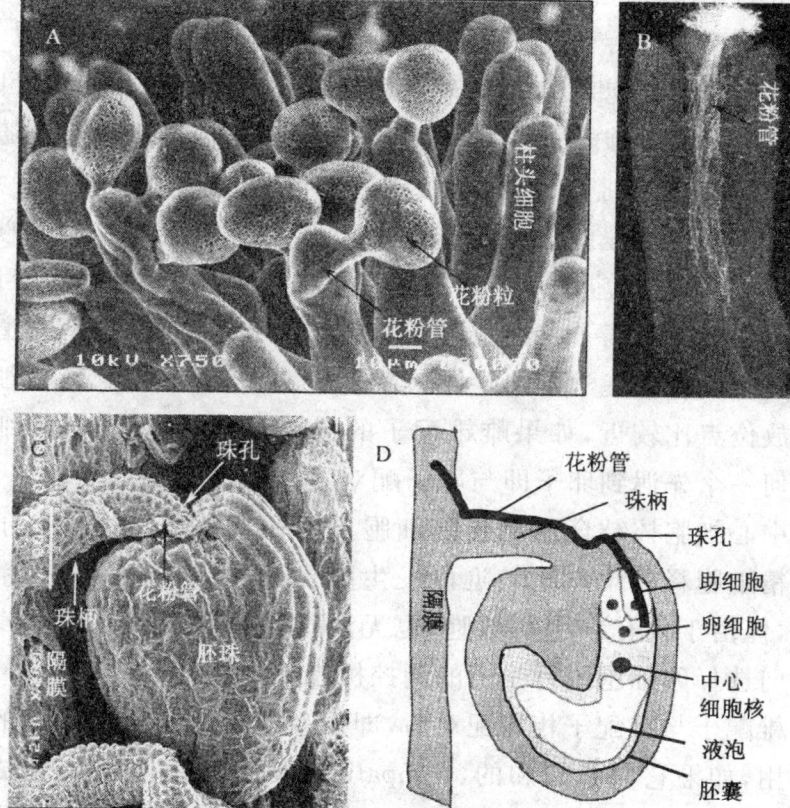

图 5-19 花粉管在雌性器官中的生长过程

A. 花粉粒在柱头细胞的表面萌发,然后花粉管进入柱头组织;B. 花粉管通过花柱和隔膜中的花粉管通道;C. 花粉管被引导经过胚柄(或胚座)伸向珠孔;D. 花粉管经珠孔进入胚囊中的过程示意图

5. 雄配子体与雌配子的识别生理

雄配子体与雌配子的识别集中体现在两个方面:一方面,是花粉管与助细胞之间的识别;另一方面,是精细胞与卵细胞或中心细胞之间的识别和配对选择。花粉管通过珠孔进入胚囊,首先要通过的是助细胞。在花粉管到达时,助细胞已经开始退化降解,花粉管通过助细胞时,由一种未知的机制调控花粉管的爆裂,释放出花粉管所携带的两个精细胞。一些基因的突变会引起花粉管穿过助细胞后不能破裂的表型,说明助细胞与花粉管之间存

在精密的互作,但目前还缺乏对其作用机制的了解。

花粉管破裂后释放出的两个精细胞要使两个雌配子细胞(即卵细胞和中心细胞)受精,此时就出现了选择配对的问题。目前还不清楚这种雌雄配子配对是随机的还是定向的。如果是随机的,那这两个精细胞应该具有相同的细胞生物学和生理学特点;如果是在发育过程中已经安排好了哪个是与卵细胞或是中心细胞配对,它们之间应该存在细胞生物学和生理学上的差异。目前还没有发现两个精子在细胞形态学上有什么差别,但也不知道它们之间有没有生理学上的差异。在空间上来说,卵细胞离精细胞的释放位点比较近,如果雌雄配子的选择是随机的,两个精细胞的任何一个先遇到卵子即与卵子配对发生融合形成合子,另一个即与中心细胞核结合形成胚乳细胞。这种现象虽然支持由于卵子离精细胞释放位点比较近而发生随机优先选择精细胞受精的假说,但由于只有一个精细胞,也无法排除这种类精细胞本身带有定向选择卵细胞进行受精的调控机制。

雄配子与雌配子相遇配对后,即发生雌雄配子直接接触的识别作用,如果它们是亲和的(compatible),即会发生融合,完成受精作用;如果它们之间是不亲和的(imcompatible),即不会发生融合,受精作用终止。

6. 受精过程中雌蕊的生理生化变化

在受精过程中,胚珠与子房发生了剧烈的变化。影响整个植物体的代谢,首先表现为呼吸速率提高,如棉花受精时的呼吸速率比开花当天高 2 倍;一些植物受精的子房出现呼吸高峰,同时呼吸熵也有上升的趋势,反映了物质代谢的变化。受精后细胞中的各种细胞器数量增加,并进行重新分布,大量造粉体和线粒体围绕核排列,多聚核糖体和高尔基囊泡增多,壁物质合成旺盛。

受精过程中,雌蕊生长素含量显著增加并发生动态变化,一方面花粉带入了大量生长素;另一方面,随着花粉管萌发,雌蕊组织中生长素含量增加。子房中的植物激素含量也发生变化,如生长素和细胞分裂素含量增加,刺激了细胞分裂和生长。这时子房成为竞争力很强的库,整个植物的生长中心转移到种子和果实,大量营养物质运入,子房迅速膨大。

7. 植物的自交不亲和性

许多植物的花粉落在同花的雌蕊柱头上不能成功地受精,植物的这种特性称为自交不亲和性(self-incompatibility)。除了位置、形态和时间上的障碍外,亲和性的分子基础是花粉和柱头以 S 等位基因产生的特异蛋白的识别作用,S 基因的表达产物多为糖蛋白。在开花前后的特定时间表达。当花粉与雌蕊中表达的 S 等位基因相同时,就发生自交不亲和反应。

自交不亲和性可分为孢子体型和配子体型两类。孢子体型自交不亲和性的识别一般在柱头表面进行,即花粉外壁蛋白通过与柱头表膜蛋白交流信息而识别。S 基因在柱头乳突细胞表达糖蛋白,表现为花粉管不能穿透柱头乳突细胞的角质层,通常十字花科、菊科等三核花粉和干型柱头的植物属这一类。配子体型自交不亲和性,一般产生双核花粉和湿润型柱头的植物,如茄科、蔷薇科、百合科植物及三核花粉中的禾本科植物属这一类,植物中 S 基因表达的糖蛋白在花柱中,花粉萌发和生长进入花柱,在花柱组织内被抑制生长。最近的研究证明,某些植物的配子体 S 基因的糖蛋白有核酸酶活性,称 S-RNase,可抑制自体花粉管的生长。自交不亲和植物在柱头细胞中或在花粉管中产生胼胝质,阻碍花粉管进入花柱或继续生长,不能到达胚囊而完成受精。

可采取适当的办法来克服植物的不亲和性,如通过增加染色体倍性或人工将自交不亲和的二倍体诱导得到四倍体等。常采用的蕾期授粉是利用雌蕊未成熟或衰老时,它们的不育基因尚未定型或不亲和成分减弱来克服不亲和障碍。高温或射线处理以及用生长物质也可部分克服自交不亲和性反应。

8. 影响授粉受精过程的因素

授粉受精过程是植物发育进程中的一个极其重要的环节,内部和环境条件对这个过程的影响直接关系到植物种的延续以及作物的产量和质量。

糖是花粉萌发时的渗透调节物质,也是花粉管生长的物质、能量来源。在花粉和柱头上都有蔗糖调节渗透势,使萌发的花粉能正常生长。花粉在纯水中萌发后即破裂,所以多雨的气候影响授粉而造成空瘪粒。

花粉中含较高的硼,硼和糖形成复合物,有利于花粉对糖的吸收;硼还参与果胶物质的合成,促进花粉管生长时管壁的建造。所以,硼对花粉的萌发和花粉管生长有促进作用。植物缺硼时,常出现"花而不实"的现象,即由于不能正常受精。在油菜等作物或果树的生产中,注意花期喷施硼酸,对提高产量和坐果率十分有效。

适于开花的温度一般是20℃~30℃,也是花粉萌发和花粉管生长的适宜温度。夏季开花的植物比秋季开花的植物最适温度高。苹果春天开花时,如遇零下低温,花粉和胚囊都发育不好而不能正常授粉受精。

花粉的萌发和花粉管生长对pH值也非常敏感,不同植物或不同品种的最适pH值不同,多数植物在较大的pH值范围内表现为钟形曲线。少数植物对pH值要求很严,如芸薹属植物的花粉只在pH值6.5时才能萌发。

一般落在柱头上的花粉密度越大,花粉萌发比例越高,花粉管生长也较快,这种现象叫花粉萌发的集体效应(population effect)。这显然与花粉粒产生的某些促进萌发和生长的物质有关。也可以用人工授粉来增加花粉的数量,提高受精率或克服不亲和性。

5.5.5 受精生理

1. 受精的过程、方式和特点

受精作用(fertilization)是雌、雄性细胞,即卵细胞与精子相互融合的过程。绝大多数植物花粉落在柱间上后花粉生长速度很快,一般从花粉附到柱头上,到吸胀、花粉壁破裂、萌发、花粉管伸长,穿过柱间突起的角质层进入柱头,可以在几十分钟内完成。兰花的花粉管则需要数周时间甚至数月才能到达胚囊,裸子植物的受精也需要数月。

(1)受精过程

被子植物的卵细胞位于胚囊内,必须借助花粉管将精子送入胚囊中。对一个成熟胚囊来说,包含 7 个细胞:接近珠孔端有 3 个细胞,中间为卵细胞,两侧为助细胞;群集在合点端有 3 个反足细胞;胚囊中央为一个带有 2 个极核的大细胞。

花粉落在柱头上,萌发伸出花粉管,花粉管可能在向化性控制下,沿着柱头、花柱、胚珠、胚囊的方向顺序生长。在花粉管进入胚囊以前,花粉粒中的 2 个细胞核之一的生殖核,通过有丝分裂形成两个精核,而另一个细胞核——管核,则不进行这样的分裂。精核和大部分的细胞质增多,集中于花粉管顶端,花粉管进入胚囊后,其顶端即自行解体,释放出 2 个精核。一个精核与卵核结合,另一个精核与 2 个助细胞结合形成 3 倍体的非胚性化初生胚乳核,即双受精过程。胚囊中的其他助细胞、反足细胞随后在胚囊中解体。

(2)受精方式

不同的植物受精方式不同。就被子植物而言,通常有三种方式。

①珠子受精:花粉管到达子房后沿子房内壁经珠孔进入胚囊,完成受精作用,大多数作物均属此种方式。

②合点受精:花粉管进入子房后沿子房内壁表皮经合点进入胚珠进行受精,如胡桃、鹅耳枥等。

③中部受精:花粉管进入子房后经珠柄(如黄连木属)或珠被(如南瓜属)进入胚珠。

(3)受精作用的特点

双亲遗传性。受精作用实质上是雌、雄性细胞相互同化的复杂过程。雄性配子是以裸露的核还是以整个精细胞进行受精,一直是有争议的问题。近年来,应用电镜研究,证明不少植物(如小麦、红萼月见草、白雪花等)的雄性配子是以核与细胞质同时进入雌性配子完成受精作用。而且证明,红萼月见草的受精卵中含有来自精细胞的质体;白雪花是一种胚囊中没有助细胞的被子植物,它的受精卵和中央细胞受精后都含有精细胞的质体和线粒体。由此证明,父本的细胞质遗传物质可能通过受精作用传递给后代。

精卵选择性。由于受精时两个精细胞中细胞器的分配数量不是均等的,所以在胚与胚乳中雄性细胞质的遗传信息是不对称的。例如,白雪花与营养核相连的较大的精细胞中含有较多的线粒体(约250个),它与极核融合发育成胚乳,另一个较小的精细胞含有较多的质体(50个),与卵细胞融合发育成胚。这说明雄性配子有识别雌性配子的能力。

花粉多重性。通常,许多花粉粒落在柱头上而萌发,然而只有一个花粉管进入胚囊完成受精作用。但有时是多个花粉管进入胚囊,叫作受精的多重性。这一现象对花粉萌发、花粉管生长、胚与胚乳的发育均有促进作用。

2. 受精的代谢变化

在受精过程中,子房发生强烈的代谢变化。

(1)呼吸速率提高

据测定,棉花雄蕊受精时的呼吸速率比开花当天高2倍,百合花受精时子房即刻出现呼吸高峰,同时呼吸熵也发生变化:受精前为1.10~1.15,受精时上升为1.30,受精后再上升至1.43。呼吸熵的变化反映了物质合成方向与合成速率的剧烈变化。

(2)内源激素含量提高

除了IAA之外,在香蕉幼果和受精后3周的苹果果实内发现有CTK的存在。

(3)物质的运输与转化提高

由于IAA的迅速增加,子房成为一个竞争力很强的代谢库。

(4) 细胞质中各种细胞器数量增加并进行重新分布

大量的造粉体与线粒体围绕核排列,按蛋白体数量增加并聚集成多核糖体,高尔基体的囊泡增加,代谢活动增加,说明壁物质的合成旺盛,内质网增多,如胚乳细胞中既有粗面内质网又有光面内质网。

总之,雌蕊由于传粉受精而发生许多生理变化,使植物的生长中心转向种子和果实,使大量的有机质向种子和果实中集中。

3. 无融合生殖与单性结实

(1) 无融合生殖

被子植物的胚通常是受精卵发育而成的。但有些植物的卵不经受精作用可直接发育成胚,或由胚珠内的反足细胞、助细胞发育成胚,形成种子,产生有籽果实,即不经受精作用而产生有籽果实的现象,叫作无融合生殖(或无配子生殖,apomixis)。无融合生殖有三种类型。

单倍体胚无融合生殖。胚囊母细胞进行正常的减数分裂,形成单倍体的胚囊。这又有三种情况:

①单倍体孤雌生殖,胚囊中的卵细胞未经受精而形成单倍体的胚,如天麻属、蒲公英属的一些植物;

②无配子生殖,胚囊中的卵细胞由于某种原因未形成胚,而由助细胞、反足细胞等不经受精而发育成单倍体的胚,如葱属、百合属、鸢尾属、兰科等植物;

③单雄生殖,由于卵细胞已退化、解体,不能与精子结合,进入胚囊的精子单独分裂产生单倍体。在自然界中单雄生殖现象在玉米、水稻、百合、曼陀罗等植物中均有发现。

这三种情况所形成的种子虽有生活力,但一般不发育,需用秋水仙素处理,使染色体数目加倍成为二倍体,则可得到纯合自交种子。

二倍体胚无融合生殖。胚囊中未经减数分裂的孢原细胞(胚囊母细胞),或者珠心组织中某些二倍体细胞可形成胚(二倍体)。

不定胚无融合生殖。有些植物可由胚囊外面的珠心或珠被细胞直接发育成胚（二倍体），叫作不定胚。例如，柑橘具有多胚现象，其中只有一个胚是通过受精作用由合子发育来的，其余的胚由珠心、珠被细胞进入胚囊而发育成的不定胚，其后代是可育的。由其繁育的实生苗叫作珠心苗，因无父本基因，表现为母本性状。

(2) 单性结实

植物不经受精作用而使子房膨大形成无籽果实的现象，叫作单性结实（parthenocarpy）。单性结实分为两类。

天然单性结实。凡不经授粉或其他任何刺激而形成无籽果实的现象，叫作天然单性结实。例如，葡萄、柿子、香蕉、无花果、无核蜜橘等的个别植株或枝条发生突变而形成无籽果实，把突变枝条剪下进行无性繁殖可形成无核品种。天然单性结实的发生，一方面是花粉败育，另一方面由于子房中的 IAA 大量增加，促使子房不经受精而膨大。另外，环境条件（如低温）也能引发植物单性结实，如低温条件下茄子发生单性结实。

刺激性单性结实。在外界环境条件的刺激下而引起的单性结实。例如，较低温度和较高光强可诱导番茄产生无籽果实；短光周期和较低夜温可引起瓜类作物单性结实等。因此，利用某些生长物质处理花蕾也可引起子房膨大而形成无籽果实。

有些植物授粉受精后，由于各种原因而使胚停止发育，但子房或花托继续发育，亦形成无籽果实，这种现象叫作假单性结实（或伪单性结实），如无核柿子和无核白葡萄。

值得注意的是，胚珠较少的植物（如桃、杏、李等）一般没有单性结实；而易出现单性结实现象的植物（如西瓜、番茄、柑橘等），其子房内通常含有多枚胚珠。

综上所述，有籽果实通常为受精的结果，但受精后不一定都形成有籽果实；单性结实形成无籽果实，但无籽果实不一定都是单性结实所致。单性结实的发现和诱导，在生产、生活和育种方面都有较好的应用。

第6章 植物的成熟和衰老机理

植物开花受精后,逐步发育形成种子和果实。种子与果实形成时,受一系列基因控制,不只是发生形态上的变化,而且发生剧烈的生理生化变化。种子与果实的发育好坏,不仅对植物下一代的发育极为重要,同时也决定作物产量的高低与品质的优劣。多数植物的种子和某些植物的营养繁殖器官在成熟后并不能立即萌发,而是进入休眠状态。对一年生、二年生的草本植物来讲,种子和果实形成之后就趋向衰老,有的器官还发生脱落。这些生理现象均与作物生产紧密相连。所以,成熟生理和衰老生理的研究在理论及实践上均有重要意义。

6.1 种子与果实成熟时的生理生化变化

6.1.1 种子成熟时的生理生化变化

高等植物的种子成熟实际上包括两个过程:一是受精后的合子经过细胞分裂,形成能够发育成新个体的胚;二是从营养器官运入的可溶性低分子化合物(如葡萄糖、蔗糖、氨基酸等),在种子内逐渐转化为不溶性的高分子化合物(如淀粉、脂肪、蛋白质等)贮藏起来。并且,伴随着物质的转化与积累,种子逐渐脱水,使细胞质由溶胶状态逐渐转变为凝胶状态。于是,种子进入生理上不活跃的休眠状态,以便度过不良的外界环境条件。

1. 贮藏物质的变化

(1) 糖类的变化

大多数成熟种子至少含有 2 种或 3 种主要贮藏物质:糖类、蛋白质和脂肪。小麦、水稻、玉米等禾谷类种子和豌豆、菜豆、蚕豆等豆类种子,其贮藏物质以淀粉为主,通常称之为淀粉种子。在成熟过程中这类种子伴随着可溶性碳水化合物含量的逐渐降低,而不溶性碳水化合物含量则不断增加。例如,小麦种子成熟时胚乳中的蔗糖与还原糖(果糖和葡萄糖)的含量迅速减少,而淀粉的积累急剧增加(图 6-1)。而且,在形成淀粉的同时,还形成构成细胞壁的不溶性物质(纤维素和半纤维素)。禾谷类种子成熟要经过乳熟、糊熟、蜡熟和完熟。淀粉的积累以乳熟和糊熟两个时期最快,因此干重迅速增加。同时,催化淀粉合成的酶类活性提高,这些酶主要是 Q 酶、淀粉磷酸化合酶、腺苷(或尿苷)二磷酸淀粉转葡萄糖基酶。这些酶的活性变化与种子内淀粉增长率相一致。

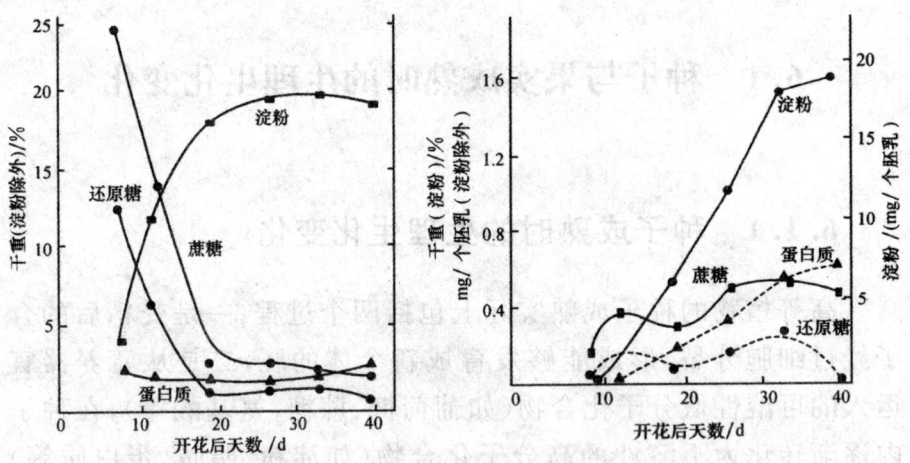

图 6-1 小麦开花后主要物质的变化

(2) 脂肪的变化

大豆、花生、油菜、蓖麻、向日葵的种子中脂肪含量很高,因此称之为脂肪种子[①]。脂肪种子在成熟时,先在种子内积累糖分(包括可溶性糖及淀粉),然后糖分转化为游离的饱和脂肪酸,最后形成不饱和脂肪酸。油料种子完成这些转化过程后才充分成熟。若种子未完全成熟就收获,种子不仅含油量低,而且油脂的质量也差。另外,在油料作物的种子中也含有由其他部位运来的氨基酸及酰胺合成的蛋白质。

油料种子在成熟过程中,脂肪含量不断提高,碳水化合物含量相应降低(图 6-2),表明脂肪是由碳水化合物转化而来的。

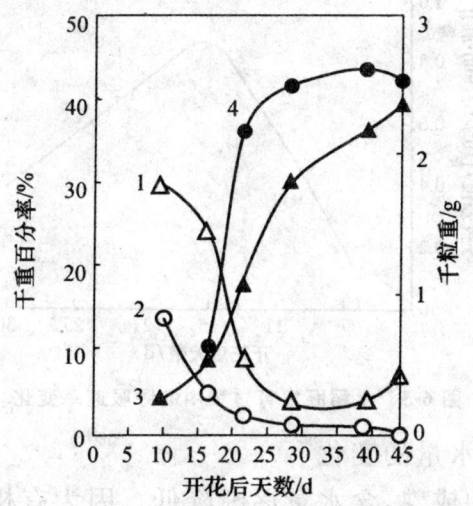

图 6-2　油菜种子在成熟过程中各种有机物的变化
1. 可溶性糖;2. 淀粉;3. 干粒重;4. 粗脂肪

(3)蛋白质的变化

豆科植物种子富含蛋白质,这类种子积累蛋白质的特点是:首先,叶片或其他器官中的氮素以氨基酸或酰胺的形式运至荚果,在荚皮中氨基酸或酰胺合成蛋白质,暂时贮藏;其次,暂存的蛋白质分解,以酰胺态运至种子,转变为氨基酸,再合成蛋白质,用于贮藏。

---

① 蔡永萍. 植物生理学[M]. 2 版. 北京:中国农业大学出版社,2014.

2. 其他生理生化变化

(1) 呼吸速率的变化

种子成熟过程中,有机物质积累迅速时,呼吸速率亦高;种子接近成熟时,呼吸速率逐渐降低。如水稻成熟过程中,呈单峰曲线,在种子形成初期(乳熟期)呼吸逐步升高,到糊熟期达到高峰,然后下降(图6-3)。

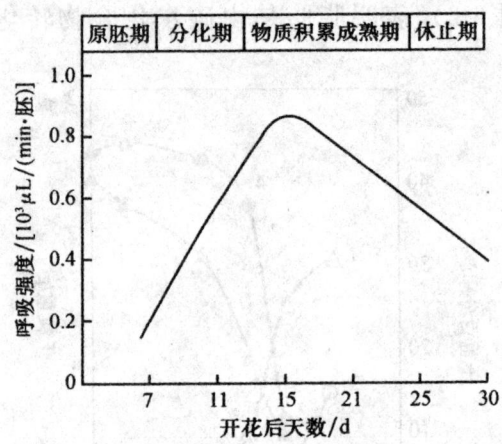

图6-3 水稻胚发育过程中的呼吸速率变化

(2) 种子含水量的变化

随着种子的成熟,含水量逐渐降低。因为有机物质的合成伴随着脱水过程,所以种子的含水量与干物质的积累相反。同时,种子成熟时幼胚中具有浓厚的原生质而无液泡,自由水含量极少。随着含水量的下降,种子的生命活动由活跃状态转入休眠状态。

(3) 核酸含量和酶活性的变化

水稻开花后15～25d,核酸含量增加缓慢,但RNA含量增加明显,同时蛋白质含量亦相应增加;在小麦的成熟籽粒中RNA含量比DNA含量高10倍;豌豆种子RNA与DNA的含量随着子叶鲜重的增加而增加,当达到最大值时开始缓慢降低(图6-4)。在RNA变化的同时,作为基因表达产物的酶类及其活性也随之变化,如在胚胎发育过程中磷酸酯酶、呼吸代谢酶类、过氧化物酶等活性均发生相应的改变。

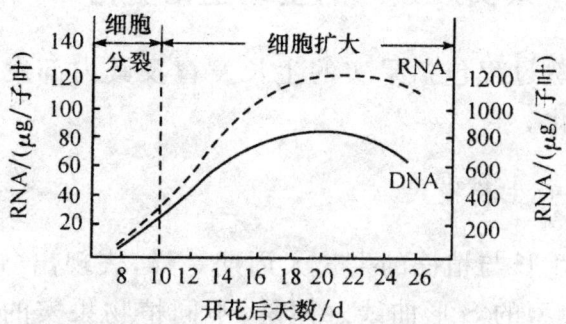

图 6-4 豌豆子叶发育过程中核酸含量的变化

（4）内源激素的变化

种子成熟过程中受到多种内源激素的调节与控制,因此种子中内源激素的种类与含量在不断地发生变化,以小麦为例(图 6-5)。

①CTK,胚珠受精前其含量极低,受精末期达到最高,然后下降。

②GA,受精后籽粒开始生长时其浓度迅速提高,受精后第三周达到高峰,然后减少。

③IAA,胚珠内含量极低,受精时略有增加,然后减少,籽粒膨大时再度增加,当籽粒鲜重最大时其含量最高,籽粒成熟时几乎测不出其活性。

④ABA,籽粒成熟时期其含量大大增加。

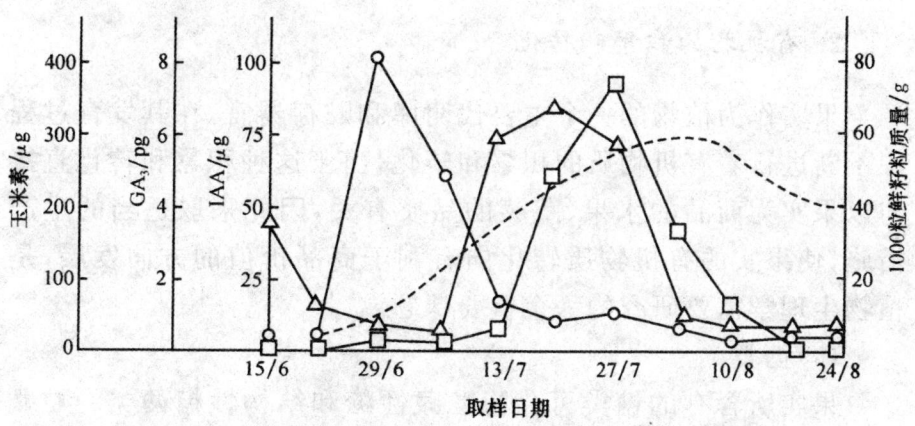

图 6-5 小麦籽粒发育时期玉米素(○)、GA(△)、IAA(□)含量的变化

6.1.2 果实成熟时的生理生化变化

果实成熟过程包括果实的生长发育及其内部发生的一系列生理生化变化。

1. 果实的生长模式

果实的生长与植株的生长大周期一样,表现出"慢—快—慢"的特点,呈典型的 S 形曲线。但是,不同植物果实的生长特点不同,如梨、苹果、香蕉、菠萝、草莓、番茄、茄子等植物的果实的生长积量只呈单 S 形曲线;而桃、李、杏、樱桃等的果实有两个迅速生长的时期,其生长曲线呈双 S 形,如图 6-6 所示。

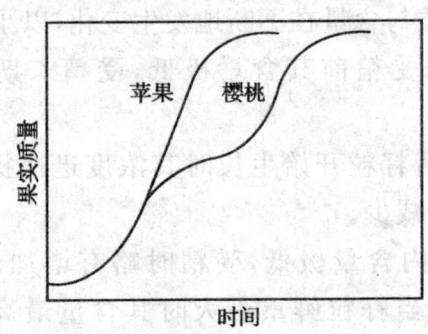

图 6-6　果实的生长曲线模式
苹果为单 S 形,樱桃为双 S 形

2. 有机物的积累和转化

果实作为植物的一个主要代谢库和贮存器官,在其发育过程中不断进行着有机物质的积累和转化,由于这种积累和转化直接与以果实为商品的水果、蔬菜的品质有关,因此采取适当的生产措施,使果实的有机物质转化向有利于商品价值的方向发展,是植物生理学需要研究的一个重要课题。

(1) 糖类

果实所含有的糖类可分为贮藏性糖和结构性糖两类。贮藏性糖主要包括可溶性糖和淀粉。可溶性糖以蔗糖、葡萄糖、果糖为主。不同植物在果实发育过程中积累不同的糖类：一类植物以积累可溶性糖为主，而很少积累淀粉，如柑橘、葡萄、白兰瓜；另一类以积累淀粉为主，如香蕉、苹果等。果实中积累的糖类在发育过程中也是变化的，如葡萄在未成熟时，果实中葡萄糖占总糖的85%，成熟期葡萄糖与果糖比例接近，而在成熟果实中，果糖略占优势。苹果果实在生长初期积累淀粉，生长中期达最高峰，随后淀粉含量急剧下降，转化成可溶性糖。在成长的绿色香蕉果肉中，淀粉占鲜重的20%~25%，成熟后，淀粉水解，只剩下1%~20%；反之，绿色果实果肉内含糖量1%~2%，成熟后达15%~25%。贮藏性糖的变化影响到果实的可食性，如甜度等。

结构性糖主要是指果胶类物质，它是构成果实细胞的细胞壁物质，由多聚半乳糖醛酸组成，常以其甲基酯形式存在。结构性多糖主要存在于胞间层和初生细胞壁中，果实成熟时果胶在果胶酶的作用下水解，细胞分离，果肉变软。

(2) 有机酸

各种果实都具有一定酸味，这是含有机酸的缘故。果实中的有机酸一般以游离酸、酯或糖苷等形式存在。每种果实以一或两种有机酸为主，如葡萄以酒石酸、苹果酸为主；苹果和梨以苹果酸为主。在果实发育过程中，有机酸含量逐渐增高，但当生长停止进入成熟阶段时，一部分有机酸转化为糖，一部分被呼吸消耗，另一部分被钾离子、钙离子等中和为盐，含量下降，酸味降低，如苹果、葡萄、柑橘均如此变化。

随着果实的成熟，一些酸转变成糖；一些被呼吸作用氧化成CO_2和H_2O；一些与K^+、Ca^{2+}等阳离子结合生成盐。因此，酸味明显减轻。从图6-7可看出苹果成熟期中淀粉转化为糖及有机酸含量降低的情况。

(3) 维生素

果实内含有丰富的各类维生素，它是人类摄入维生素的主要来源之一。以维生素C(抗坏血酸)为例，不同果实含维生素C差别很大，以100g鲜重计算，香蕉1~9mg，番茄8~33mg，红辣椒

128mg,而毛花猕猴桃达 1000mg。

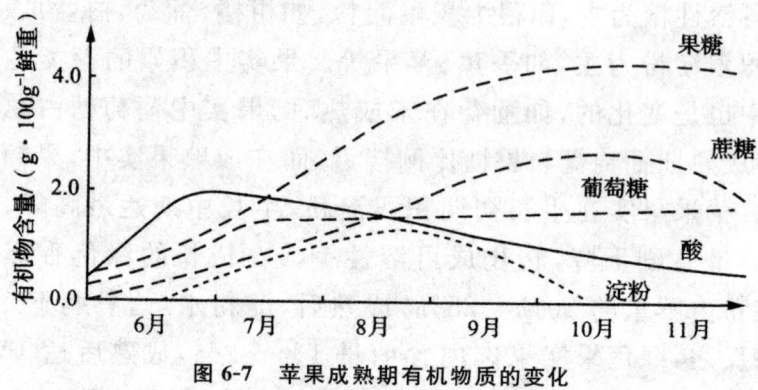

图 6-7 苹果成熟期有机物质的变化

(4) 色素

一般果实在未成熟时为绿色,至成熟后大多数果实转为黄、橙、红等颜色。光照可促进花青素的形成,因此,果实向阳面往往颜色鲜艳一些。

(5) 单宁

果实中广泛存在单宁物质,在柿子、香蕉等果实未成熟时含量很多,难以食用,成熟后单宁被过氧化物酶氧化或转变为不溶性的物质,涩味消失。

3. 果实的呼吸跃变

果实呼吸速率的高低同果实的发育时期有密切关系,伴随着果实的细胞分裂、细胞伸长、成熟与衰老等发育时期的推移,果实呼吸作用也发生着规律性的变化。在细胞分裂迅速的幼果期呼吸速率很高,当细胞分裂停止,果实体积增大时期,呼吸速率逐渐下降,果实体积长成和进入成熟之前,呼吸又进入一次升高期,几天之内达到最高峰,然后又下降直至很低的水平,果实在成熟之前发生的这种呼吸突然增高现象,称之为呼吸跃变(图 6-8)。根据是否发生呼吸跃变,一般可将果实分成跃变型果实和非跃变型果实,属于跃变型果实的有香蕉、苹果、梨、桃、杏、白兰瓜、番茄、哈密瓜、樟梨等;属非跃变型果实的有葡萄、橙子、柠檬、草莓、凤梨等。

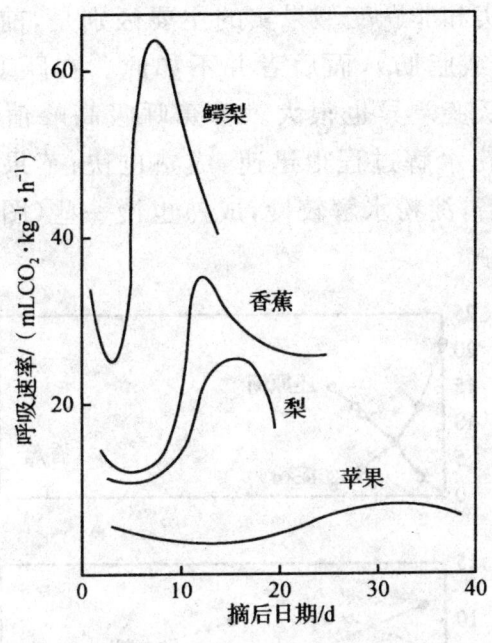

图 6-8 果实成熟过程中的呼吸跃变

研究表明,呼吸高峰的出现与果实内乙烯含量的变化密切相关(图 6-9),在果实呼吸峰正在进行或正好开始前,果实内乙烯的含量明显增加,乙烯的增加使果皮细胞透性加大,内部氧化过程加速,从而使呼吸速率加快。而乙烯本身的生物合成,又促使更多乙烯的产生,呼吸速率进一步增加,出现呼吸高峰。

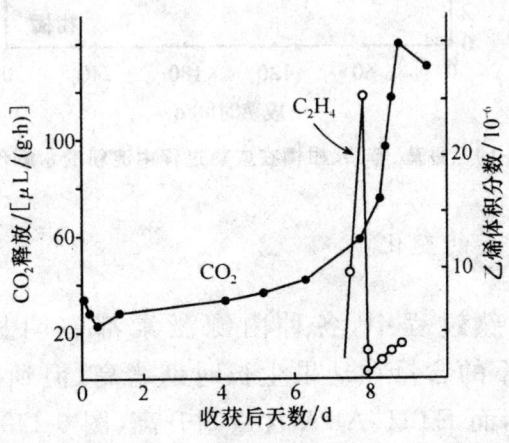

图 6-9 香蕉跃变期乙烯产生与呼吸高峰的关系

跃变型果实和非跃变型果实的主要区别是，前者含有复杂的贮藏物质（淀粉或脂肪），而后者并不如此。在跃变型果实中，不同果实的呼吸跃变差异也很大。香蕉呼吸高峰值几乎是初始速率的 10 倍，淀粉水解过程很迅速，成熟也快；苹果呼吸高峰值是初始速率的 2 倍，淀粉水解较慢，成熟也慢一些（图 6-10）；而桃却只上升约 30%。

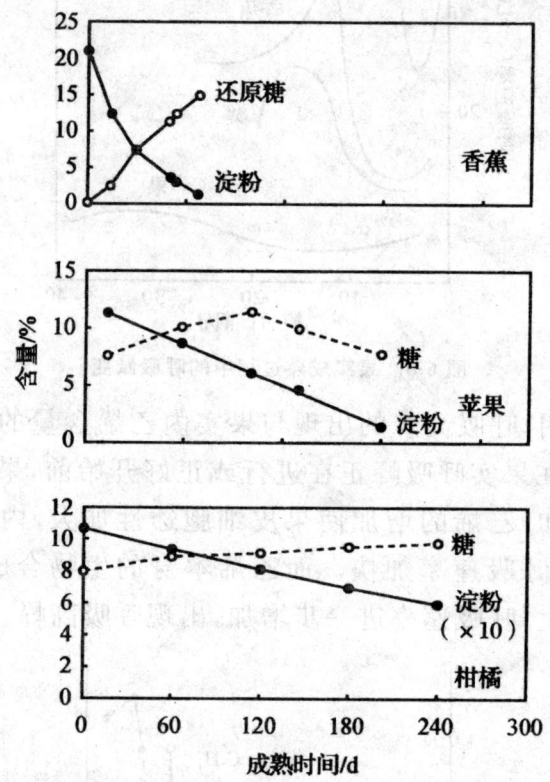

图 6-10 香蕉、苹果、柑橘在成熟过程中淀粉的水解作用

4. 内源激素的变化

在果实成熟过程中，各种内源激素都有明显变化。一般 IAA、GA、CTK 的含量在幼果生长时期增高，但到果实成熟时都下降至最低点，而 ETH、ABA 含量则升高（图 6-11）。

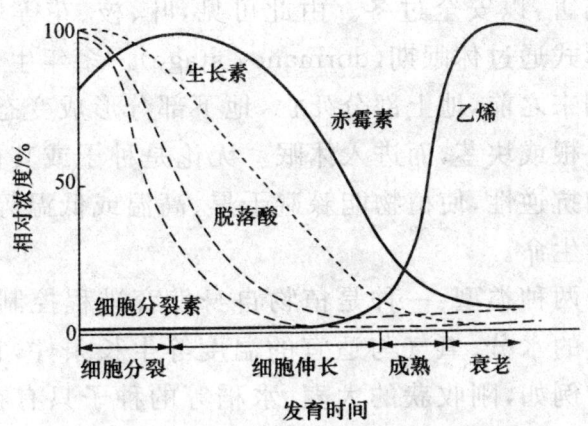

图 6-11 苹果果实各生育时期激素的动态变化

6.2 植物种子及延存器官的休眠

植物只有与一定的环境条件相协调时才能维持生命,繁衍后代。在漫长的进化过程中,植物体形成了完整的保护性或自卫性机制来适应多变的外界条件,尤其当某些恶劣的环境来临时,植物能以某些必要的方式度过逆境。例如,一年生植物通过开花结实以种子作为延存器官繁衍后代,而多年生植物除结实外,或以器官脱落或以延存器官甚至整株进入休眠(dormancy)状态,这样既繁衍了后代,又躲避了恶劣的环境。不管是种子休眠,还是营养器官休眠,其外部表现都为生长的暂时停顿,在休眠状态下,植物对外界不良环境条件的抵抗力大大增强。因此,休眠是植物赖以生存的主动适应过程。

6.2.1 休眠的器官与类型

很多一、二年生植物以种子为休眠器官,刚成熟的种子不一定能萌发,要经历一段时间干燥或低温条件下储藏后才能萌发,即种子处于休眠状态。而另一些植物以营养器官休眠。多年生落叶树以休眠芽为休眠器官,许多层鳞片保护着芽,避免水分丢失和低温伤害，以安全过冬。由此可见，叶、枝、花等均是以"芽"的原始体形式通过休眠期(dormancy stage)。多年生草本植物在不良环境到来之前，地上部分死亡，地下部分形成变态器官，如鳞茎、球茎、块根或块茎，而进入休眠。无论是种子或其他休眠器官都有较强的抗逆性，使植物能躲避干旱、高温或低温等不良环境，以利于延续生命。

休眠有两种类型：一种是植物自身发育进程控制的休眠，即使给予充足的水分、氧气与适宜的温度等生长条件，它们也不能萌发生长。例如，刚收获的大麦、水稻等的种子只有在干燥储藏一段时间后，才能萌发。显然，这不是由于外部条件不充分，而是由于种子自身内在的生理原因造成的休眠，称为生理休眠，或深休眠。另一种是当植物在生育期内遇到低温、干旱等不利条件时，生长被迫处于极其缓慢或短暂静止状态，这种休眠称强迫休眠(imposed dormancy)，如给予适宜条件，种子即可萌发，植株又开始恢复生长。例如。原产于热带和亚热带的常绿树始终处于生长或强迫休眠状态，即快速生长或极缓慢生长交替。在强迫休眠期内，植物依然进行缓慢的细胞分裂和体积增大以及花芽分化，只是外观不易觉察。

6.2.2 种子休眠的原因和破除

通常情况下，种子休眠主要是由于内部的生理抑制或种皮的障碍而引起的生理休眠。

1. 种子休眠的原因

引起种子休眠的原因很多，且因植物种类不同，分为以下几个方面。

(1) 种皮障碍

种皮不透水、不透气或机械强度过大，使胚得不到水分或氧气供应而不能生长，或胚不能突破种皮而不能萌发。例如，豆科、锦葵科、藜科、百合科、茄科等多种植物的种子，种皮厚且坚实，不透水，农业上称为"硬实"。有一些植物的种子，如桃、李、杏、梅及花生、向日葵等，种皮表层由排列紧密的厚壁细胞构成，种皮内还含有油质和蜡质，或种皮上有厚而致密的蜡质、角质覆盖，成为厚实难破的保护层，水分和氧气很难进入。苍耳果实含2粒种子，下位的种子大，氧气较易透过；上位的种子小，不透气，限制氧的进入，休眠程度更深。

在自然条件下，空气氧化作用、微生物分泌酶水解作用以及其他环境因素作用，可使种皮变软，透水、透气性增加，种子逐步破除休眠。这个过程通常需要几周甚至几个月。在生产上，要求在短时间内破除种皮限制，一般采用物理（机械破损种皮）、化学（如1∶50氨水；98％浓硫酸）的方法来破坏种皮，解除休眠。如用98％浓硫酸处理皂荚种子1h，清水洗净，再用40℃温水浸泡86h，可有效提高皂荚种子的发芽率。

(2) 种子未完成后熟

有些种子的胚在形态上已经发育完全，但在生理上还未成熟，必须通过后熟才能萌发。这类种子必须经过一段时间的后熟作用，即经过一系列的生化反应，完成与萌发有关的激素等有机物质的积累，才能萌发。经过后熟作用后，种皮的透性增加，呼吸增强，有机物开始水解。研究表明，层积处理开始阶段，糖槭休眠种子中ABA含量很高，随后迅速下降；在处理20d左右，种子中CTK出现峰值；在处理40d左右，GA出现峰值（图6-12）。

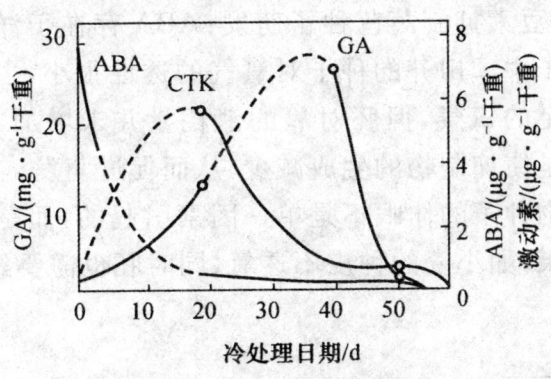

图6-12　层积处理对糖槭休眠

(3) 胚未完全发育

有些种子脱离母株时,果实或种子虽完全成熟,但胚的发育尚未完成,因而处于休眠状态。如银杏的种子成熟后,从树上掉下时虽完全成熟,但胚的体积很小,分化不完全,结构不完善,胚发育尚未完成,必须在后熟期间使种胚继续发育完全后才能达到可萌发的状态。欧洲白蜡树种子脱离母体后,必须经过一段时间的种胚发育才能萌发(图 6-13)。

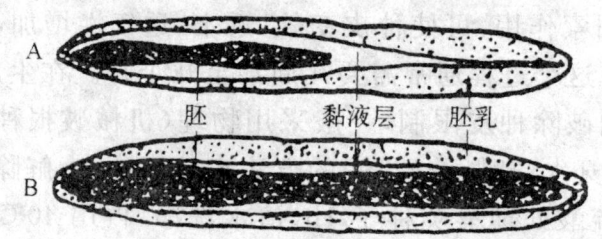

图 6-13 欧洲白蜡树种子胚的发育种子内源激素的影响
A. 为刚收获的;B. 为在湿沙中贮藏 6 个月的

(4) 抑制物的存在

有些植物的种子不能萌发是由于存在抑制种子萌发的物质[1]。抑制物质多数是一些小分子质量的有机物,如挥发性的氢氰酸(HCN)、乙烯、NH_3 等;酚类化合物中的水杨酸、没食子酸;醛类化合物中的柠檬醛、肉桂醛;生物碱类以及 ABA 等。这些物质可能存在于果肉(梨、苹果、番茄、甜瓜等)、种皮(大麦、苍耳、甘蓝等)中,也可能存在于胚乳(莴苣)或子叶(菜豆)中。

例如,香豆素抑制莴苣种子萌发;ABA 存在于洋白蜡树的休眠果皮和种子中。田芥的种子对氧气的透性很小,去除种皮可给胚供应更充足的氧气,但胚对氧的消耗量并未增加,因为氧分压升高的作用是使抑制物的生成减少,从而促进萌发。

有些植物种子的休眠不是单一因素引起的,而是多种因素共同作用的结果,如小麦的种皮不透氧,同时胚也需要经过后熟。

---

[1] 张立军,刘新. 植物生理学[M]. 2 版. 北京:科学出版社,2011.

2. 人工打破种子休眠的方法

自然条件下,处于休眠状态的种子经过冷(冻)暖交替、干湿交替、雨水冲洗、动物的消化和破坏,以及土壤微生物的作用而破除休眠。但通过这种作用打破休眠所需要时间长,萌发也不整齐,不能满足生产和野生植物开发及保护的需要。因此,实践中人们采取多种人工措施来打破休眠。

(1)机械破损

由于种皮的限制不能萌发的种子都可用机械损伤种皮的方法促进萌发,如紫云英、苜蓿、菜豆类种子因种皮过厚或坚实不透水不能萌发,可用碾破、擦破种皮促进萌发。

(2)低温湿沙层积法

低温湿沙层积法(stratification)也称为沙藏法。对于胚未发育完全的种子、胚已长成但需要生理后熟的种子、含有抑制物质的种子、种皮不透水不透气的种子,如蔷薇科的苹果、桃、梨及松柏类的种子,都可以利用层积法打破休眠。具体做法是把当年收获的种子在冬季将其与湿沙相混或与湿沙分层堆积在室外背阴处或地窖中,在0℃~5℃低温下放置数个月,即可打破休眠。层积所需要的时间因植物种类而异(表6-1)。如果将层积法与变温处理结合会收到更好的效果。

表6-1 某些植物种子生理后熟所需的温度与时间

种类	最适温度/℃	有效温度/℃	所需天数/d
山楂	5	5	135
柏	1	1~10	60
柿	10	5~10	60
龙胆	1	1~5	60~90
胡桃	3	1~10	60~120
桧	5	5	100
枫	1~10	1~10	30~60

续表

种类	最适温度/℃	有效温度/℃	所需天数/d
杨梅	5	1~10	90
云杉	1~5	1~10	30~60
松	1~10	1~10	30~90
杏	5	1~5	150
桃	5	5~10	60~90
梨	5	1~5	60~90
野蔷薇	5	5~8	50
花楸	1	1~5	60~120
杉	5	1~10	30
侧柏	5	1~10	30~60

(3) 晒种或加热处理

棉花、小麦、黄瓜等种子,在播种前晒种或在35℃~40℃高温下处理一定时间,可促进后熟,提高发芽率。

(4) 化学药剂处理

用乙醇处理莲子,可增加莲子种皮的透性;用氨水(1:50)处理松树种子,98%浓H_2SO_4处理皂荚种子1h,清水洗净,再在40℃清水浸泡86h(此法必须注意安全)等,都可以打破休眠,提高发芽率。

(5) 生长物质处理

多数没有经过生理后熟的作物种子可用GA_3来促进萌发,如GA_3可有效促进人参、银杏种子萌发。

(6) 流水冲洗

由于果肉或种皮含有抑制物质而不能萌发的种子,如番茄、甜瓜、西瓜等种子,可用流水冲洗,以除去种皮或附着在种子上的抑制物质而解除休眠。

(7) 物理方法

用X射线、超声波、高低频电流、电磁场处理种子,也有破除休眠的作用。

6.2.3 芽休眠

一些植物除以种子形式休眠外,还以营养器官形式休眠,主要是芽休眠。

1. 芽休眠的原因

(1)光照

日照长短是诱发和控制芽休眠的重要因素,植物接受光照并诱导芽休眠的部位是叶片。但是,有些植物(如桃树、毛桦)在无叶的情况下,芽或茎顶端分生组织也能接受光周期诱导而进入休眠状态。

对于大多数冬休眠植物来说,秋季的短日照是植物进入休眠的信号。短日照信号阻止植物枝条节间伸长、叶片展开,延缓生长,诱导芽休眠。促进休眠的短日照时数必须少于临界日长,大多数植物所需的临界日长为 $8\sim12h$。诱导休眠所要求的短日照天数随植物种类而异。对于冬休眠植物来说,休眠的诱导或解除,往往取决于 GA/ABA 的值。短日照条件促进内源生长抑制物(如 ABA)的合成,并运至芽;长日照条件促进内源生长刺激物(如 GA)的合成。

由于短日照和低温相继出现,所以植物芽休眠的程度也与低温密切相关。

但是,某些植物(如梨、苹果、月桂等)对短日照反应比较迟钝;还有些树木(如山毛榉)只有长日照才能引起休眠,即夏休眠。如常绿植物和那些原产于夏季干旱地区的多年生草本花卉(水仙、百合、仙客来、郁金香)则是夏季的长日照促进休眠。

(2)休眠促进物

促进休眠的物质中,最主要的是脱落酸,其次是乙烯、氨、芥子油、多种有机酸等。短日照能诱导休眠的原因是短日照促进了脱落酸含量的增加。

2. 芽休眠的调控

(1) 芽休眠的解除

① 低温处理。

低温是解除芽休眠的重要因子，一般休眠芽经 1~2 个月的低温处理后，在适宜的环境条件下即可萌发，但低温解除休眠的效应却不能在植物体内传导，仅仅保留在直接感受低温的芽中。例如，把休眠植物置于温室中，只让一个枝条经受低温，次年春天也只有这个枝条能够解除休眠，开始长叶，而植株的其他部分仍然处于休眠状态。

② 长日照处理。

在秋季短日照的诱导下树木的芽进入休眠，在休眠的初期即在"暂时休眠"阶段，给予长日照处理可解除休眠、恢复生长。短日照诱导的时间越长，其恢复生长需要的长日照时间也越长。

③ 激素处理。

木本植物的芽休眠、马铃薯块茎以及其他贮藏器官的芽休眠等，都可用一定浓度的 GA 处理来解除。例如，刚收获的马铃薯块茎切块，冲洗过后，用 0.5~1.0mg/L 的 GA_3 处理 10~30min，就能破除休眠而萌发。

(2) 芽休眠的延长

在农业生产上也经常需要人工诱导或延长休眠。诱导休眠 (induced dormancy) 就是在休眠季节尚未到来之前，采取特殊措施诱导植物提前进入休眠状态。生产上经常采用的方法有：缩短日照（通过遮阴把每日光照时数减至接近于深秋的光照时数）；低温处理（逐渐降温）；激素处理［如 ABA、马来酰井 (MH) 等］；干旱处理（逐渐降低土壤含水量）等。例如，马铃薯在长期贮藏后，度过休眠期就会萌发，这样就失去它的商品价值，所以要设法延长休眠。在生产上可利用 0.4% 萘乙酸甲酯粉剂（用泥土混制）处理马铃薯块茎，可安全贮藏。洋葱、大蒜等鳞茎延存器官也可用萘乙酸甲酯延长休眠。

6.2.4 种子和延存器官休眠的调节

生产实践中有时需要延长种子休眠,防止发芽。如有些小麦、水稻及花生种子休眠期短,成熟后遇到阴雨天气,未来得及收获已在穗上或土中发芽,影响产量和品质;在种子成熟期喷施 B_9 或 PP_{333} 可延缓萌发。

马铃薯块茎在收获后一般有较长的休眠期,立即作种薯有困难,需要破除休眠。用 GA 破除休眠是当前最有效的方法,具体的方法是将种薯切成小块后,在 $0.5 \sim 1 mg \cdot L^{-1}$ GA 溶液中浸泡 10min,可破除马铃薯块茎休眠,促进发芽。

洋葱、大蒜鳞茎及马铃薯块茎在长期贮藏中,度过休眠期会萌发,降低其商品价值。在生产中用 0.4% 萘乙酸甲酯粉剂(用泥土混制)处理,可延长洋葱、大蒜鳞茎等延存器官和马铃薯块茎休眠,利于安全贮藏。

6.3　植物衰老的机制及调控研究

植物随着生长发育的进行,便会在细胞、组织、器官乃至整体的各种水平上呈现出生活力逐渐下降,即衰老的迹象,直至死亡。衰老(senescence)是植物体生命周期的最后阶段,是成熟的细胞、组织、器官和整个植株自然地终止生命活动的一系列衰败过程。衰老过程导致死亡,它既有消极的一面也有积极的一面。

植物的衰老可发生在整株水平上,如一年生或二年生植物在开花结实以后,全株留下果实或种子后,整个植株便衰老死亡;也可发生在器官水平上,如多年生木本植物的茎和根能生活多年,但叶、花、果每年同时或逐渐衰老脱落;甚至也可发生在细胞水平,某些细胞在细胞分化时衰老死亡,例如导管分子、厚壁细胞。

不论哪种水平的自然衰老,就其生态适应和内部生理功能而言都具有积极的生物学意义。一年生植物以其休眠的种子度过严冬使植物的系统发育得以延续的意义不言自明。温带落叶树冬前叶片的脱落,则可最大限度地减少蒸腾面积,并可有效地保证营养物质的转移。而导管分子的死亡,可形成输导水分的空细胞,有利于水分的运输。所以植物的衰老对于植物的生存和延续都具有意义。

6.3.1 植物衰老的类型

衰老是一个非常复杂的生理过程,其类型也多种多样。Leopold 提出植物衰老的 4 种类型(图 6-14)[①]。

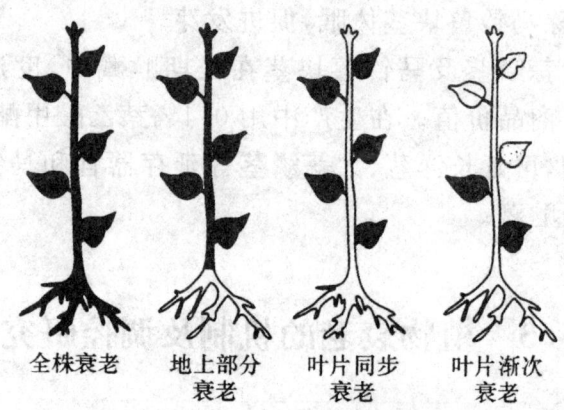

图 6-14 植物中的一些衰老类型
黑色区域表示衰老部分;白色区域表示未衰老部分

1. 整体衰老

整个植物衰老,如季节性的或一年生的草本植物。

2. 地上部分衰老

植物地上部分的器官随着生长季节的结束而死亡,由地下器官生长而更新,如多年生草本植物与球茎类植物。

---

① 顾立新,崔爱萍. 植物与植物生理[M]. 北京:中国林业出版社,2015.

3. 叶片同步衰老

由于气象因子的胁迫导致叶片季节性衰老脱落。例如,旱生植物霸王子夏季落叶以度过干旱,北方的阔叶树于秋季落叶以度过寒冬。

4. 渐近衰老

绝大多数的多年生木本植物较老的器官和组织逐渐衰老与退化,并被新的组织与器官逐渐取代,然而随着时间的推移,植株的衰老逐渐加深。

6.3.2 衰老过程中的生理生化变化

植物衰老首先从器官的衰老开始,然后逐渐引起植株衰老。植物衰老时,生理生化方面的主要变化如下。

1. 细胞超微结构的变化

在叶片衰老过程中,大部分有膜的细胞亚单位破裂。

①随叶片衰老,叶绿体膜相变温度升高,部分膜脂固化,叶绿体膨胀,类囊体解体,间质积累嗜锇体,随之外膜破裂。

②核糖体和粗面内质网减少。

③在叶片衰老时线粒体稍有膨胀和嵴发生扭曲,但出现的时间较晚。

④在衰老时,细胞核在形态上变化很少,有时在黄化期还可以观察到完整的核。

⑤在衰老过程中,液泡膜破坏,释放水解酶,使细胞自溶解体。

⑥在衰老时,质膜透性增大,选择功能丧失。水稻离体叶片细胞膜透性不断升高,在叶片黄化时剧烈升高;而活体叶片在黄化前细胞膜透性变化较小,只是在黄化时才发生较大变化。

2. 光合速率下降

光合速率下降是叶片衰老的早期事件,当叶片面积达到最大值,不久就开始下降。据研究,光合速率下降的原因有三个。
① 气孔阻力增大;
② 光合细胞活力下降;
③ 光呼吸速率相对增加。光合速率下降使叶片的同化物质减少。

3. 呼吸速率变化

呼吸作用在衰老的前、中期平稳,而在后期发生跃变,然后迅速下降。例如,离体燕麦置于暗中衰老,第二天或第三天叶片变黄,呼吸速率比开始增加 2.5 倍,然后迅速下降。在离体叶片衰老时,呼吸底物也发生改变,由利用糖类物质转变为利用衰老时产生的氨基酸。在衰老过程中氧化磷酸化解偶联,ATP 合成减少,从而影响细胞的生物合成,更促进衰老。

4. 叶绿素含量下降

叶片衰老过程最明显的一个特点是叶绿素含量不断下降,外观上叶片由绿变黄,这就是经常用叶绿素含量作为叶片衰老指标的原因。小麦等植物的离体叶片在暗中强迫衰老时,叶绿素含量稳定下降。

5. 蛋白质含量降低

在离体叶片和活体叶片衰老过程中,蛋白质含量下降并早于叶绿素降解。例如,燕麦离体叶片在暗中第一天蛋白质含量即下降,但叶绿素分解则晚一些。当大麦、黄瓜等叶片充分展开后,Rubisco 酶活性和含量就开始下降。

离体叶片蛋白质降解时,氨基酸积累。但活体叶片衰老时游离氨基酸并不积累,而是运到植物的其他部位。蛋白质分解是由蛋白酶引起的。然而有试验表明,在叶片衰老时,水解酶活性并不升高,但蛋白质的合成能力下降。

叶片衰老时,蛋白质含量显著下降(图 6-15)。蛋白质含量下降原因有两种可能:其一是蛋白质降解加快。作为蛋白质降解产物之一,游离氨基酸在细胞中的积累是蛋白质急剧降解的证据。其二是蛋白质的合成能力下降。如延缓衰老的植物激素可提高蛋白质的合成量,而促进衰老的植物激素则减少蛋白质的合成量。由此可知,衰老过程可能是细胞蛋白质合成和降解速率的不平衡问题,合成慢,降解快。

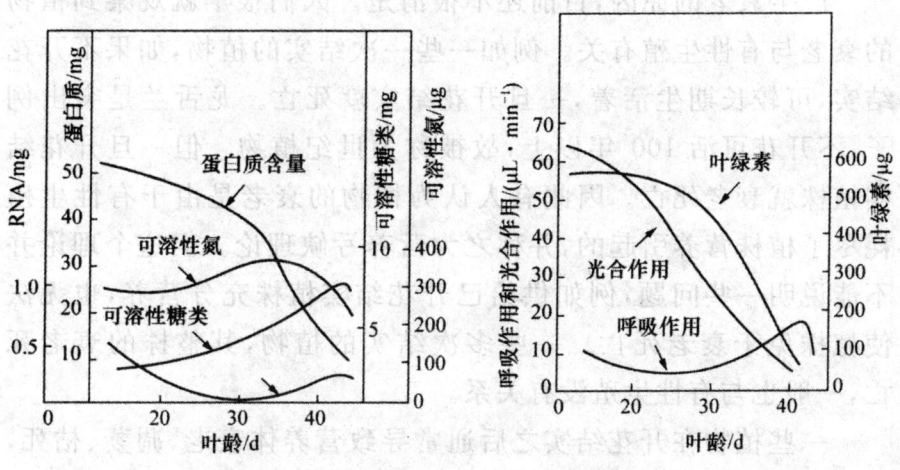

图 6-15　蚕豆衰老叶片中生理生化变化
光合作用、呼吸作用以 CO_2 计

6. 核酸含量降低

在叶片衰老时,RNA 总量下降,其中 rRNA 减少最明显,DNA 含量也下降,但下降速率小于 RNA。例如,烟草叶片衰老 3d,RNA 下降 16%,DNA 只减少 3%。对菜豆叶片的研究表明,在衰老时,核酸酶活性下降,用细胞分裂素处理,使衰老延迟,但核酸酶活性并不降低,而是升高。核酸含量的下降趋势与蛋白质一致。

7. 不饱和脂肪酸比例下降

随着叶片衰老，不饱和脂肪酸比例下降。

6.3.3 衰老的机理

1. 营养竞争假说

产生衰老的原因，目前还不很清楚。人们很早就观察到植物的衰老与有性生殖有关。例如一些一次结实的植物，如果不开花结实，可较长期生活着，一旦开花结实就死亡。龙舌兰是突出例子，不开花可活100年以上，故被称为世纪植物。但一旦开花结实植株就衰老死亡。因此有人认为植物的衰老是由于有性生殖耗尽了植株营养引起的，并称之为营养亏缺理论。但这个理论并不能说明一些问题，例如供给已开花结实植株充分营养，也无法使植株免于衰老死亡。一些多次结实的植物，其整株的衰老死亡，一般也与有性生殖没有关系。

一些植物在开花结实之后通常导致营养体衰老、凋萎、枯死，这是由于通过养料征调和同化物的再分配再利用，将株体营养器官中的养料大量运入生殖器官，这样会促使营养器官衰老。许多试验表明，若摘除花果，可延迟叶片和整株的衰老。

2. 核酸损伤假说

(1)差误理论

核酸对植物衰老起着决定性作用。某些物理化学因子，如紫外线、电离辐射、化学诱导剂等，会引起DNA损伤，破坏DNA结构，使细胞核合成蛋白质的能力下降，从而造成细胞衰老。例如，曾在马铃薯中发现了氨基酸顺序错误的无功能酶，结果造成代谢紊乱，启动衰老。

(2) 核酸降解

许多研究表明,在行将衰老的组织中核酸(尤其是 rRNA)会降解。相比之下,核糖体 RNA(rRNA)降解早且速度快,而 tRNA 则较晚。RNA 含量降低的原因,一是 RNA 聚合酶活性下降,合成减少;二是 RNA 酶活性上升,分解加速,因而影响蛋白质的生物合成能力。

3. 自由基假说

由于自由基的化学性质非常活泼,氧化力极强,能够严重地损伤细胞,其主要破坏表现在:损伤核酸,造成遗传变异;损伤脂类,造成膜透性增大,细胞代谢紊乱,损伤蛋白质,造成生物功能丧失。这些均对植物产生极大的危害,加速衰老进程。

4. 内源激素失衡假说

还有一些人提出了激素调控理论。认为细胞分裂素和赤霉素等可以延缓叶片衰老,而脱落酸和乙烯等则是促进叶片衰老。乙烯处理引起叶绿素含量降低和细胞膜结构发生明显变化(图 6-16)。用激动素和赤霉素处理叶片,亦可延缓叶片衰老;而用脱落酸处理叶片,则是促进叶片衰老。

5. 程序性细胞死亡理论

细胞死亡可分为两种类型:细胞坏死和程序性细胞死亡。细胞坏死(necrosis)是细胞遇到极度刺激,质膜破坏,造成非正常死亡。程序性细胞死亡(Programmed Cell Death,PCD)是指胚胎发育、细胞分化及许多病理过程中,细胞遵循其自身的程序,主动结束其生命的生理性死亡过程。目前,发现在植物胚胎发育、细胞分化和形态建成过程中普遍存在程序性细胞死亡。叶片衰老即是一个程序性细胞死亡过程。

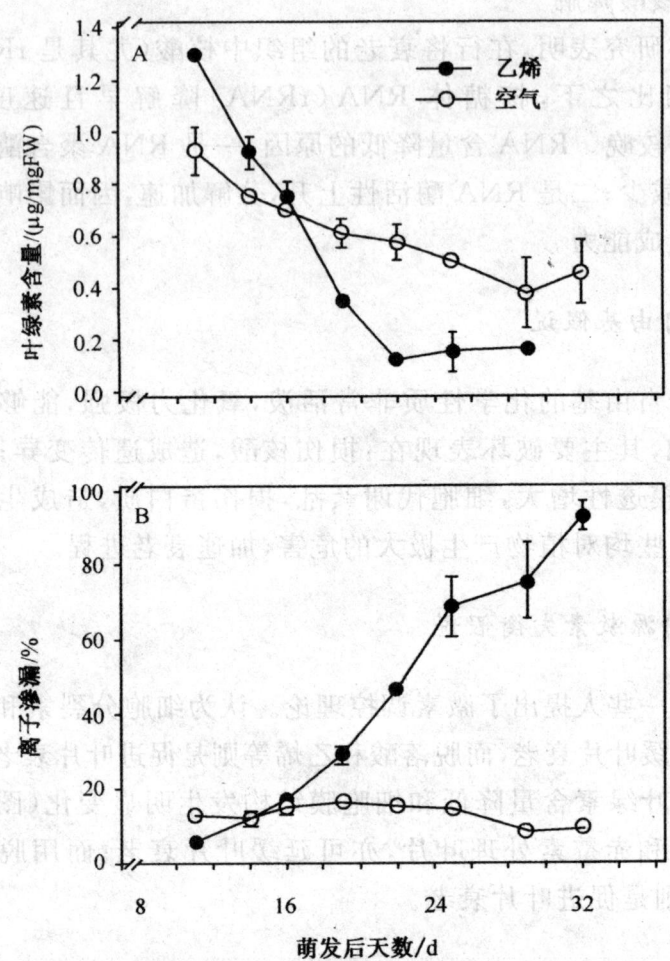

图 6-16 乙烯对拟南芥子叶叶绿素含量和细胞膜的影响

A. 乙烯处理引起拟南芥子叶叶绿素含量明显降低;B. 乙烯处理引起拟南芥子叶细胞膜结构发生变化,离子渗漏加剧

6.3.4 植物衰老的调节

同其他发育阶段一样,衰老的过程也受一些内外因子的影响。天然生长的调节物质对衰老过程有重要的调节作用。一般来说,赤霉素和生长素,特别是细胞分裂素抑制衰老;而脱落酸、茉莉酸,特别是乙烯对衰老有促进作用,油菜素内酯和多胺物质

中的腐胺、精胺、亚精胺也抑制衰老。衰老不仅受某一种内源激素的调节,而且激素之间的平衡也起着重要作用。

植物叶片在光下比在暗中衰老得慢。光的影响可能与气孔开闭有关,如果叶片保持在一个低渗溶液中,引起气孔关闭,则叶片衰老的速度在光下与暗中相同。使用引起气孔关闭的脱落酸则促进衰老,使用引起气孔开放的细胞分裂素则抑制衰老。光的影响还表现在光质上,红光对衰老有延缓作用,而远红光可消除这种延缓效果,这表明光敏素可能介入到衰老调节中。

短日照或营养亏缺也会促进衰老,其中氮、钾、磷、镁的营养亏缺对衰老的影响更大。相反,长日条件或供给 NH_4NO_2 将抑制衰老。各种不良环境,如热害、低温、干旱、大气污染都不同程度地促进叶片衰老。

6.3.5 衰老过程中的基因表达和调控

衰老是一个高度调节的程序化过程。在此过程中,人们将表达上调或增加的基因称为衰老上调基因(Senescence Up Regulated Genes,SUG)或衰老相关基因(Senescence Associated Genes,SAG),这些多是水解酶的合成基因;而表达下调或减少的基因称为衰老下调基因(Senescence Down-regulated Genes,SDG),这些多是与光合作用及其他合成和产能有关的酶基因。

现已从拟南芥、油菜和玉米等多种植物中分离鉴定出 50 多个叶片的 *SAG*。另外,从番茄、香蕉及甜瓜中也分离了与果实成熟相关的多个基因,且发现这些基因与叶片的 *SAG* 同源性很高。同样,与叶片 *SAG* 同源的很多基因也在脱落的花组织、未受精的果实等一些衰老组织中表达。

在多种植物中,编码蛋白水解酶的基因在 *SAG* 中占大多数。蛋白水解酶基因中有三组编码半胱氨酸蛋白酶:第一组编码的酶类能诱导禾谷类种子的萌发,第二组类似于木瓜蛋白酶,第三组类似于蛋白加工酶类。其他的 *SAG* 则编码衰老过程中蛋白水解酶体系统的成分。包括天冬氨酸蛋白酶和泛素(ubiquitin)。

SAG 有一部分与植物对病原微生物的防御反应有关。在很多植物中，这部分基因编码抗真菌蛋白、病程相关蛋白及几丁质酶等。还有一些 SAG 编码的蛋白包括各种金属硫蛋白（metallothioneins），其功能是防止金属离子介导的氧化伤害或者参与离子的贮藏和运输。

衰老过程中基因表达的调节尚无统一的模式，对各种 SAG 启动子区域的结构和功能分析结果表明，这些基因本身存在着很大的差异。

6.3.6 环境条件对植物衰老的影响

（1）光照

光是调控植物衰老的重要因子[1]。植株或离体器官在光下不易衰老，在暗中则加速衰老。在光下乙烯合成受阻是光延缓植物衰老的原因之一。日照长度影响植物激素 GA 和 ABA 的合成，因而影响器官的衰老。光质对衰老也有不同的影响，红光可阻止叶绿素和蛋白质的降解，而远红光可消除红光的作用，可见衰老也是受光敏色素调控的。照射蓝光可以明显减少叶绿素和蛋白质的降解，延缓衰老。

（2）温度

低温和高温都会加速叶片衰老，可能由于蛋白质降解，叶绿体功能衰退，叶片黄化。

（3）气体

O_2 是许多自由基的重要成分，O_2 浓度过高时，加速自由基的形成，当超过其自身防御能力时，就会引起衰老。CO_2 对衰老有一定的抑制作用，特别是在果蔬储藏中得到应用。

（4）水分

水分胁迫刺激乙烯和 ABA 形成，加速叶绿体结构解体，光合

---

[1] 贺学礼. 植物学[M]. 2 版. 北京：科学出版社，2017.

作用下降,呼吸速率上升,加速物质分解,促进衰老。

(5)矿质营养

矿质营养缺乏使器官之间的营养竞争加剧,为保证新生器官的生命活动正常进行,较老的器官加快衰老。

(6)植物激素

CTK 是延缓植物衰老的主要激素,外施 CTK 可以显著延长离体叶片的保绿时间,延缓衰老进程。在农业生产上,CTK 可用于延长蔬菜贮藏时间、防止果树生理落果等方面。如用 6-BA 水溶液处理柑橘幼果,可以显著防止第一次生理落果;GA 也能延缓叶片衰老、蛋白质降解;ABA 影响蛋白质和核酸的合成,促进叶片衰老;ETH 促进花、果实等器官衰老,但对叶片衰老作用机理尚不明确。

延缓衰老是细胞分裂素特有的作用。细胞分裂素可以显著延长离体叶片的保绿时间,赤霉素也能延缓叶片衰老、蛋白质降解;生长延缓剂如 CCC 和 B9 等也有延缓衰老的效应。脱落酸能促进叶片衰老,乙烯能促进花、果等器官衰老。

(7)胁迫对衰老的影响

多种环境胁迫可诱导植物体在还未成熟时就发生衰老。例如,病原菌侵染、水分胁迫、由臭氧和 UV-B 诱导的氧化胁迫等。研究表明,不同胁迫反应的信号途径与衰老相关基因的表达有明显交叉。SA、JA 和乙烯信号分子参与调控植物对病原菌反应及环境胁迫反应的基因表达,这些途径也参与调控衰老过程的基因表达。

总之,衰老可受不同因子诱导,并有不同信号途径参与调控衰老过程。Buchanan-Wollaston 等提出了参与调控衰老基因表达的调控因子和信号途径的作用模式(图 6-17)。

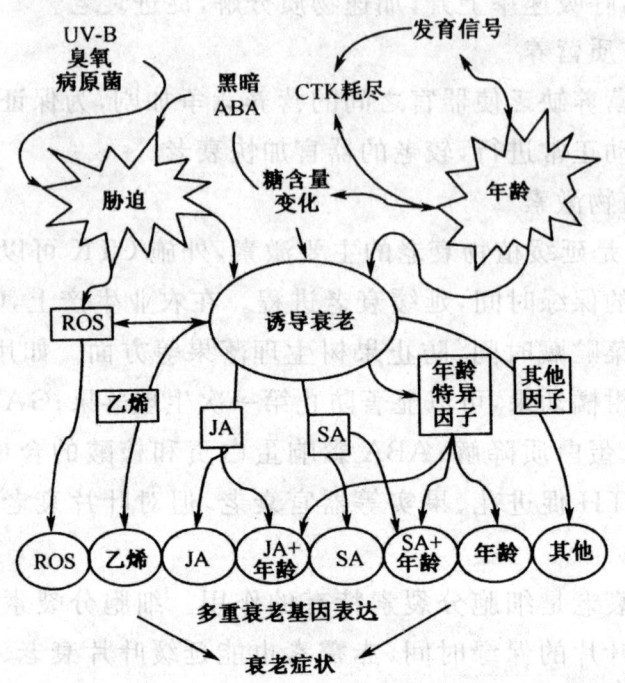

图 6-17　调控衰老基因表达的调控因子和信号途径的作用模式

6.4　植物器官的脱落

6.4.1　器官脱落的概念与类型

脱落（abscission）是指植物细胞组织或器官（如叶片、花、果实、种子或枝条等）自然离开母体的现象。脱落可分为 3 种，如图 6-18 所示。

脱落有其特定的生物学意义：有利于植物种的保存，尤其是在不适宜生长的条件下。

6.4.2　离层的形成

叶片、花、果实等离开母体发生脱落的部位，称为离区（abscisic zone）。离区是叶柄、花柄或果柄的基部特化的区域。离区中有几层细胞较周围的细胞小,具分生能力,且细胞排列整齐,细胞内高尔基体和内质网丰富,此细胞层称为离层(abscisic layer)。在叶片衰老时,离层细胞代谢活动增强,在叶片脱落之前,离层细胞合成纤维素酶、多聚半乳糖醛酸酶等细胞壁降解酶,在这些酶的作用下,离层细胞细胞壁发生降解(图 6-19),使得离层细胞壁变得松软。在重力或风、雨等其他外力作用下,器官发生脱落。残茬处细胞壁木栓化,形成保护层。

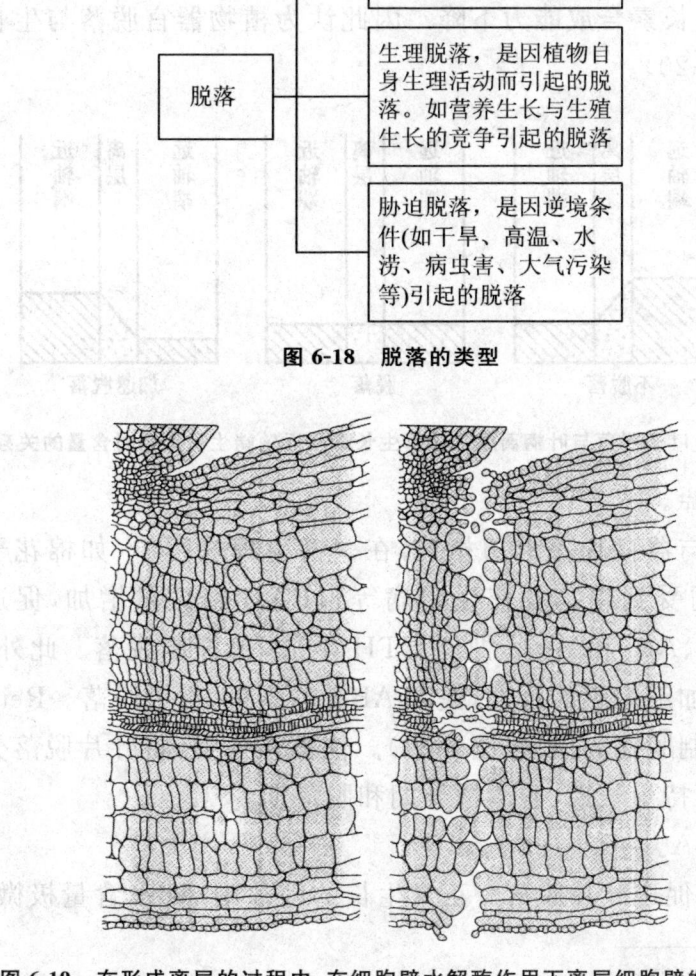

图 6-18 脱落的类型

- 正常脱落,是由于衰老或成熟引起的脱落。如果实和种子的成熟脱落
- 生理脱落,是因植物自身生理活动而引起的脱落。如营养生长与生殖生长的竞争引起的脱落
- 胁迫脱落,是因逆境条件(如干旱、高温、水涝、病虫害、大气污染等)引起的脱落

图 6-19 在形成离层的过程中,在细胞壁水解酶作用下离层细胞壁发生降解

6.4.3 影响器官脱落的因素

1. 内在因素对脱落的影响

(1)激素与脱落

脱落是植物衰老的结果,而衰老又与内源激素的变化密切相关。因此,器官的脱落必然受植物体内各种激素的调节与控制。

①生长素类。

通常,植物幼叶持续合成生长素,抑制叶片脱落;而随着叶龄的增加,生长素合成能力下降。因此认为植物器官脱落与生长素有关(图6-20)。

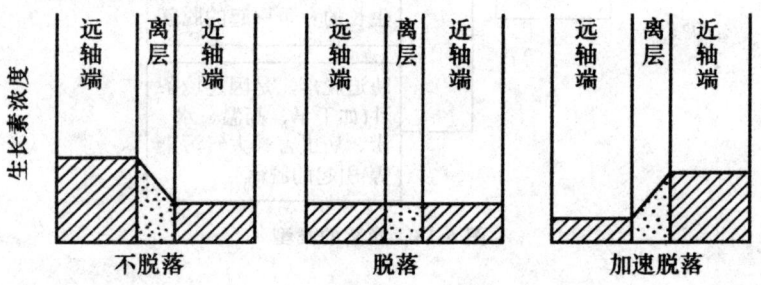

图6-20　叶子脱落与叶柄离层远轴端生长素和近轴端生长素相对含量的关系

②乙烯。

乙烯与器官脱落密切相关,在一些生理过程中(如棉花子叶脱落、柑橘受到霜害及花生感病等),ETH释放量增加,促进脱落[①]。CO_2、Ag^+ 和 AVG 抑制 ETH 生成,也抑制脱落。此外,乙烯还能增加细胞膜的透性,提高 ABA 的含量,促进脱落。Reid 提出激素控制脱落的模型(图6-21)。依据该模型,将叶片脱落分三个时期:维持生长期、脱落诱导期和脱落期。

③ABA。

ABA 促进叶片脱落。正常生长的叶片中 ABA 含量极微,而

---

① 郝建军.植物生理学[M].2版.北京:化学工业出版社,2013.

在衰老叶片中含量增高,秋天短日照促进 ABA 合成,因此该季节落叶与此有关。ABA 促进脱落的机理可能与其抑制叶柄内 IAA 的传导和促进分解细胞壁酶类的分泌有关。但 ABA 促进脱落的作用低于 ETH。

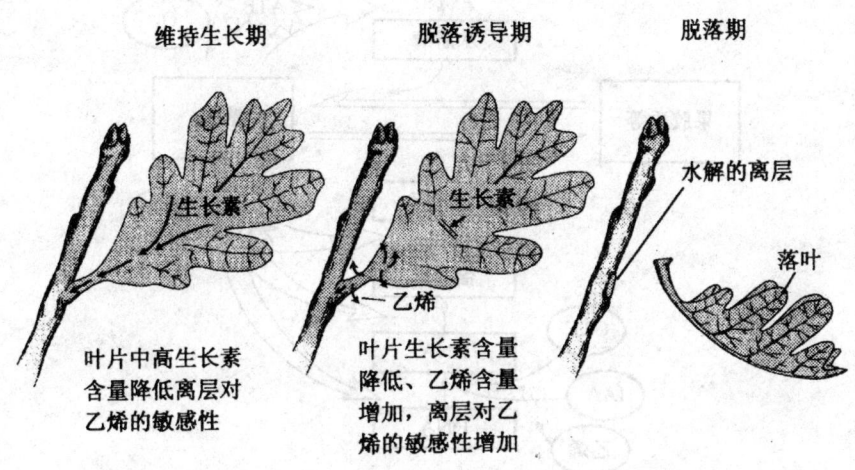

图 6-21　生长素和乙烯调控叶片脱落的作用模型

④GA 和 CTK。

GA 和 CTK 能够拮抗 ABA 的作用,故能抑制器官的衰老和脱落。

综上所述,器官的脱落并非受某一种激素的控制,而是多种激素相互平衡的结果,Addicott 曾用图来表述各种激素对离层活动的综合效应。由图 6-22 可知,在离层进行着截然相反的两种过程:一是由果胶质和纤维素组成的细胞壁水解为糖类,可由 ABA 诱导从 DNA 经转录和翻译合成的水解酶来催化这一反应;二是由糖合成为果胶质等建造细胞壁,可由 IAA 诱导而产生的合成酶来完成这一过程。因此,当离层内 IAA/ABA 的值增大时,合成过程占优势,延缓器官脱落;当 IAA/ABA 值变小时,则水解过程占主导,加速脱落。由于 ETH 有抑制 IAA 的作用,因而减弱合成,促进脱落。

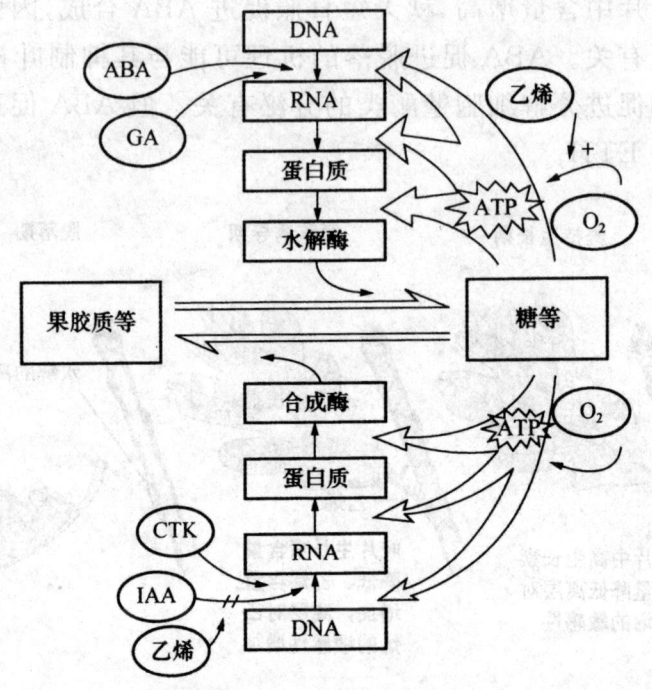

图 6-22 激素作用于离层的图解

(2)营养与脱落

①矿物质。

缺乏 N、P、Zn、B、Ca 等会引起器官脱落。其中,氮、锌是 IAA 合成所必需的,钙是细胞壁中胶层果胶酸钙的重要组分,所以缺乏氮、锌、钙导致脱落;此外,缺硼常使花粉败育,导致不孕或果实退化,也能引起脱落。

②糖类。

在各种有机养料中,以糖对植物脱落的影响最大。许多试验表明,花、果的脱落主要是由糖类供应不足所致,因为大量的糖类通过呼吸提供能量和可塑性中间产物,用于形态建成。例如,棉花开花时子房的呼吸速率提高 2 倍以上,需要糖类物质较多,如供应不足(遮阴),极易引起脱落;若人为增加蔗糖会大大降低棉铃脱落率。

2. 环境条件对脱落的影响

(1) 光照

光照充足能抑制或延缓脱落,光照不足则促进脱落。红光延缓脱落,远红光促进脱落。长日照延迟脱落,短日照促进脱落,可能与 GA 和 ABA 的合成有关。

(2) 水分

干旱引起叶、花、果的脱落,这是植物的保护性反应,以减少水分散失。干旱提高了植物体中 IAA 氧化酶的活性,使 IAA 含量降低,同时也降低了 CTK 含量,但提高了 ETH 与 ABA 的含量,新建立起的内源激素平衡状态促进了离层形成,引起脱落。此外,淹水条件也造成叶、花、果的大量脱落,其原因是淹水使土壤中氧分压降低,并产生逆境 ETH。

(3) 温度

异常温度加速器官脱落。高温一方面提高呼吸而加速物质消耗,另一方面易使土壤干旱而引起植物缺水;高温也妨碍花粉管的伸长。低温既降低酶的活性,又影响物质的运输;低温还影响植物的开花传粉,造成花果脱落。

(4) 氧气

不正常的氧分压均导致脱落。其直接原因与 ETH 有关,不仅高 O_2 促进 ETH 合成,而且因淹水所致的低 O_2 也促进 ACC 形成,进一步转化为 ETH。此外,高 O_2 导致光呼吸加强,光合产物消耗过速;低 O_2 抑制呼吸,对水分与矿质的吸收能力锐减,植物发育不良。

此外,大气污染、紫外线、盐害、病虫等对器官脱落都有影响。

6.4.4 器官脱落的调控

1. 防止脱落

防止脱落、保花保果是园艺生产中保证高产稳产的重要环节。除加强水肥管理和病虫害防治外,科学地使用植物生长调节剂也是非常重要的。2,4-D 可防止茄果类植物(如茄子、番茄等)落花;在苹果、橘子等果实膨大期间常出现大量落果,用低浓度的 NAA、2,4-D 均可保花保果,提高坐果率。此外,其他许多生长延缓剂(如 CCC、PPP_{333} 和 B9 等)也有防止落果的功效。

2. 促进脱落

生产上有时也需要促进脱落。在果树生长中,坐果太多使果实变小或畸形,严重影响产品质量,合理疏花疏果既能保证当年产量,又能调节大小年,从而使植株营养分配更趋合理,有利于植株健壮生长。一般用 NAA 进行果树的疏花疏果,其作用可能是通过增加乙烯的形成诱导离区水解酶活性而实现的。此外,萘乙酰胺、乙烯利也可作为疏果剂。在生长上还常用氯酸镁和乙烯利作为脱落剂,使叶片全部脱落,便于机械采收。

第 7 章　植物的抗性机理

在自然界,植物并非总是生活在适宜的环境条件下,植物所需的一些物理的、化学的或生物的因子经常会低于或超出植物的正常需要,从而影响植物的生长发育,甚至对植物产生伤害或导致植物死亡,如干旱、低温、高温、盐碱、病虫、杂草以及大气、土壤和水体污染等。在农业生产上,不适宜的环境条件是影响作物产量和品质的最重要的因素,加强这一领域的研究和探索,揭示植物在不良环境条件下的生存与生长发育的规律和调节机制,对创造良好的作物生态环境、采取适当的栽培措施和培育抗性品种都具有重要的意义。

7.1　逆境生理概念

7.1.1　逆境的定义和种类

逆境(environmental stress)是指对植物生长和发育不利,使植物产生伤害的各种环境因素的总称,简称胁迫(stress)。如温度胁迫,水分胁迫,病虫害等。逆境种类是多种多样的,可分为生物逆境(biotic stress)和理化因素逆境(又称非生物逆境,abiotic stress)(图 7-1)。逆境因子一方面可以单独对植物造成伤害;另一方面又可以相互交叉、相互影响,对植物产生协同作用。

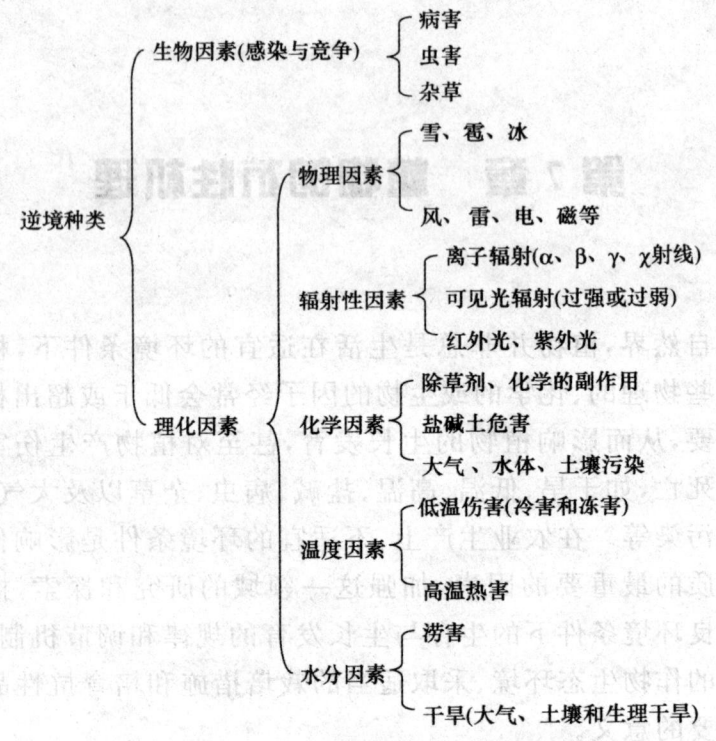

图 7-1　逆境的种类①

7.1.2　植物的抗逆性

研究植物在逆境下的生理反应,称为逆境生理。处于逆境下的植物,常常因为反常生理过程的出现而受害。但是,不同种类的植物处于同样程度的逆境,受害程度并不相同,同一植物在不同的生长发育时期对逆境的敏感性也有差异。因此,当逆境来临时,有些植物无法继续生存,而有些还能基本正常地生活下去。

生活在自然环境中的植物对于环境胁迫有一定的适应和抵抗能力,也就是具有一定的生存或进行生长发育的能力,称之为抗逆性(stress resistance)。植物对逆境的抵抗方式在生理和发育水平可分为两类,即御逆性和耐逆性。

---

① 蔡永萍.植物生理学[M].2版.北京:中国农业大学出版社,2014.

避逆性指植物通过对生育周期的调整来避开或部分避开逆境的干扰,在相对适宜的环境中完成其生活史。例如,沙漠中的植物在雨季快速生长,通过生育期的调整来避开不良气候对它的影响;仙人掌通过肉质茎这种特殊的形态结构贮存大量水分,以避免干旱的伤害等。这些方式在植物进化上是十分重要的。

耐逆性指植物组织虽经受逆境对它的影响,但它可通过代谢反应阻止、降低或者修复由逆境造成的伤害,使其仍保持正常的生理活动。例如,有些北方针叶树种在冬季可以忍受 $-70℃ \sim -40℃$ 的低温;有些植物遇到干旱或低温时,细胞内的渗透物质会增加,以提高细胞抗逆性等。

需要指出的是,stress escape(可翻译为逆境逃避或避逆性)是指在逆境来临之前完成生活史的能力,典型的例子是一些沙漠上的短命植物,在短暂的雨季完成萌发、生长、开花结实的全过程,然后以种子的形式度过随后的干旱季节,因此,这种能力不是一种真正的抗逆性。

7.1.3 植物的适应性与抗性锻炼

植物的抗逆性是一种在长期进化过程中形成的适应性(adaptability)反应,是由基因决定的,但是这种特性只有在特定的因子诱导下才能逐步表现出来。植物对不利于生存和生长发育的环境的逐步适应过程,称为锻炼(hardening)或驯化(acclimation),例如,越冬作物经过秋季渐变的低温锻炼,就可以耐受冬季的严寒。所以,逐渐恶化的环境因子的作用是诱导植物抗逆遗传特性的表达。

植物抗逆性的诱导具有交叉特性(cross induction)。例如,植物经过抗旱锻炼后可提高其对低温等逆境的抵抗能力,说明植物对逆境的抵抗反应具有共性或具有一定的交叉性。

7.2 逆境下植物的形态与生理响应

7.2.1 逆境对植物的影响

1. 形态结构变化

一般就个体而言,在逆境条件下植物生长下降或停止,个体变得矮小,目的是减少能量的消耗以抵抗逆境。另外,其器官也有明显形态变化,如低温造成植物萎蔫、失绿,叶面出现水浸状斑点;干旱导致植株矮小,叶片变红,叶面积减小,某些植物叶片卷曲,气孔开度减小甚至关闭等。

逆境往往使细胞超微结构也发生变化。如逆境使细胞膜变形,细胞膜选择透性降低甚至丧失,细胞与环境之间的物质交换平衡破坏,大量离子(K^+)及代谢物质(糖和氨基酸等)等渗漏到细胞外,而 Na^+ 等有害离子进入细胞;叶绿体、线粒体等细胞器膜结构遭到破坏,细胞的区域化被打破,正常代谢受到干扰,甚至紊乱。

2. 生理生化变化

各种逆境条件下,植物的生理生化代谢发生改变。①水分代谢失调。植物的蒸腾速率和水分吸收能力下降,但蒸腾量大于水分的吸收量,从而造成植物含水量下降而萎蔫。②光合能力降低。可能是由于光合碳循环相关酶活性下降,气孔关闭等原因所致。③呼吸作用发生改变,表现为呼吸速率下降、呼吸速率先升后降和呼吸速率明显增加 3 种类型。④温度和水分胁迫还导致可溶性糖和可溶性氮含量增加,这与磷酸化酶和蛋白酶活性增加有关。

7.2.2 逆境对植物的一般生理效应

在逆境条件下,环境胁迫直接或间接地引起植物体发生一系列的生理生化变化,包括有害变化和适应性变化,不同胁迫引起的变化存在一定的共性。

1. 生长速率变化

植物地上部分的伸长生长对环境胁迫非常敏感,尤其是在干旱胁迫下,还未检测到光合速率的变化时,叶片的伸长生长已经变缓甚至停止。然而,在干旱的开始阶段或在较轻的干旱胁迫下,根系的发育受到促进。

2. 水分亏缺与渗透调节

许多环境胁迫都能导致植物体的水分亏缺,如在干旱和盐胁迫下,由于环境的低水势,直接影响植物的水分吸收,导致植物组织发生水分亏缺;零度以上的低温胁迫影响根系的吸水能力,引起生理干旱。植物应对水分亏缺的重要生理机制之一是进行渗透调节,即积累可溶性的渗透调节物质,降低细胞水势,增强吸水和保水能力。

植物是否具有渗透调节能力最主要的标志就是细胞有无主动增加溶质的能力,渗透调节能力的强弱也可以通过细胞膨压的变化来衡量(图 7-2)。

3. 光合作用的气孔和非气孔限制

在环境胁迫下,植物的光合速率下降。研究表明,光合速率下降是气孔因素和非气孔因素双重作用的结果,但在不同的胁迫阶段,两者所起作用的大小不同。在各种逆境下,当植物的水分供应受到限制或发生水分亏缺时,气孔保卫细胞的水势下降,气孔开度减小或部分关闭,进而影响 CO_2 的供应,使光合作用降低。

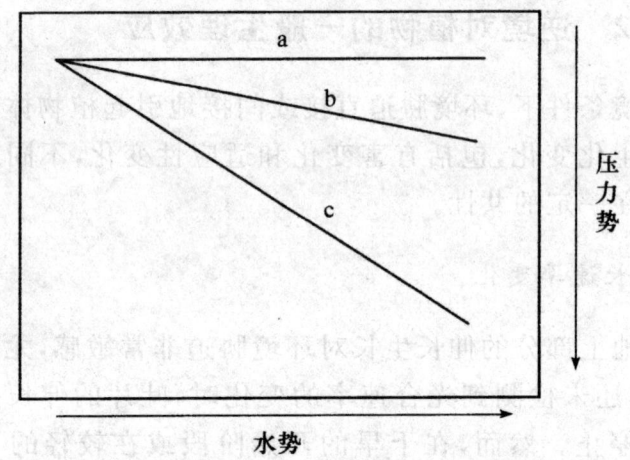

图 7-2 渗透调节与水势和压力势的关系
a. 植物有较强的渗透调节能力；b. 植物有一定的渗透调节能力；
c. 植物没有渗透调节能力

4. 呼吸作用变化

在环境胁迫下，植物呼吸作用的变化明显，主要表现在三个方面。

①呼吸速率的变化，在逆境下呼吸速率有时会出现升高的现象（冷、旱），但很快下降。

②呼吸代谢途径的变化，在多数环境胁迫下，植物的糖酵解-三羧酸循环途径（EMP-TCA）减弱，磷酸戊糖途径（PPP）相对加强。

③呼吸的效率降低，由于线粒体在逆境下的结构和功能改变，导致氧化磷酸化解偶联，ATP 的合成减少，以热形式释放的呼吸能量增加。

5. 合成代谢减弱，分解代谢加强

参与合成作用的酶往往是多亚基酶或以多酶复合体的形式存在，并且存在于膜上或功能受膜结构和功能的影响，当植物受到胁迫时，由于脱水效应（干旱、盐碱）、疏水键减弱（低温）、离子

胁迫（盐碱）等使酶变性失活，从而导致合成作用的减弱。

6. 活性氧的积累和清除

在环境胁迫下组织活性氧的产生和积累增加是一个普遍的现象，也是多数环境胁迫引起伤害的重要机制之一。抗逆性强的植物在环境胁迫下会增加活性氧的清除能力（酶系统和非酶系统），防止活性氧的积累，减少伤害。活性氧清除酶系统主要有：超氧化物歧化酶（SOD）、过氧化氢酶（CAT）、过氧化氢酶（POD）、抗坏血酸过氧化物酶（APX）、脱氢抗坏血酸还原酶（DHR）、谷胱甘肽还原酶（GR）和谷胱甘肽、过氧化物酶（GPX）等。非酶系统主要有抗坏血酸、谷胱甘肽、多元醇、α-生育酚、类胡萝卜素和类黄酮等。

7. 激素平衡改变

植物正常的生长发育与体内的激素平衡调节密切相关。在逆境下脱落酸积累是一个普遍反应，研究表明脱落酸参与植物抗逆反应的调节，因此被称为胁迫激素。在一些胁迫条件下植物体内的乙烯产生量增加。

植物抗逆性的形成是一个非常复杂的适应过程，除了 ABA 外，其他激素也参与植物抗逆性的调控。例如，在多种逆境下，植物体内乙烯含量均大幅度地增加，当胁迫解除时则恢复正常水平。

各种激素的相对含量对植物的抗逆性更为重要。例如，同一品种的植物在抗寒锻炼期间，随着 ABA/GA 的比值升高，抗寒性逐渐增强。

8. 基因表达变化与逆境蛋白的合成

环境胁迫抑制植物的一些基因的表达，但是同时也诱导植物一些与抗逆性有关的基因的表达。这些基因主要分为两类，一类是直接与植物抗逆生理生化反应有关的功能基因，如逆境蛋白等;另一类是调节蛋白基因(转录因子)或参与抗逆细胞信号转导的蛋白质[如磷蛋白(phosphoprotein)等]的基因。后一类基因的表达是环境胁迫的早期事件。

9. 膜保护物质与活性氧平衡

(1) 逆境下膜的变化

细胞膜是各种逆境引起伤害的原初作用部位。在逆境条件下,细胞膜结构受损,选择透性丧失,细胞可溶性内含物质外渗。

一般认为,膜脂中饱和脂肪酸与不饱和脂肪酸的比例与植物抗逆性密切相关。从结构上分析,脂肪酸的碳链越短固化温度越低;相同碳链长度时,不饱和键数越多,固化温度越低。因此,设法提高植物细胞膜脂中碳链短的、不饱和键多的脂肪酸含量以降低固化温度,维持膜脂的流动性,对提高植物的抗逆性有重要意义。

膜脂种类与植物的抗逆性也有关系。如苹果树在越冬期间,树皮的抗冻能力增强时,膜脂中磷脂的含量显著增加。

(2) 活性氧平衡

生物体内的活性氧(reactive oxygen species, ROS)是指在化学反应性能方面比氧更活泼的含氧物质。它主要包括:超氧阴离子自由基($O_2^-\cdot$)、羟自由基($\cdot OH$)、单线态氧($^1O_2\cdot$)和过氧化氢(H_2O_2)等。

植物细胞内存在着活性氧的产生和清除系统。正常情况下,两者处于平衡状态,ROS浓度很低,对植物没有伤害,而且还起着重要的信号作用。在植物遭受逆境胁迫时,ROS浓度超过正常水平,导致膜脂过氧化水平增高,膜脂成分改变,膜的相对透性增加,从而引起一系列生理代谢变化(图7-3)[①]。

---

① 张彦文,周浓. 植物学[M]. 北京:华中科技大学出版社,2014.

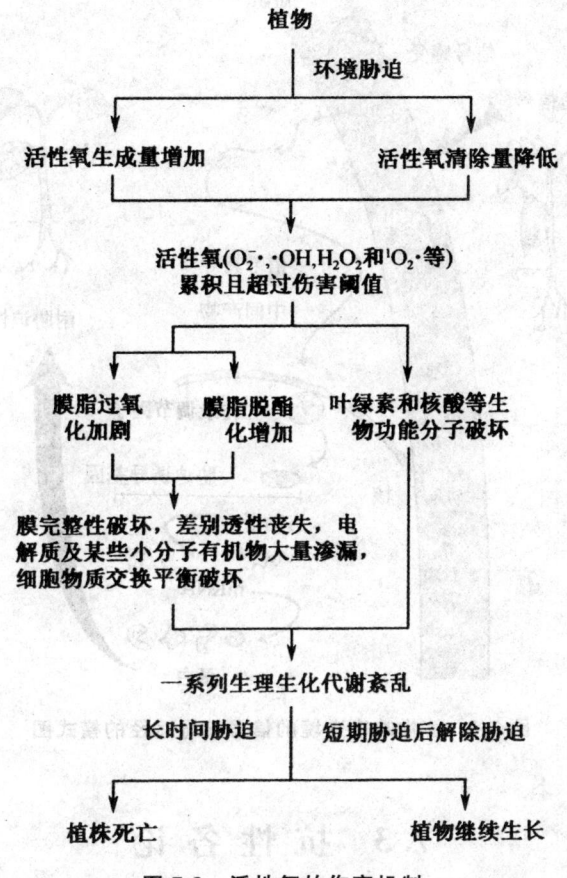

图 7-3　活性氧的伤害机制

10. 植物体内的逆境信息传递机制

逆境信号首先被植物细胞质膜上的受体感知,并被传递产生第二信使,如 Ca^{2+}、ROS 和 IP_3,Ca^{2+} 的浓度变化被钙结合蛋白所感受,启动下游的磷酸化级联反应,激活转录因子,从而诱导逆境响应基因的表达。图 7-4 简要概括了植物响应逆境的一般信号转导途径,这是植物响应逆境胁迫的分子基础。

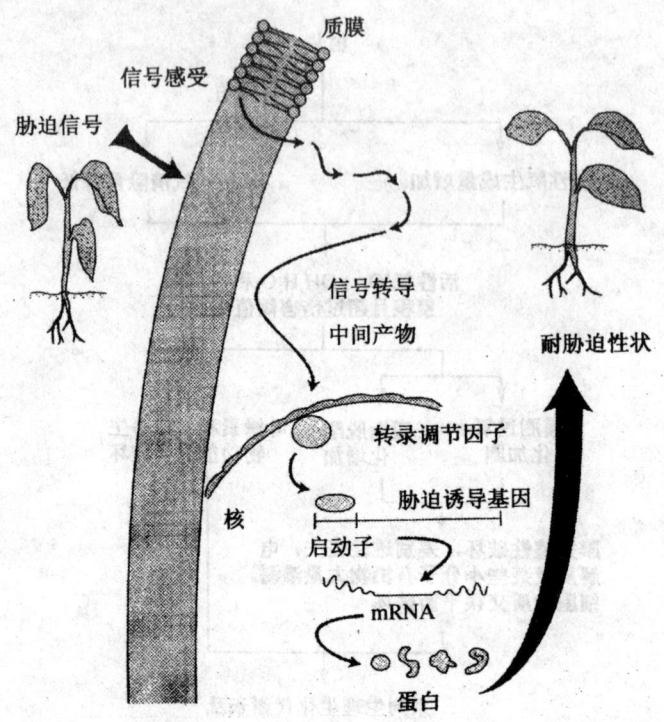

图 7-4 植物响应逆境的信号转导途径的模式图

7.3 抗性各论

7.3.1 植物的抗旱性

水分是影响植物生长发育的重要因子之一。对植物产生有害效应的环境水分过多或过少称为水分胁迫(water stress)。水分过少即为干旱。在植物逆境生理上，干旱(drought)实际上是指破坏植物的水分平衡、对植物产生脱水效应的环境状态，由此对植物产生的伤害称为旱害(drought injury)。干旱是限制植物生长发育的重要环境因子，也是目前制约农业生产的一个全球性问题。

1. 干旱胁迫的类型

干旱对植物的直接效应是脱水，从而引起植物的水分亏缺。

根据导致植物发生水分亏缺的原因可将干旱分为三种类型。

(1) 土壤干旱

当土壤中缺乏水分时,根系不能获得维持其正常生理活动的水分,从而导致植物生长缓慢或完全停止生长的现象,称为土壤干旱。

(2) 大气干旱

当大气温度高、光照强、空气中相对湿度低时,会使植物的蒸腾作用过于强烈,导致植物的失水量超过了根系的吸水量,使植物发生水分亏缺的现象,称为大气干旱。

(3) 生理干旱

使根系正常的生理活动受到阻碍,不能吸水而使植物受旱的现象,称为生理干旱。其实质是 $\varphi_{w植} > \varphi_{w土}$。

2. 干旱胁迫下植物的生理生化变化

干旱对植物的伤害主要表现在以下几个方面(图7-5)。

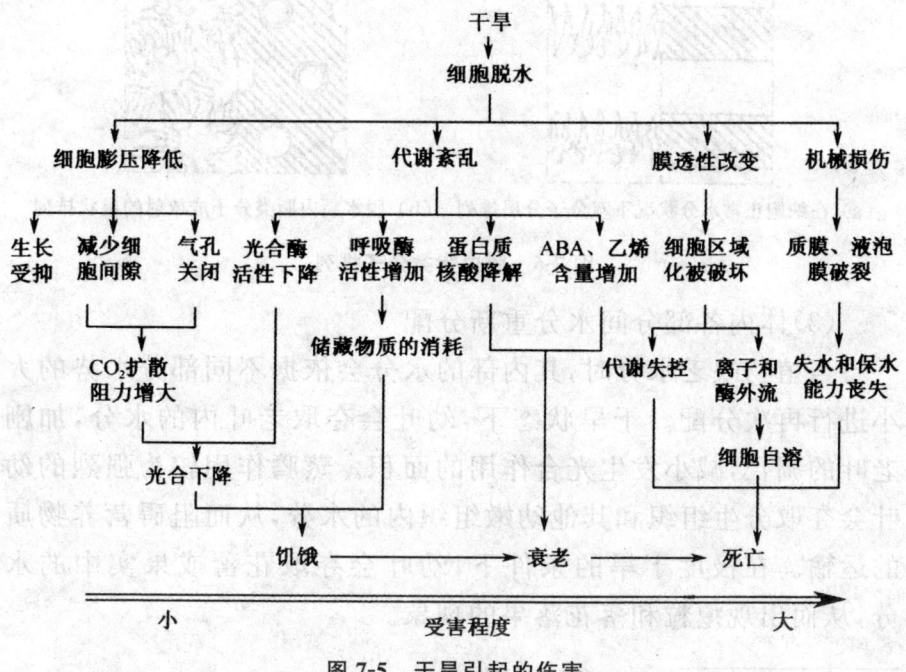

图7-5 干旱引起的伤害

在干旱胁迫下,植物体内发生的生理生化变化主要包括以下几个方面[①]。

(1)机械损伤

干旱往往会对植物细胞造成机械损伤,从而使植物失去生命活力。正常情况下,植物细胞的原生质体与细胞壁紧密地贴合。而当植物细胞处于失水状态时,原生质体与细胞壁会收缩。由于两者具有不同的弹性,这就使得收缩到一定限度后两者不会再同时收缩,导致原生质体破裂。

(2)膜及膜系统受损及膜透性改变

正常情况下,植物细胞膜的脂类分子通过磷脂分子与水分子构成双分子层排列。若细胞处于严重的失水情况下,膜内的脂类分子不能保持正常排列,如图7-6所示,这会使得亲脂端相互吸引出现孔隙,膜蛋白受损,细胞膜不具备选择透过性,离子和酶发生外流现象。

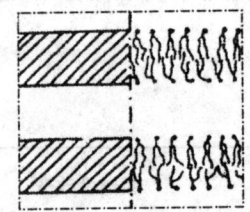 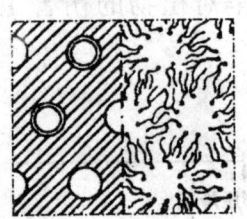

(a)在细胞正常水分状况下双分子分层排列　(b)脱水膜内脂类分子成放射的星状排列

图7-6　膜内脂类分子排列

(3)体内各部分间水分重新分配

当植物缺乏水分时,其内部的水分会依据不同部分水势的大小进行再次分配。干旱状态下,幼叶会夺取老叶内的水分,加剧老叶的凋亡,减小发生光合作用的面积。蒸腾作用较为强烈的幼叶会夺取分生组织和其他幼嫩组织内的水分,从而阻碍营养物质的运输。在极度干旱的条件下,幼叶会夺取花蕾或果实中的水分,从而出现瘪粒和落花落果的现象。

---

① 杨玉珍. 植物生理学[M]. 北京:化学工业出版社,2013.

(4) 破坏正常的代谢过程

随着植物体内含水量的降低,合成代谢减弱,分解代谢增强。

① 蛋白质分解,脯氨酸积累。

干旱时,一方面,植物体内蛋白质减少,这与蛋白质合成酶活性的降低及能量 ATP 的减少有关;另一方面,游离的氨基酸增多,特别是脯氨酸,可以增加数十倍甚至上百倍。

② 呼吸作用增强。

干旱条件下,植物的呼吸作用受到的影响较为复杂。正常情况下,植物的呼吸速率随水势的下降而减弱。植物处于干旱的情况下,呼吸作用表现为短暂性的增强,随即开始减弱,出现这种现象的原因是,细胞中的酶趋于发生水解反应,也就是水解酶的活性较为突出,加速淀粉分解为糖类,为呼吸作用提供了充足的基质。在干旱的状况持续进行的情况下,呼吸作用的强度渐渐弱于正常情况。

③ 光合作用下降。

水分胁迫抑制光合作用,这种抑制作用既有气孔效应,又有非气孔效应。干旱条件下会使植物气孔的开度变小甚至完全关闭,这会造成进入植物体内的 CO_2 减少,因此减弱了其光合作用,该现象被称为光合作用的气孔抑制。严重的水分胁迫使叶绿体的片层结构受损,希尔反应减弱,光系统统活力下降,电子传递和光合磷酸化受抑制,从而导致光合作用的下降,这种现象称为光合作用的非气孔抑制。

④ 激素的变化。

干旱可改变植物内源激素平衡,总趋势是促进生长的激素减少,而延缓或抑制生长的激素增多,即生长素、赤霉素和细胞分裂素含量减少,而 ABA 和乙烯合成加强,正常激素平衡受到破坏,使植物生长受到抑制。ABA 能有效地促进气孔关闭,缓解植物体内水分亏缺;而细胞分裂素的作用则恰好相反,它使气孔在失水时不能迅速关闭,因而加剧体内的水分亏缺。干旱时乙烯含量也有所提高,从而加快植物部分器官的脱落。

3. 植物的抗旱性

根据旱生植物对干旱的适应和抵抗方式不同,可分为两种类型。

(1)避旱型

避旱型植物主要是通过缩短生育期以逃避干旱缺水的季节,或者主要利用形态结构上的特点,保持良好的水分内环境,使植物在干旱条件下维持体内较充足的水分状况。如某些沙漠植物。

(2)耐旱型

耐旱型植物具有忍受脱水而不受永久性伤害的能力,包括耐缺水和耐干化。耐缺水指忍耐一般干旱,仍能保持一定代谢活动的能力,多数高等旱生植物属于该类型;耐干化是指耐极端干燥,在低温中达到气干状态,代谢活动极其微弱接近停顿,一旦有水即可恢复。

不同学者对抗旱性的类型划分不一。我国西北农林科技大学学者对多种植物观察实验,并参照 Tunner 的意见,将农作物的抗性概括为低水势耐旱性和高水势耐旱性。高水势耐旱性的主要特征是减少水分丧失,增大根系的吸水能力,即"开源节流"。低水势耐旱性主要特征有两方面的含义:一方面是植物本身能够维持膨压,这主要通过渗透调节来实现;另一方面在干旱下植物体内本势大大降低、失去膨压,植物体内近乎干化状态,但植物并非死亡,还在存活,这就是植物的耐干化。植物耐干化性的主要基础是其生物化学过程对干旱的耐旱性,如自由基代谢调节、膜系统及其他功能蛋白的稳定性等。

作物对干旱的适应方式及其可能的机制归纳如图 7-7 所示。应该指出,植物抗旱性类型的划分是相对的和概括的,并不是绝对的。很少见到一种植物只具备某一类型的抗旱特征。如高粱,不属高水势耐旱型,但它的根系也较发达,气孔反应比较敏感,同时它在一般干旱下体内就启动自由基代谢系统的调节机制,所以,几种类型的抗旱特征兼而有之。这就是植物抗旱的复杂性和多样性。

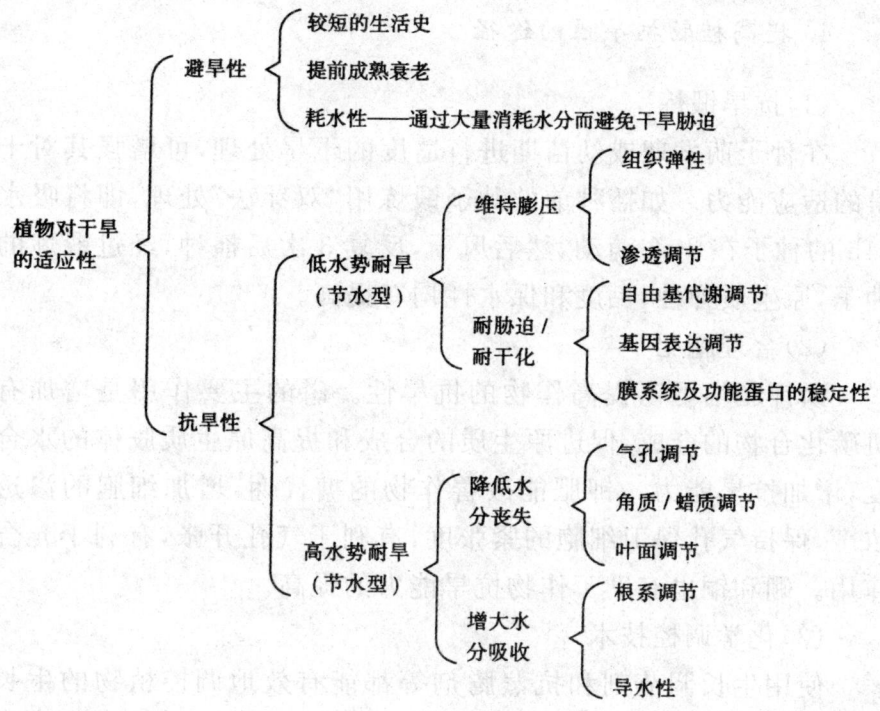

图 7-7 植物对干旱的适应方式及其抗旱的机制

通常植物的抗旱性主要表现在形态与生理两方面。

(1) 形态结构特征

通常抗旱性强的植物根系发达,较深,根冠比大,能有效地利用土壤水分,特别是深层土壤的水分;叶片的细胞体积小,可减少细胞收缩产生的细胞损伤;叶脉致密,维管束发达,有利于水分运输;单位面积气孔数目多,有利于蒸腾的气孔调节,也有利于光合气体交换;有的植物在干旱时叶片卷成筒状,以减少蒸腾损失。

(2) 生理生化特征

抗旱性强的植物,细胞渗透势较低,吸水及保水能力强;原生质具有较高的亲水性、黏性和弹性,黏性增大可提高细胞保水能力,弹性增高可防止细胞失水时的机械损伤;缺水时合成反应仍占优势,而水解酶类活性变化不大,如 RNA 酶、蛋白酶和脂酶等保持稳定,减少生物大分子的分解,使原生质稳定,生命活动正常。另外,脯氨酸、甜菜碱等物质积累。

4. 提高植物抗旱性的途径

(1) 抗旱锻炼

在种子萌发期或幼苗期进行适度的干旱处理,可增强其对干旱的适应能力。如播种前的种子锻炼用"双芽法"处理,即将吸水24h的种子在20℃萌动,然后风干,反复3次后播种,经过锻炼的种子,原生质弹性、黏度和保水性均有提高。

(2) 合理施肥

磷钾肥均可以提高作物的抗旱性。磷的主要作用是增加有机磷化合物的合成,促进原生质的合成和提高原生质胶体的水合度,增加抗旱能力。钾肥能改善作物的糖代谢,增加细胞的渗透浓度,保持气孔保卫细胞的紧张度,有利于气孔开张,有利于光合作用。硼和铜也有助于作物抗旱能力的提高。

(3) 化学调控技术

使用生长调节剂和抗蒸腾剂等都能有效地调控植物的生长发育,提高作物的抗旱能力。目前应用较多的植物生长调节剂有6-苄基腺嘌呤(6-BA)、赤霉素(GA)、矮壮素(CCC)、多效唑(PP333)及烯效唑(S-3307)等;抗蒸腾剂中应用较多的有甲草胺、三唑酮(粉锈宁)、黄腐酸(FA)和高岭土等。脱落酸可使气孔关闭,减少蒸腾失水。矮壮素和B9等能增加细胞的保水能力、促进根系生长。6-BA和FA等能提高SOD、POD和CAT等保护酶的活性,减少膜脂的伤害,提高作物抗旱性。黄腐酸有促进根系发育,缩小气孔开度和减少蒸腾的作用,是一种有效的抗蒸腾剂。

7.3.2 植物的抗涝性

1. 涝害的定义及类型

土壤水分过多对植物产生的伤害称为涝害。淹水深、时间长、水温高对植物产生的伤害最大。广义的涝害包括:①湿害

(waterlogging, wet injury)：指土壤水分处于饱和状态，土壤含水量超过了田间最大持水量时，旱田作物所受的影响。②涝害(flood injury)：指地面积水，淹没了作物的一部分或全部，使其受到伤害。

2. 涝害对植物的危害

涝害引起的危害主要是由于水涝导致缺氧后引发的次生胁迫对植物产生伤害作用。

(1) 形态变化和生长受抑

水涝缺氧的植株体形较小，根尖变黑，叶柄生长位置偏上，叶片变黄。种子淹水时，芽鞘增长，叶片黄化，根生长减缓甚至停止生长，必须通 O_2 后，根才出现。

(2) 乙烯增加

植物处于淹水状态下，会使乙烯的合成增多。以美国梧桐为例，在水涝条件下，其内部合成的乙烯会增多 10 倍。这会使得叶片卷曲、生长部位偏上甚至脱落，茎膨大变粗，根系生长停滞，花瓣脱色等。

(3) 代谢紊乱

植物遭受涝害，会明显降低其光合速率，这可能是影响了 CO_2 的吸收和同化产物的运输造成的[1]。涝害时，无氧呼吸加强，ATP 合成减少，许多代谢不能正常进行。水涝缺氧还使线粒体数量减少，体积增大，嵴数减少；如果缺氧时间过长则导致线粒体失活。涝害时，乳酸积累是导致细胞酸中毒的重要原因。涝害时，有氧呼吸的 O_2 供应不足，在乳酸脱氢酶(LDH)作用下，把丙酮酸发酵形成乳酸(图 7-8)。有人建议，用乙醇脱氢酶和乳酸脱氢酶活性作为作物涝害的主要生理指标。

---

[1] 郝建军. 植物生理学[M]. 2 版. 北京：化学工业出版社，2013.

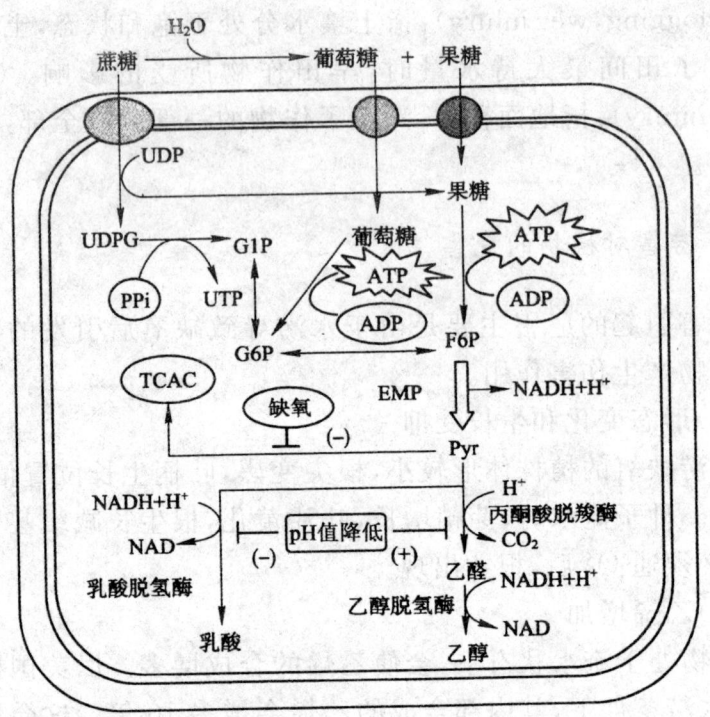

图 7-8　缺氧期间,糖酵解产生的丙酮酸最初发酵为乳酸

3. 植物抗涝性的生理基础

植物对水分过多的适应能力或抵抗能力叫抗涝性(flood resistance)。不同植物忍受涝害的程度不同,例如,油菜比番茄、马铃薯抗涝;籼稻的抗涝性大于糯稻,粳稻最不抗涝。植物在不同的发育时期抗涝能力不同,如水稻在孕穗期抗涝性最弱,拔节抽穗期次之,分蘖期和乳熟期抗涝性最强。

另外,涝害与环境条件有关,静水受害大,流水受害小;污水受害大,清水受害小;高温受害大,低温受害小。

不同植物耐涝程度之所以不同,一方面在于各种植物忍受缺氧的能力不同,另一方面在于地上部对地下部输送氧气的能力不同。例如,水稻耐涝性之所以较强,是由于地上部所吸收的氧气有相当大的一部分能输送到根系,在二叶期和三叶期的幼苗,其叶鞘、茎和叶所吸收的氧气有 50% 以上往下运输到处于淹在水中的根系,最多可达70%。而小麦在生育期向根运氧只有30%。由此可见,水稻比小麦耐涝。

有些生长在非常潮湿土壤中的植物,能够在体内逐渐出现通气组织,以保证根部得到充足的氧气供应,如大豆。从生理特点看,抗涝植物在淹水时,不发生无氧呼吸,而是通过其他呼吸途径,如形成苹果酸、莽草酸,从而避免根细胞中毒。

对涝害敏感植物(flooding-sensitive plant)而言,如果缺氧达24h,就会受到严重伤害。植物生长和生存能力下降,降低作物的产量。另外有些植物,尤其是农作物和一些对淹水和湿地条件有良好适应性的湿生植物,水淹只是轻微的影响,这类植物称为涝害耐受植物(flooding-tolerant plant)。植物的抗涝性大小决定于其形态和生理过程对缺氧的适应能力,其耐缺氧有两种方式。

(1)避缺氧

发达的通气系统是抗涝性强植物最明显的形态特征。即通过整株形态结构的调节(如产生通气结构),从地上部获得根系需要的氧气,如水稻、玉米等。通过这些发达的通气组织可以将地上部分吸收的 O_2 输送到根部或缺氧部位,促进根系有氧呼吸。

(2)耐缺氧

抗涝主要是抗缺 O_2 带来的危害。①改变呼吸途径:某些植物(如甜茅属)在淹水时改变呼吸途径,开始缺 O_2 刺激糖酵解途径,但以后磷酸戊糖途径占优势,从根本上消除有毒物质的形成。②提高耐缺氧酶活性:水稻根的乙醇脱氢酶活性很高,可以减少乙醇的积累;提高有氧呼吸的能力;玉米根缺 O_2 时,通过细胞色素 C 的活性提高来维持线粒体膜上的电子传递。③厌氧蛋白形成:淹水缺氧时,低氧信号能激活编码缺氧胁迫蛋白的基因表达,合成某些厌氧蛋白(Anaerobic Stress Protein,ANP),ANP 包括参与糖酵解和发酵途径中碳水化合物代谢、脂代谢、乙烯合成、生长素介导反应、活性氧清除、钙和活性氧信号有关的酶等。

4. 提高植物抗涝性的措施

为了避免湿害,要开深沟,降低地下水位;采用高畦栽培,可减轻湿害；兴修水利，防止洪灾涝害发生；及时排涝，结合洗苗，保证光合、呼吸作用顺利进行；增施肥料，恢复作物长势。

7.3.3 植物的抗寒性

低温对植物造成的伤害称为寒害。按照低温程度的不同和植物受害情况，可分为冷害和冻害两大类。植物对低温的适应和抵抗的能力称为抗寒性，同样抗寒性也可分为抗冷性和抗冻性。

1. 冷害和植物抗冷性

我国的大片土地处于热带和亚热带地区，每年初冬到早春是一段持续时间很长的寒冷季节，再加上日照短、土层缺水等因素，对植物的生长极为不利，其中以低温的影响最大。

(1) 冷害概念

很多热带和亚热带植物不能忍受0℃～10℃的低温。我们把0℃以上低温对植物所造成的危害，称为冷害。冷害是一种全球性的自然灾害，是限制农业生产的主要因素之一，严重地威胁着主要作物的生长发育，常常造成严重的减产。

一般来说，冷害对植物的伤害除与低温的程度和持续时间有直接关系外，还与植物组织的生理年龄、生理状况及对冷害的相对敏感性有关。温度低、持续时间长，植物受害严重；反之则轻。在同等冷害条件下幼嫩组织器官比老的组织器官受害严重。

(2) 冷害症状

植物遭受冷害之后，最明显的症状是，生长速度变慢，叶片变色，有时出现色斑。例如，水稻遇到低温后，幼苗叶片从尖端开始变黄，严重时全叶变为白色，幼叶生长极为缓慢或者不生长，称为"僵苗"和"小老苗"。作物遭受冷害后籽粒灌浆不足引起空壳和秕粒，产量明显下降。

除此之外，冷害还可以引起植物细胞剧烈的生理生化变化，主要表现为水分平衡失调、光合和呼吸作用发生变化、输导组织遭到破坏、代谢紊乱等。

(3) 冷害机理

1973年,莱昂斯(Lyons)根据生物膜结构功能和温度的关系提出"膜质相变"的原理来解释植物的冷害机理。他认为冷害首先是损害生物膜,当温度降到一定程度时,细胞的生物膜(包括质膜、液泡膜和细胞器膜)先发生膜质的相变,使膜脂由正常的液晶态变为凝胶态,膜的结构和厚度发生变化,膜上可能出现孔道或龟裂。当冷害的效应发展到使膜质发生降解时,便造成组织的死亡;如果尚未达到使膜质发生降解的程度,寒潮解除后,膜的功能仍能逐渐恢复,正常的代谢也会重新建立。所以莱昂斯将膜质降解作为冷害的不可逆指标。

由于冷害引起的一系列有害效应归因于膜质的相变,所以膜质的相变温度与抗冷性有密切关系。试验证明,相变温度受膜质中脂肪酸成分的影响,膜质中不饱和脂肪酸成分的增加能有效地降低膜质的相变温度。低温有利于不饱和脂肪酸的形成,这有助于说明有些植物的抗冷性可以通过低温锻炼而提高。

(4) 植物的抗冷性及其提高途径

抗冷性是指植物对0℃以上的低温的抵抗和适应能力。在农业生产中提高作物的抗冷性,一般采用以下途径。

①低温锻炼。

低温锻炼是提高抗冷性的有效途径,因为植物对低温的抵抗是一个适应锻炼的过程,经过锻炼的幼苗,细胞膜内不饱和脂肪酸含量提高,膜结构和功能稳定。因此,许多植物如果预先给予适当的低温处理,以后即可经受更低温度的影响而不致受害。例如,黄瓜、茄子等幼苗由温室移栽大田前若先经过2~3d 10℃的低温处理,则移栽后可抵抗3℃~5℃的低温。

②化学药剂处理。

使用化学药剂能够有效地增强植物的抗冷性。例如,对棉花、玉米的种子喷洒福美双,再进行播种,可以增强其抗冷性;对玉米、水稻的幼苗喷洒矮壮素、抗坏血酸同样能够增强其抗冷性。此外,一些植物生长物质如细胞分裂素、脱落酸等也能提高植物的抗冷性。

③培育抗寒早熟品种。

培育抗寒早熟品种是提高植物抗冷性的根本办法,通过遗传育种,选育出具有抗寒特性或开花期能够避开冷害季节的作物品种,可减轻冷害对植物的伤害。

此外,营造防护林,增施有机肥,增加磷、钾肥的比重也能明显地提高植物的抗冷性。

2. 冻害和植物抗冻性

(1)冻害概念

当温度到达冰点以下时,会造成植物内部发生结冰现象,从而对植物的生长发育产生损害,这种现象称为冻害。冰冻有时伴随霜降,因此也称霜冻。能够造成冻害的温度范围与植物类型、器官、生长阶段和生理状态存在密不可分的联系。通常来说,植物遭受冻害时,表现为叶片呈现烫伤状态,细胞内膨压消失,组织变软,叶片呈褐色。在我国,植物均有发生冻害的可能性,其中尤以西北、东北的早春和晚秋以及江淮地区的冬季与早春最为显著。

植物遭受冻害的程度,与降温的幅度、降温持续时间、化冻速度等紧密相关。若植物面临大幅降温、长期的霜冻、化冻较快的情况,则遭受的冻害较为严重;若植物冻结与化冻均较为缓慢,那么植物遭受的冻害则较轻。

(2)冻害的类型

造成植物冻害的根本原因是植物组织或细胞发生了结冰现象。在不同的降温条件下,植物体内会出现不同形式的结冰现象,因此其受害的程度也各有差异。

1)胞间结冰伤害

若温度下降缓慢,那么当植物组织内部到达冰点以下时,引起细胞间隙的水结冰,这一现象为胞间结冰,会对植物造成如下的损伤。

①原生质脱水。植物细胞间隙发生结冰会使其水势下降,从而使得细胞内部的水分向间隙流动,若这种情况长期保持下去,会使原生质出现严重的脱水现象,使得蛋白质和原生质均发生变性。

②机械损伤。若植物长期处于冰点温度以下时,细胞间隙形成的冰晶会不断变大,当前增大到细胞间隙不能容纳时,便会对其周围的细胞造成机械性损伤。

③融冰伤害。当植物所处环境,由冰点温度迅速回升到较高的温度时,植物细胞间隙内的冰晶会立即融化,从而使得细胞壁吸收大量的水分恢复原状,而原生质并不能在短时间内吸收大量的水分,因此还未膨胀到原状就被撕裂。

胞间结冰不一定使植物死亡,大多数植物胞间结冰后经缓慢解冻仍能恢复正常生长。

2)胞内结冰

一般来说,温度逐渐下降至冰点以下,细胞外先结冰,由于结冰放热和细胞脱水浓缩,造成不利于细胞内结冰的条件,从而可避免胞内结冰。但抗寒性弱的细胞,其质膜在低温下对水的透性小,水分到胞外结冰的量少、热量释放少,当温度下降快时,水分来不及透出细胞而在细胞内形成冰晶。

(3)冻害的机制

植物在不同冷却速率下会发生胞外结冰和(或)胞内结冰。虽然这两种结冰伤害具有一定的差异,但存在共同的作用机制,即膜伤害假说和巯基假说[①]。

1)膜伤害假说

植物的细胞膜最容易受到冻害的影响,是发生冻害的原始部位。在较低的温度下,植物细胞间隙会出现结冰现象,这会对植物产生脱水、机械和渗透三种胁迫。在这三种胁迫的共同作用下,一方面,植物细胞的脂质层会受到破坏,从而破坏蛋白质和膜

---

① 孟庆伟,高辉远. 植物生理学[M]. 2版. 北京:中国农业出版社,2017.

脂的排列平衡,细胞膜受到损害,失去了选择透过性,造成大量离子和营养物质的外渗;另一方面,细胞膜受到损害也会造成部分与膜结合的酶变为游离态,同时失活,氧化磷酸化解偶联,叶绿体和线粒体的功能受到影响,使 ATP 含量降低,从而使植物发生代谢失调,甚至死亡,如图 7-9 所示。

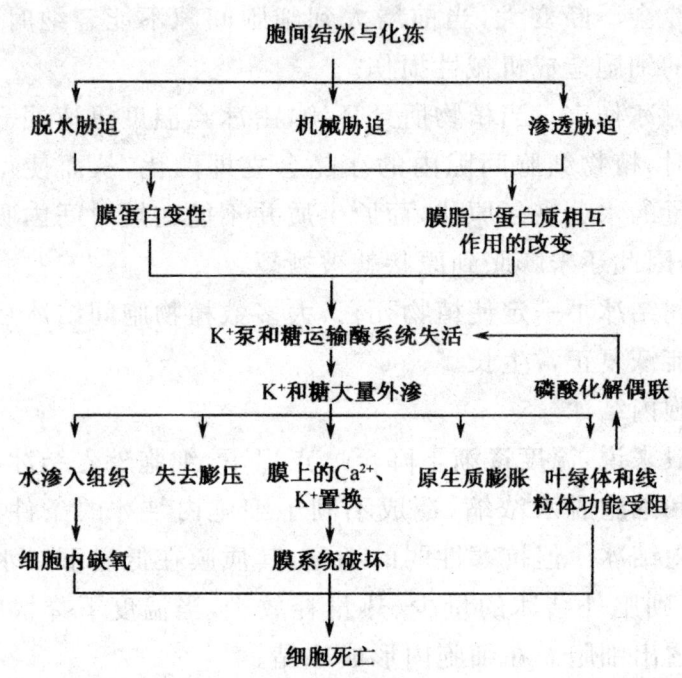

图 7-9　细胞结冰伤害的模式图

2) 巯基假说

冰冻造成的植物细胞结冰能够造成蛋白质损伤。当植物细胞内的结冰现象引起脱水时,原生质收缩,使得蛋白质分子相互靠近,当距离足够接近时,蛋白质分子内的—SH 键会发生氧化得到二硫键(—S—)。温度上升,细胞内的冰晶融化,会使肽链分子间的距离变大,氢键断裂,二硫键并未断裂,但改变了肽链的空间位置以及蛋白质的分子构象,也就是说蛋白质结构受到了破坏,如图 7-10 所示,这会使细胞遭受损坏甚至死亡。因此,植物具备抗冻性的主要途径是阻止细胞中蛋白质分子间二硫键的形成。

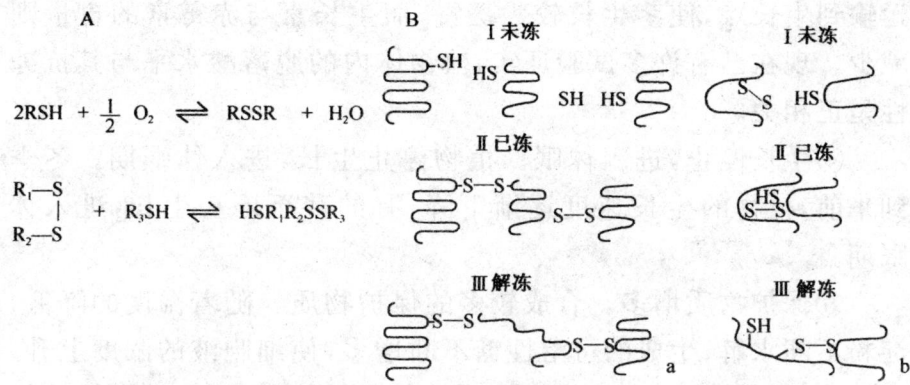

图 7-10 冰冻时分子间二硫键的形成和蛋白质分子伸展假说示意

A. 二硫键形成的两种反应;B. 蛋白质分子内与分子间二硫键形成示意图;a. 相邻肽键外部的—SH 基相互靠近,发生氧化形成—S—S—;b. 一个蛋白分子的—SH 与另一个蛋白质分子内部的—S—S—作用形成分子间的—S—S—。

(4)植物的抗冻性及其提高途径

1)植物的抗冻性

植物逐渐具备的能够适应 0℃以下温度的能力为抗冻性(freezing resistance)。随着植物长期以来的进化,植物本身具备了适应冬季低温的不同方式。

①植株含水量下降。随着温度下降,植株吸水较少,总含水量逐渐下降,同时由于植株细胞在适应低温的过程中亲水性物质含量的增多,束缚水相对自由水的含量更大。而束缚水本身并不容易出现结冰现象,同样也不易进行蒸腾作用,总体来看,总含水量的下降和束缚水含量的增大,能够有效地提高植物的抗冻性。

②呼吸代谢减弱。低温条件下,植物的呼吸作用较为虚弱,大多数植物在冬季的呼吸速率仅达到生长阶段正常呼吸的 1/200。一般来说,具有较弱抗冻性的植物,其呼吸作用强度下降得较为明显,而具有较强抗冻性的植物,其呼吸作用强度下降得较为缓慢。

③激素含量变化。随着秋季的到来,日照时间减少、气温下降,多年生树木的叶片会不断合成出较多的脱落酸,该激素会被

运输到生长点,使茎生长较为缓慢,而生长素与赤霉素的含量则减少。现在已有许多试验证实,植物体内的脱落酸水平与其抗冻性呈正相关。

④生长停止,进入休眠。植物停止生长,进入休眠期。冬季到来前,植物的生长速度逐渐下降,有的甚至停止生长,进入休眠期。

⑤保护物质增多。合成较多的保护物质。随着温度的降低,淀粉不断水解,生成的可溶性糖不断增多,使细胞液的浓度上升,冰点温度下降,从而有效控制细胞的过度脱水,避免原生质胶体发生凝固。此外,细胞内还大量积累小分子蛋白、核酸、山梨醇等保护性物质,也可以提高植物的抗寒性。

植物能够适应、抵抗低温条件的能力是逐渐养成的。冬季到来前,植物所处环境的温度逐渐下降。为了适应温度的降低,植物体内进行了一系列形态和生理生化变化,这样才能有效地形成抗寒能力,这一过程就是抗寒锻炼。

2)提高植物抗冻性的措施

①抗冻锻炼。抗冻锻炼不仅是植物适应冷冻的主要方式,也是提高抗冻能力的主要途径。通过抗冻锻炼,植物会发生各种生理生化变化。

②化学调控。部分影响植物生长的物质具备增强植物抗冻性的能力。例如,采用生长延缓剂 AMO1618 与 B0 处理槭树,能够增强其抗冻性;脱落酸对提高植物抗冻性方面也能起到较为有效的作用;细胞分裂素能够提高玉米、梨、甘蓝、菠菜等植物的抗冻能力;采用矮壮素与其他生长物质共同增强小麦抗冻性已投入实际生产。通过化学调控手段以抵抗逆境(包括冻害)已成为现代农业的一个重要手段。

③农业措施采取。具体措施包括:及时播种、培土、控肥、通气;寒流霜冻来前实行冬灌、熏烟、盖草,以抵御强寒流袭击;早春育秧,采用薄膜苗床、地膜覆盖等,对防止寒害都很有效。

7.3.4 植物的抗热性

1. 热害的定义

由高温胁迫引起植物伤害的现象称热害(heat injury)。而植物对高温胁迫(high temperature stress)的适应和抵抗能力称为抗热性(heat resistance)。

2. 高温对植物的危害

高温对植物造成的危害较为复杂,表现在不同的方面。例如,向阳的树干会出现干燥、开裂的现象;叶片会有死斑出现,变为黄、褐色;雌性不育,花序或子房脱落等。总体来看,高温对植物的危害可以分为两类,如图 7-11 所示。

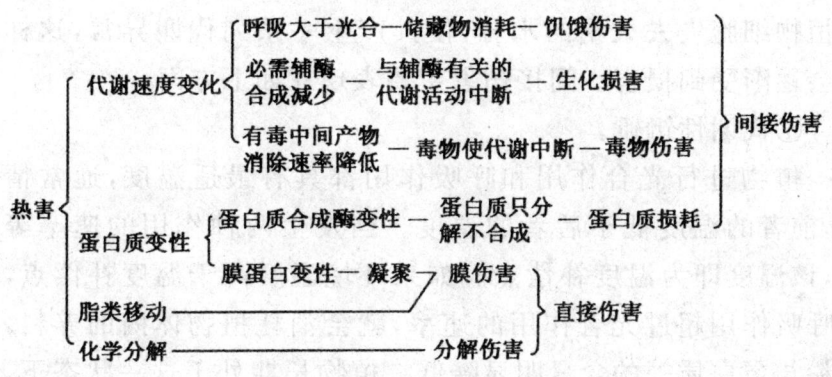

图 7-11 高温对植物的危害

(1)直接伤害

直接伤害指的是,植物体在受到短期高温后,会使细胞质的结构发生改变,从而出现热害症状,这一症状会由受热部分蔓延到非受热部分。造成直接伤害的原因主要有如下两种。

①蛋白质变性。

构成蛋白质空间构型的是氢键和疏水键,由于这两种键具有较低的键能,在受到高温危害时,很容易发生断裂,从而使蛋白质的构型发生改变,失去二级与三级结构,从而使其失去活性。若在短时间内恢复正常温度,则蛋白质会恢复到正常代谢状态。但是高温状态持续时间过长,则变性蛋白质就不能恢复其活性。

②脂类移动。

在正常条件下,生物膜的脂类和蛋白质之间是靠静电或疏水键相互联系的。高温时,生物膜中的这些功能键断裂,膜脂分子被释放并形成液化的小囊泡,从而破坏了膜结构,正常生理功能不能进行,最终导致细胞死亡。

植物抗热性的强弱与生物膜膜脂中脂肪酸饱和程度有关。饱和程度越高越不容易液化,抗热性就越强。研究表明,耐热藻类的不饱和脂肪酸含量显著比中生藻类的低,而饱和脂肪酸的含量高于中生藻类。

(2)间接伤害

间接伤害指的是,高温环境下,会加剧植物的蒸腾作用,从而使植物细胞失去大量的水分,使其产生一系列代谢异常,这样植物会逐渐受到损害。间接伤害主要表现在如下方面。

①代谢性饥饿。

植物进行光合作用和呼吸作用都具有最适温度,通常情况下,前者的温度低于后者的温度。当发生两种作用的速率等同时,该温度即为温度补偿点。如果环境温度高于温度补偿点,那么呼吸作用超过光合作用的速率,就会消耗植物体内的养料,使淀粉与蛋白质等的含量明显降低。植物长期处于这一状态下,会呈现饥饿状态,甚至死亡。

②有毒物质累积。

高温条件下,植物组织内氧气的溶解度下降,使得植物的有氧呼吸减弱,无氧呼吸加强,其生成的有毒物质会积累在植物体内,影响其正常生长和代谢。氨(NH_3)的积累最为常见,这是因为高温条件下会抑制蛋白质的合成,加速蛋白质的降解。如果提高植物体内有机酸(如苹果酸、柠檬酸等)含量,氨含量减少,酰胺增加,热害症状便会减轻。

③蛋白质破坏。

在高温条件下,会加速蛋白质的降解,同时会影响蛋白质的合成。高温会促进细胞分泌出自溶的水解酶类,溶酶体破裂同样会产生此种酶类,这均会加速蛋白质的分解。高温还会造成氧化磷酸化偶联断裂,ATP 合成减少,从而减弱蛋白质的合成。另外,高温条件下还会使核糖体与核酸失活,这是蛋白质合成减弱的本质。

④生理活性物质缺乏。

高温使某些生化反应受阻,植物生长所必需的活性物质(如维生素、核苷酸、激素等物质)合成不足,导致生长不良或引起伤害。

3. 植物的抗热性机理

植物对高温胁迫的适应和抵抗能力称为抗热性。具有较强抗热性的植物会在形态及生理变化上体现出适应性的变化,强耐热性的植物能够在高温条件下进行正常代谢,也能忍耐不正常代谢的存在。

(1)形态适应特点

从形态上来看,耐热性强的植物一般叶片较薄,进行高效的蒸腾作用,从而加速叶片降温,抵抗热害。叶片的排列方式大多为垂直,相较于平展形式能够减少阳光的直射。叶片发白,可以反射太阳光,从而避免叶片被灼烧。除此以外,具有较强抗热性的植株多长有茸毛、鳞片,这样可以进行遮阴,有效地保护活细胞。

(2)生理生化适应特点

抗热性强的植物在生理上的适应机制主要包括以下几个方面。

①具有较高的温度补偿点。

通常情况下,在干燥、炎热条件下生长的植物与在潮湿、阴冷条件下生长的植物相比,前者的抗热性较强。对于 C_3 和 C_4 植物来说,后者源于热带及亚热带,因此 C_4 植物的抗热性比 C_3 植物强;C_3 和 C_4 植物的光合作用最适温度分别为 20℃～30℃、35℃～45℃。因此两者具有不同的温度补偿点,C_3 植物具有较高的温度补偿点,在 40℃以上高温条件下仍可以进行光合作用;而 C_4 植物具有较低的温度补偿点,在 30℃以上的温度下就停止了光合作用。因此,温度补偿点高或者在高温下光合速度下降缓慢的植物相对而言抗热性较强。

②形成较多的有机酸。

植物抗热性与有机酸的代谢强度有关。高温能够促进植物合成更多的有机酸,进而与 NH_3 发生反应,减少 NH_3 对植物的危害,提高植物的抗热性。也就是说抗热性强的植物能够合成更多的有机酸,例如,在沙漠中生存的植物,其有机酸的合成极为旺盛。

③具有稳定的蛋白质结构。

影响植物抗热性的本质在于蛋白质热稳定性的强弱。抗热性强的植物所含的蛋白质能够忍受高温。而决定蛋白质热稳定性的因素是组成蛋白质化学键的稳固性和键能大小。包含更多疏水键、二硫键的蛋白质越能够承受高温,保持活性。

4. 提高植物抗热性的途径

(1)高温锻炼

高温锻炼,即将植物置于高温条件下,经过一定时间的适应,提高其抗热能力的过程。例如,将鸭跖草栽培在 28℃下 35d,其叶片耐热性与对照(生长在 20℃下 35d)相比,从 47℃升到 51℃,提高了 4℃。将组织培养材料进行高温锻炼,也能提高其耐热性。将萌动的种子放在适当高温下锻炼一定时间,然后播种,可以提高作物的抗热性。高温锻炼提高植物的抗热性可能与高温诱导植物形成热激蛋白有关。

(2)化学调控

喷洒氯化钙、硫酸锌、磷酸二氢钾等物质可增加生物膜的热稳定性；使用生长素、细胞分裂素等生理活性物质，能够防止高温造成损伤。把有机酸(如柠檬酸、苹果酸)引入植物体内，在代谢过程中因形成酰胺而使氨含量减少，热害症状便大大减轻。肉质植物抗热性强，其原因就是它具有旺盛的有机酸代谢。

(3)改善栽培措施

作物抗热性的形成也与各种环境条件有关，例如，湿度高低、矿质营养、温度变幅等都可影响抗热性的强弱。栽培作物时充分合理灌溉，增加小气候湿度，促进蒸腾，有利于降温。矿质营养与耐热性的关系较复杂。通过对白花酢浆草等植物的测定得知，氮素过多，其耐热性降低，其原因可能是氮素充足增加了植物细胞含水量；而营养缺乏的植物其热死温度反而提高。此外，采用高秆与矮秆、耐热作物与不耐热作物间作套种，采用人工遮阴等措施都可有效提高作物抗热性。

7.3.5 植物的抗盐性

土壤中盐分过多对植物生长发育产生的危害叫作盐害(salt injury)，也称盐胁迫(salt stress)。含盐较多的土壤，根据所含盐分的主要种类分为碱土和盐土。以碳酸钠(Na_2CO_3)和碳酸氢钠($NaHCO_3$)为主的土壤，称为碱土；以氯化钠(NaCl)和硫酸钠(Na_2SO_4)等为主的土壤，则称为盐土。对于大多数土壤，这两大类盐又常混合存在，故习惯上称为盐碱土。

1. 盐害对植物的危害

(1)渗透胁迫

土壤中高浓度的盐分会造成土壤水势下降，使植物吸水受到阻碍，甚至会导致植物内部的水分外渗，从而表现为生理干旱，限制植物的正常生长及其生理作用。

(2)离子失调

土壤中某些离子(如 Na^+、Cl^-、Mg^{2+}、SO_4^{2-} 等)的含量过多时，会造成其他离子(如 K^+、HPO_4^{2-}、NO_3^-)的不足，致使植物发

生营养亏缺。例如,西葫芦用 NaCl 处理后,植株下部 K^+ 缺乏。

(3)光合作用受抑制

盐分过多使 PEP 羧化酶和 RuBP 羧化酶活性降低,叶绿体中类囊体成分与超微结构发生变化,进而受到破坏而分解。叶绿素和类胡萝卜素合成受阻,气孔开度减小,气孔阻力增大,光能吸收和转换以及电子传递与碳同化受到抑制,导致植物的光合速率明显下降。

(4)呼吸作用改变

盐分浓度较低时能够加速植物的呼吸作用,盐分浓度较高时会抑制植物的呼吸作用。

(5)蛋白质合成受阻

盐分浓度过高时,会严重抑制植物蛋白质合成,加快其降解过程。造成这一现象的原因,一方面是盐分过多的条件下,核酸的分解速率比合成速率快,进而使蛋白质合成受阻;另一方面是盐分过多的条件下,氨基酸的合成受到了抑制。

(6)有毒物质累积

盐胁迫会加剧植物体内有毒物质的积累,其中含量最高的是氮代谢中间产物。一定条件下,NH_3 和某些游离氨基酸转化为腐胺与尸胺,两者又会继续被氧化为 NH_3 和 H_2O_2。有毒物质的积累会影响植物的正常生长。

2. 植物的抗盐方式

植物对土壤盐分过多的适应能力和抵抗能力叫抗盐性(salt resistance)。根据植物抗盐能力的大小,分为甜土植物(glycophytes)或非盐生植物,对盐渍有一定的适应能力,耐盐范围 0.2%~0.8%,如甜菜、棉花、水稻等。盐生植物(halophytes),生长在盐土壤中,且能完成生活周期的天然植物,可生长的盐度范围 1.5%~2.0%;一些高度耐盐植物,如碱蓬、海蓬子、台湾滨藜等叫作真盐生植物(euhalophyte),这些植物在高 Cl^- 浓度刺激下能表现出生长,而这种高 Cl^- 浓度对一些盐敏感的植物种类是致死的。植物的抗盐方式包括下面几类。

(1) 避盐

植物通过不同的生理机制或方式来避免受到盐分带来的过多伤害,称为避盐,主要包括泌盐、稀盐和拒盐,这三种方式都依靠降低植物体内盐分的积累来实现避盐的目的。

① 泌盐,植物采用这种方式不会在体内积累盐分,吸收的盐分会经过盐腺主动排出到叶片和茎表面,可被雨水淋洗干净,这样保证植物免受盐害的影响。

② 稀盐,通过促进植物代谢、加快植物生长速率来提升植物根系的吸水速度,使植物组织内的含水量上升,从而稀释细胞内盐分的浓度。如一些肉质化的植物靠细胞内大量储水来冲淡盐分。

③ 拒盐,一些植物细胞的原生质具有较强的选择透性,可以将外界的盐分阻隔在植物体外,进而避免盐害的发生。

(2) 耐盐

植物受到盐分胁迫的情况下,会依靠自身的生理代谢变化来适应或抵抗细胞内盐分对植物的危害,这种方式称为耐盐。

3. 提高植物抗盐性的途径

通过育种手段或转基因技术培育抗盐新品种是提高植物抗盐能力的有效手段。此外,植物还可以通过抗盐锻炼、使用生长调节剂和改造盐碱土等措施来提高植物的抗盐性。

(1) 抗盐育种

利用杂交育种和分子育种方法,选育抗盐品种,利用离体组织和细胞培养技术筛选鉴定耐盐种质。

(2) 抗盐锻炼

在植物个体发育过程中能够培养其抗盐性,因此通常可以处理可塑性较高、适应力较强的种子来促进植物抗盐性的养成。一般在播种前用一定浓度的盐溶液来处理植物种子。

(3) 使用生长调节剂

利用生长调节剂促进作物生长,稀释其体内盐分,如喷施

IAA或用IAA浸种,可促进作物生长和吸水,提高抗盐性。ABA能诱导气孔关闭,减少蒸腾作用和盐的被动吸收,提高作物的抗盐能力。

7.4 植物抗性相关基因的研究

理化逆境对植物的生存、物质的同化和积累产生不利的影响。在长期进化过程中植物形成了对逆境的一定抵御能力,在代谢水平、生理水平和整株发育水平上做出适应性的反应,但是赋予植物最终抗逆能力的是植物的基因型和在环境胁迫下的基因表达规律。理清植物抗逆性的分子基础是当今植物逆境生理研究的关键问题。

在环境胁迫下,植物表达的基因和蛋白质主要有两种分类方法。一种是根据诱导其合成的环境因子和合成的发育阶段进行分类,如热激蛋白(heat shock protein,HSP)、水胁迫蛋白(water stress protein,WSP)、冷胁迫蛋白(cold stress protein)、厌氧胁迫蛋白(anaerobic stress protein)、盐胁迫蛋白(salt stress protein)、胚胎发育后期丰富蛋白(late embryogenesis abundant protein)和ABA响应蛋白(ABA responsive protein)。另一种是根据蛋白质在植物的逆境反应中所起的作用分类:一类是功能基因,其编码产物直接参与植物对逆境的保护反应;另一类是调节基因,其编码产物是调节基因表达的转录因子或感受和传递胁迫信号的蛋白激酶;还有一类是参与胁迫调控的microRNA(miRNA),其通过与靶基因mRNA分子完全或部分匹配,指导mRNA剪切或者抑制翻译等方式来调控生物体参与胁迫过程。后一分类方法更为合理,但是目前仍有相当数量的胁迫蛋白的功能还不清楚,不能明确地归入某一类。厌氧多肽(anaerobic polypeptide,ANP)、LEA蛋白和热激蛋白都包含多种功能的蛋白质,其中的一部分蛋白质的功能还不清楚。

7.4.1 环境胁迫诱导表达的植物基因和蛋白质

1. 功能基因和蛋白质

(1) 渗透调节物质合成酶基因

渗调物质如甜菜碱、甘露醇、海藻糖及脯氨酸等合成酶基因，如脯氨酸合成关键酶基因(Δ-1-吡咯啉-5-羧酸合酶，PSCS)、鸟氨酸-δ 氨基转移酶(δOAT)基因、海藻糖合成酶基因、海藻糖-6-磷酸合酶(TPS)基因和海藻糖-6-磷酸磷酸酯酶(TPP)基因等。研究表明，干旱和冷胁迫都上调(促进)二氢吡咯-5-羧酸合成酶(脯氨酸合成途径中的酶，P5CS)基因的表达和下调(抑制)脯氨酸脱氢酶(ProDH)基因的表达，从而导致脯氨酸的积累。植物受到低温和干旱胁迫时，甜菜碱醛脱氢酶(BADH)活性增强，BADH基因的表达量增加，从而使甜菜碱大量积累。

(2) 保护蛋白基因

在逆境条件下植物表达保护生物大分子及膜结构的蛋白质基因，主要是 LEA 蛋白基因家族。其主要作用如下。

① 作为渗透调节物质。

② 作为离子猝灭剂，许多 LEA 蛋白氨基酸序列的保守区域可形成双亲性 α 螺旋结构，提供一个疏水区的亲水表面，螺旋的疏水面可形成同聚二聚体，处于亲水表面的带电基团可螯合细胞脱水过程中浓缩的离子，而组成 LEA 蛋白的氨基酸多为碱性、亲水性氨基酸，因此可以重新定向细胞内的水分子，束缚盐离子，以减轻脱水引起的离子强度增大对生物膜和功能蛋白的毒害。

③ 作为分子伴侣，确保蛋白能够正确折叠。

④ 抗冻蛋白(anti-freezing protein，AFP)的表达。该蛋白质最先发现于极地海洋鱼类中，它能降低体液冰点，并通过吸附于冰晶的表面有效地阻止和改变冰晶的生长。现已证明，低温驯化的冬黑麦、雪莲和沙冬青等植物中都有内源 AFP 的产生。

(3) 转运蛋白基因

水通道蛋白(aquaporin, AQP)、脯氨酸转运蛋白(proline transporter, PROT)、Na^+/H^+反向转运蛋白的基因等。

(4) 解毒酶

活性氧清除系统酶的基因。各种胁迫都诱导植物各种抗氧化酶基因的表达，使编码产物增加，如超氧化物歧化酶(SOD)、过氧化氢酶(CAT)、抗坏血酸过氧化物酶(AsA-POD)、谷胱甘肽-硫-转移酶(GST)和谷胱苷肽过氧化酶等，还包括乙醇脱氢酶(alcohol dehydrogenase, ADH)、乳酸脱氢酶(lactate dehydrogenase, LDH)等。

(5) 不饱和脂肪酸合成基因

在低温下，一些植物的甘油-3-磷酸酰基转移酶基因(GPAT)和编码叶绿体脂肪酸去饱和酶(FAD7)基因的表达加强，从而增加不饱和脂肪酸的合成，增大其在膜脂中的比例。

(6) 代谢酶的基因

包括 PEP 羧化酶(phosphoenol pyruvate carboxylase, PEPC)、蔗糖合成酶(sucrose synthase, SS)、苹果酸脱氢酶(malate dehydrogenase, MDH)、丙酮酸脱羧酶(pyruvate decarboxylase, PDC)等。

2. 调节蛋白基因

调节基因是指在环境胁迫响应中调控抗逆基因表达的转录因子基因和参与信号转导过程的信号蛋白的基因，如 *DREB* 转录因子(*DREB*1 a、*DREB*1 b、*DREB*1 c)、*DREB* 2(dehydration responsive element binding protein，脱水响应元件结合蛋白)、*CBF* 1、*CBF* 2、*CBF* 3、*CBF* 4(C-repeat-bonding factor, C-重复序列结合因子)、*AREB*(ABA-responsive element-binding. protein, ABA 响应元件结合蛋白)、*MYB* 转录因子、*MYC* 转录因子及 *bZIP*(basic leucine zipper)转录因子等，以及感受和传导胁迫信号途径中的蛋白激酶、磷脂酶 C、磷脂酶 D、G 蛋白、钙调蛋白等的基因。

3. microRNA(miRNA)

miRNA 由内源 miRNA 基因编码产生,其前体具有发夹结构,成熟 miRNA 长度约 16~29nt,平均 22nt,大部分为 21~23nt。miRNA 最早在线虫(*Caenorhabditis elegans* L.)中被发现,后来通过克隆和生物信息学的方法发现广泛存在于动物、植物、病毒等多种有机体中。到目前为止,已经在 223 个物种中发现了 35828 余种成熟 miRNA (miRBase,Release 21,June 2014; http://www.mirbase.org/)。miRNA 在植物逆境胁迫下的调控属于转录后调控机制,通过影响其靶基因 mRNA 的稳定性而发挥作用。如与 miRNA399 结合的靶基因无机磷转运子(Pi transporter)和泛素结合酶(UBC24)这两个基因家族参与共同调节植物体内磷素平衡;miR474 调控脯氨酸积累过程的负调控元件 PDH 基因参与了干旱胁迫;miR319 及其靶基因 TCP 转录因子也参与了植物铝、高盐、干旱、冷等非生物胁迫过程。

7.4.2 植物逆境响应基因的表达模式

图 7-12 是植物对各种理化逆境反应的信号转导途径的可能模式。①植物通过细胞质膜上的受体感知环境胁迫;②所感知的信号通过细胞信号转导系统进行级联放大,其中涉及磷脂酶、Ca^{2+}-结合蛋白、MAP(mitogen-activated protein)蛋白激酶;③通过信号分子胁迫信号被传递到细胞核,活化的转录因子与胁迫转录因子(stress transcription factor,STF)基因的启动子序列结合,导致基因的表达,转录新的 mRNA 转入细胞质中进行翻译,合成转录因子 DREB、MYB、MYC、CBF、HSF(heat shock transcription factor),并回到细胞核内;④胁迫响应基因(stress responsive gene,SRG)在转录因子的作用下表达;⑤在细胞中合成功能蛋白,如冷调节蛋白(COR)、水胁迫蛋白(WSP)、SSP(salt stress protein)、热激蛋白(HSP);⑥生化反应改变;⑦细胞反应;⑧生理的和最终植株的整体反应。

▶ 植物生命活动规律及其机理研究

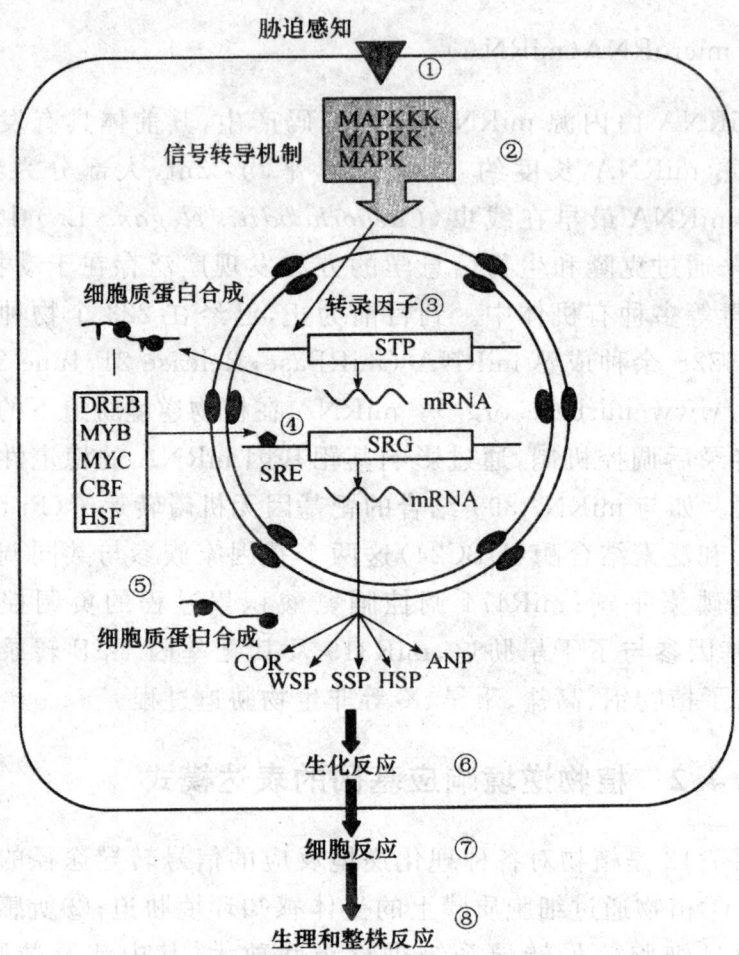

图 7-12　植物对各种理化逆境反应的信号转导途径可能模式

参考文献

[1] 方三根. 植物生理学[M]. 北京:科学出版社,2017.

[2] 刘佃林. 植物生理学[M]. 北京:北京大学出版社,2016.

[3] 王全喜,张小平. 植物学[M]. 2版. 北京:科学出版社,2017.

[4] 孟庆伟,高辉远. 植物生理学[M]. 2版. 北京:中国农业出版社,2017.

[5] 贺学礼. 植物学[M]. 2版. 北京:科学出版社,2017.

[6] 张立军,刘新. 植物生理学[M]. 2版. 北京:科学出版社,2011.

[7] 陈刚,李胜. 植物生理学实验[M]. 北京:高等教育出版社,2016.

[8] 刘萍,李明军. 植物生理学实验[M]. 2版. 北京:科学出版社,2016.

[9] 张彦文,周浓. 植物学[M]. 北京:华中科技大学出版社,2014.

[10] 蔡永萍. 植物生理学[M]. 北京:中国农业大学出版社,2008.

[11] 郝建军. 植物生理学[M]. 2版. 北京:化学工业出版社,2013.

[12] 赵建成,李敏,梁建萍. 生物学[M]. 北京:科学出版社,2013.

[13] 潘瑞炽. 植物生理学[M]. 7版. 北京:高等教育出版社,2012.

[14] 蔡庆生. 植物生理学[M]. 北京:中国农业大学出版社,2014.

[15] 武维华. 植物生理学[M]. 2版. 北京:科学出版社,2008.

[16] 王存兴,李光武. 植物病理学[M]. 北京:北京化学工业出版社,2010.

[17] 贺学礼. 植物生物学[M]. 北京:科学出版社,2009.

[18] 谢联辉. 普通植物病理学[M]. 2版. 北京:科学出版社,2013.

[19]慕小倩.植物生物学[M].西安:西北农林科技大学出版社,2008.

[20]王宝山.植物生理学[M].北京:科学出版社,2007.

[21]叶庆华,增定,陈振端,等.植物生物学[M].厦门:厦门大学出版社,2012.

[22]李合生.现代植物生理学[M].3版.北京:高等教育出版社,2012.

[23]李春奇,罗丽娟.植物学[M].北京:化学工业出版社,2011.

[24]郭凤根,侯小改.植物生物学[M].北京:中国农业大学出版社,2014.

[25]周云龙.植物生物学[M].3版.北京:高等教育出版社,2011.

[26]余超波.植物生物学[M].北京:经济科学出版社,2009.

[27]郝玉兰.植物生物学基础[M].北京:气象出版社,2009.

[28]贾东坡,冯林剑.植物与植物生理[M].重庆:重庆大学出版社,2015.

[29]徐秉良,曹克强.植物病理学[M].北京:中国林业出版社,2011.

[30]宗兆峰,康振生.植物病理学原理[M].2版.北京:中国农业出版社,2010.

[31]将德安.植物生理学[M].2版.北京:高等教育出版社,2011.

[32]李凤兰,高述民.植物生物学[M].北京:中国林业出版社,2010.

[33]李景原.植物学[M].北京:科学出版社,2008.

[34]姚家玲.植物实验学[M].2版.北京:高等教育出版社,2007.

[35]藏穆,黎兴江.中国隐花(孢子)植物科属辞典[M].北京:高等教育出版社,2011.

[36]杨世杰.植物生物学[M].北京:科学出版社,2000.

[37]郑炳松.高级植物生理学[M].杭州:浙江大学出版社,2012.

[38]杨玉珍.植物生理学[M].北京:化学工业出版社,2013.

[39]武维华.植物生理学[M].北京:科学出版社,2008.

[40]张志良.现代植物生理学实验指导[M].3版.北京:高等教育出版社,2012.

[41]白玉琴.探究植物激素调节植物生命活动实验的改进[J].高考,2017(27):247.

[42]李莉,井文,章文华.植物细胞中磷酸肌醇和磷脂酶C介导的信号转导[J].植物生理学报,2015,51(10):1590-1596.

[43]马延宏.环境胁迫下植物细胞ABA的信号转导途径[J].陕西农业科学,2009,55(04):120-124.

[44]郭凤丹,王兴军,侯蕾,等.植物代谢组学研究进展[J].山东农业科学,2017,49(12):154-162.

[45]邢阿宝,崔海峰,俞晓平,等.光质及光周期对植物生长发育的影响[J].北方园艺,2018(03):163-172.

[46]杨琛.浅谈光质对植物光合作用的调控及其机理[J].种子科技,2017,35(08):120+122.

[47]曹涤环.植物的光合作用趣谈[J].农药市场信息,2017(01):71-72.

[48]植物光合作用及其对光的需求[J].农业工程技术,2017,37(07):71-72.

[49]陆志峰.钾素营养对冬油菜叶片光合作用的影响机制研究[D].华中农业大学,2017.

[50]刘奕婷.影响植物呼吸作用因素的解析[J].知音励志,2017(10):97.

[51]李旭霞,荣湘民,谢桂先,等.不同水生植物吸收地表水中氮磷能力差异及其机理[J].水土保持学报,2018(01):259-263.

[52]宋杨,窦连登,张红军.高等植物成花诱导调控的分子和遗传机制[J].植物生理学报,2014,50(10):1459-1468.

[53]马月萍,戴思兰.高等植物成花分子机理的研究进展[J].分子植物育种,2007(S1):21-28.

[54]莫旭东,成平,覃磊,等.高等植物中的成花素及其对成花的诱导[J].作物研究,2016,30(03):329-334.

[55]刘生财,杨文文,吴高杰,等.高等植物成花的生理生化与分子机制研究进展[J].亚热带农业研究,2012,8(01):37-41.

[56]孙昌辉,邓晓建,方军,等.高等植物开花诱导研究进展[J].遗传,2007(10):1182-1190.

[57]程星,秦海英,韩相林.植物春化作用及其研究进展[J].农业科技通讯,2014(02):127-128.

[58]张玮雨.植物春化作用的条件及应用[J].山西农经,2017(01):60-61.

[59]Ralf Mller,Justin Goodrich,李升伟.冬天的足迹:春化作用的表观遗传学研究[J].生物技术世界,2011(02):6-8.

[60]胡巍,侯喜林,史公军.植物春化特性及春化作用机理[J].植物学通报,2004(01):26-36.

[61]杨柳依,赵荣秋,刘乐承.高等植物春化作用的分子基础及调控机制[J].长江大学学报(自然科学版),2016,13(27):44-50.

[62]刘磊,刘世琦.植物春化作用条件及机理研究进展[J].西北农业学报,2005(02):178-182.

[63]张波,秦垦,何昕孺,等.木本植物花芽分化研究进展[J].湖北农业科学,2017,56(22):4224-4226.

[64]高暝,陈益存,杨素素,等.单性花植物性别分化研究进展[J].草业学报,2015,24(11):206-217.

[65]李同华,姜静,陈建名,等.种子植物性别的多态性[J].东北林业大学学报,2004(05):48-52.

[66]于洋.通过操纵植物性别解密作物多样性[J].中国食品学报,2017,17(02):296.

[67]张代玉,骆凯,吴凡,等.被子植物闭花授粉的研究进展[J].草业科学,2017,34(06):1215-1227.

[68]秦智伟,任美君,周秀艳,等.黄瓜种子产量高低品系双

受精过程中内源激素变化[J].东北农业大学学报,2017,48(06):24-32.

[69]刘涛,王日葵.水果成熟衰老与植物激素相关性研究进展[J].农产品加工(学刊),2010(05):30-33+37.

[70]黄冬梅,任育军,缪颖.植物衰老过程中的表观遗传学调控[J].植物生理学报,2014,50(09):1293-1304.

[71]季英明.关于衰老过程的线粒体理论的实验[J].科学,2004,56(05):64.

[72]熊娟,徐笑红.衰老过程中端粒、线粒体及干细胞功能的相关性[J].国际检验医学杂志,2017,38(08):1082-1084.

[73]林贵玉,郑成淑,孙宪芝,等.光周期对菊花花芽分化和内源激素的影响[J].山东农业科学,2008(1):35-39.

[74]宋威.内分泌系统在机体衰老过程中的作用(续)[J].中华老年病研究电子杂志,2015,2(03):18-21.

[75]郑庆伟.中国科学院在植物衰老机理研究中获进展[J].农药市场信息,2016(11):48.

[76]王娟,牛来春,秦晓杰.植物衰老的机制及调控途径[J].安徽农学通报,2016,22(09):35-36.

[77]王博雯,李应东,姚凝.衰老机制的分子水平研究进展[J].医学综述,2011,17(22):3370-3373.

[78]卢春雪,杨绍杰,陶荟竹,等.衰老机制研究进展[J].中国老年学杂志,2018,38(01):248-250.

[79]游庭活,温露,刘凡.衰老机制及延缓衰老活性物质研究进展[J].天然产物研究与开发,2015,27(11):1985-1990.

[80]左应梅,杨维泽,杨天梅,等.干旱胁迫下4种人参属植物抗性生理指标的比较[J].作物杂志,2016(03):84-88.

[81]商侃侃,张德顺,王铖.高温胁迫下植物抗性生理研究进展[J].园林科技,2008(01):1-5+42.

[82]张会.脱落酸在植物抗性生理中的作用[J].安徽农业科学,2013,41(02):490-491+527.

[83]魏永娜.水涝胁迫对植物的危害[J].农村实用科技信息,2009(08):17.

[84]孙谷畴,曾小平,刘晓静,等.适度高温胁迫对亚热带森林3种建群树种幼树光合作用的影响[J].生态学报,2007(04):1283-1291.

[85]王涛,唐颂豪,何梅,等.热激蛋白与植物耐热性关系的研究进展[J].西北林学院学报,2014,29(06):72-79.

[86]俞振明,李家玉,林志华,等.植物抗性诱导防御病虫草害的研究进展[J].农业科学研究,2013,34(02):69-76.

[87]贺红,刘丹,谢建辉,等.药用植物抗性基因工程研究现状与发展前景[J].中草药,2010,41(04):669-672.

[88]樊国全.不同梨品种在南疆梨区的生长表现及果实性状评价[D].新疆农业大学,2014.

[89]韩华.水杨酸调控三个梨品种叶片衰老及光合速率的效应研究[D].河北农业大学,2007.

[90]沙玉辉.萝卜倍性遗传操作与种质核型分析[D].南京农业大学,2009.

[91]余庆.菠萝蜜授粉受精及胚胎发育特性的研究[D].广东海洋大学,2014.

[92]陈奇.白菜型冬油菜与春油菜春化特性分析[D].甘肃农业大学,2017.

[93]董轲.低温光胁迫对植物光系统的伤害及缓解机理研究[D].山东师范大学,2017.